职业安全与紧急避险

OCCUPATIONAL SAFETY AND EMERGENCY AVOIDANCE

主　编　崔　迎　孙艳丽

副主编　刘景良　陈奇军

天津大学出版社

TIANJIN UNIVERSITY PRESS

内 容 简 介

本书根据高职高专学生的知识层次、认知水平和接受能力,基于工业生产中的职业安全技术和社会生活中的紧急避险技能编写。从树立遵章守法意识、了解机械电气和特种设备以及防火防爆安全技术,到训练突发事件避险、预防自然灾害威胁、锻炼现场自救互救能力出发,强化安全基础知识,巩固安全防护能力,培养本质安全理念,提高个人安全素质。

本书图文并茂、案例丰富,可作为高职高专院校和应用型本科院校的安全通识教材和公共基础课程教材,也适用于企业员工安全教育培训以及作为社会人员提升个人安全能力的参考书。

图书在版编目(CIP)数据

职业安全与紧急避险 / 崔迎,孙艳丽主编. — 天津:
天津大学出版社,2016.8(2017.5 重印)
ISBN 978-7-5618-5682-6

Ⅰ.①职… Ⅱ.①崔…②孙… Ⅲ.①劳动保护 – 劳动管理 – 基本知识 – 中国 Ⅳ. X92

中国版本图书馆 CIP 数据核字(2016)第 213240 号

出版发行	天津大学出版社
地　　址	天津市卫津路 92 号天津大学内(邮编:300072)
电　　话	发行部:022-27403647
网　　址	publish. tju. edu. cn
印　　刷	廊坊市海涛印刷有限公司
经　　销	全国各地新华书店
开　　本	185mm×260mm
印　　张	19.25
字　　数	480 千
版　　次	2016 年 8 月第 1 版
印　　次	2017 年 5 月第 2 次
印　　数	1 – 6000
定　　价	49.00 元

教材编写委员会

组　长　芮福宏　于兰平

副组长　申　奕

成　员　吴国旭　崔　迎　孙艳丽　林　岩

前言

《职业安全与紧急避险》是针对高职高专院校学生编写的安全通识教材,可作为公共基础课程教材使用。

党的十八大以来,党中央高度重视安全生产工作,习近平总书记多次发表重要讲话,指出:"人命关天,发展决不能以牺牲人的生命为代价。这必须作为一条不可逾越的红线。"目前,全国安全形势持续好转,但是从近期全国各地发生的安全事故造成的危害来看,生产安全、消防安全及其他领域的安全问题依然突出,从业人员的职业安全技术和紧急避险技能都面临着严峻的挑战,各行各业都急需大量高素质的、懂安全的现代化技术技能人才,为经济发展保驾护航,同时在生产、生活和社会活动中保障自身安全。这势必促进高职院校加强学生这两方面素质的培养,因此急需编写适应这种需求的教材或参考书。

按照目前职业院校人才培养方案,学生通过两年的基础理论和专业知识学习,基本能够达到相应岗位人员的技术要求。但是,从职业安全角度来说,其基本的安全知识和安全操作技能还远远不够,不能迅速适应现代化生产需求;从个人综合素质来讲,学生的紧急避险能力相对薄弱,遇事慌张,错失自救和互救良机,给国家和个人造成本可以避免的损失。

《中华人民共和国教育法》明确规定高校有对大学生进行安全教育的权利和义务,《学生伤害事故处理办法》也规定高校对在校学生负有安全保障义务。为早日建成小康社会,实现伟大的中国梦,帮助高职学生在顶岗实习期间和各自的工作岗位上以及在校园和社会生活中,提前植入职业安全意识,提高紧急避险技能,使学生对可能遇到的危险因素和不良事件有一定的心理准备和应对能力,以适应我国安全生产形势和个人发展需要,特编写本书。

本书分为上篇和下篇两大部分,每篇一个主题,分别为"职业安全"技术和"紧急避险"技能。

1. 上篇:职业安全

"职业安全"共分7章,每章都由概述开篇,起到导入主旨和提纲挈领的作用,渐次引出若干节,详细介绍相关内容,其中的主要问题多由"案例"佐证,用以警醒学生的安全意识。"小知识"是从国内外企业实践中总结而来的安全经验,用以提高学生的学习兴趣。本着有用、实用、好用的原则,"事故应急措施"环节可使学生直接将知识转化为技能。最后,以权威定论"案例分析"的形式理清事故原因、夯实安全基础,通过学生喜闻乐见的"复习思考题"竞答,提高素质、学以致用。

（1）针对执业过程中出现的基本安全问题,从识别工作场所的危险状态和发现危险源出发,对现代化生产最常见的通用机械和电气设备,从根本上消除安全隐患,树立本质安全思想。

（2）基于危险化学品发生事故危害大、后果严重的特点,认识危险化学品安全标签,做好危险化学品生产、储存与运输安全以及重大危险源辨识与监控工作。

（3）在特种设备领域,遵守相应的安全规范和技术标准,避免各类事故发生。

（4）学习灭火设备的设置与使用,做好防火、防爆工作,并了解职业病防护知识和职业健康的重要性。

（5）明确事故调查程序和应急救援体系设置要求,进行应急救援预案演练,临危不乱,避免事故扩大。

2.下篇:紧急避险

"紧急避险"侧重公共安全领域,共分6章,每章明确一个主题,每个主题提炼出几种常见的危险状况作为节次讲解,深入浅出地分析每种危险状况的表现形式,重点强调面对这种状况时应采取的正确应急措施。将大量正反两方面真实发生的事故植入其中,深切体会用血泪写就的"生死攸关、生命宝贵"的含义。每节均以"实用技能"作结,将最常见的危险摆在面前,能够在第一时间做出最有效的应急选择,最终以"案例分析"巩固避险技能。

（1）针对自然灾害救护、意外伤害避险、突发事件应对等方面的问题,在校园与环境安全上,除进行传统安全教育外,注重加强国家安全与网络安全教育,如非法传销、邪教组织诱骗、黄赌毒危害、网络谣言等。

（2）学习基本的火灾逃生、触电急救、交通出行和旅游事故救护常识,同时提高自然灾害防护和意外伤害避险能力,知晓人身意外伤害保险与理赔程序。

（3）若遇人身及财产侵害、爆恐事件、传染性疾病与动（宠）物伤害以及其他公共突发或极端事件,做到小心预防、冷静应对、科学防范,保护国家和人民生命财产安全,保护自身利益不受侵害。

（4）练习心肺复苏基本操作手法,掌握现场急救措施,能够在事故和灾害面前临危不惧、科学施救、创造生命奇迹。

本书重点突出高职高专学生的技能需求,在知识点选择上力求简洁实用。本书主要特色如下:

（1）涵盖"职业安全"概念,强调本质安全和整体安全;

（2）以"紧急避险"为目标进行自救与互救，保护国家安全、人民财产安全和自身安全；

（3）按照高职高专学生的知识层次、认知水平和接受能力编写，图文并茂，案例丰富，深入浅出，彰显技能。

本书上、下两篇共计13章，由天津渤海职业技术学院崔迎、孙艳丽、白丽霞、娄绍霞、何姗、孙皓，天津职业大学刘景良，天津渤天化工有限责任公司陈奇军，天津长芦汉沽盐场有限责任公司李伯海，天津渤海化工集团公司劳动卫生研究所黄德寅，河北省怀来县中医院白黎明联合编写。

上篇：第1章由崔迎、孙艳丽及刘景良编写；第2章、第5章由何姗编写，由李伯海审核；第3章由白丽霞编写，由陈奇军审核；第4章由孙艳丽及陈奇军编写；第6章由娄绍霞编写，由黄德寅审核；第7章由何姗编写，由陈奇军审核。下篇：第8章由娄绍霞编写；第9章由白丽霞及白黎明编写；第10章由孙艳丽及孙皓编写；第11章由白丽霞及白黎明编写；第12章由何姗编写，由陈奇军审核；第13章由崔迎、孙艳丽及刘景良编写。全书由崔迎、孙艳丽主编及统稿。

本书可供大中专院校学生普及职业安全知识、提高紧急避险能力使用，也可作为社会相关人员的参考书及相关企业的培训教材。

附录1～7作为本书增值内容免费赠送选用本书作为教材的任课老师。联系邮箱：zhaohongzhi1958@126.com

编者

2016 年 7 月

目　　录

上篇　职业安全

下篇　紧急避险

上篇　职业安全

　　职业安全,是一门突破专业界限的跨领域学科,是现代工业发展过程中永恒的主题。有的职业本身就存在较大的危险,如化工行业的从业人员,除生产过程中存在燃烧、爆炸等不安全因素外,还会面临机械、电气、特种设备等伤害。消除安全隐患、保证生产安全,是以人为本的体现,是经济社会发展的基础。

　　本篇主要针对执业过程中可能出现的安全问题,从认识工作场所安全和岗位安全出发,识别现代化设备和电气设备的安全隐患,树立本质安全思想。重点基于危险化学品发生事故危害大、后果重的特点,做好其生产、储存与运输等各个环节的安全以及危险源辨识与监控工作。对特种设备突出的安全问题加以防范,强化消防及职业病防护知识,明确事故调查与应急程序,以人为本,严守安全红线,确保职业安全。

第1章　职业安全基础

职业是一种或一组特定工作的统称,现实生活中经常使用的"工种""岗位"等概念,实质上就是将职业按不同的功能要求进行的具体划分。

国民经济部门按产业结构特点通常分为三大产业:第一产业包括农业、林业、渔业、畜牧业;第二产业是指广义的工业,包括制造业、采矿业、电力和燃气及水的生产和供应、建筑业等;第三产业是指广义的服务业。整个国民经济的分工体系就是由产业到行业再到职业这三个层次组成的。

职业安全是指影响作业场所内员工、临时工作人员、合同方人员、访问者和其他人员健康和安全的条件和因素。每个人所从事的职业都存在着安全隐患,如果这些隐患不被人们发现,一旦酿成事故,就会造成人身伤害、财产损失、环境影响等不良后果。职业安全是一个国家和民族文明进步的重要标志,也是一个国家和社会发展的综合反映。

认识工作场所存在的危险,防止对从业人员造成伤害,预防工业事故发生,是职业安全的基础。对初入职场的人员来说,需要知晓工作场所安全要求,看懂工作场所安全标记,遵守安全生产规章制度,严格执行生产操作规程,从思想意识上真正进入职业状态。

第1节　工作场所安全

生产是人类社会赖以生存和发展的基础,生产活动大都在车间、工段、岗位上进行,有的涉足整个厂区,例如电气检修人员。凡是与生产活动有关的所在、所到之处,都是工作场所。从广义上讲,还包括根据相关规定必须设置的辅助设施,如食堂、浴室、更衣室、卫生间等。可以说,危险伴随于生产过程的每个环节和每个步骤,也或多或少地存在于每个人的每个工作岗位。从了解生产现场、熟悉工作车间入手,工作场所安全是从业人员有效避免伤害、防止事故发生的根本保证。见图1-1-1。

一、基本概念

系统工程认为,任何事物都包含着不安全因素,都具有一定的危险性。工作场所面临的危险更多、更复杂,例如在化工生产岗位,可能有易燃易爆、有毒或腐蚀性物质,便存在燃烧、爆炸、中毒、灼烫的危险;在机械行业,除夹挤、剪切、卷入、刺伤、飞出物打击外,还面临电气、噪声、振动、辐射等危害。

图 1-1-1

（一）安全与本质安全

安全是指不发生不可接受风险的状态，是没有引起死亡、伤害、职业病或财产及设备损坏或环境危害的条件。"无危则安，无缺则全"，因此人们追求包含"失误—安全功能、故障—安全功能"的本质安全。

本质安全是指设备、设施或技术工艺中含有内在的能够从根本上防止发生事故的功能，是"预防为主"的根本体现，也是安全生产的最高境界。实际上，由于技术、资金和人们对事故的认识等原因，目前还很难做到本质安全，只能作为长久追求的目标。我们相信，安全问题随着生产的出现而产生，同样也会随着理论研究的深入、科学技术的进步而逐步得到解决。

（二）危险与危险源

危险是指系统中存在导致发生不期望后果的可能性超过人们的承受程度。如岗位上的危险物质、车间里的噪声、巡检途中的高处坠物等。

危险源是指可能导致伤害、疾病、财产损失、工作环境破坏或其组合的根源或状态。如液化石油气储罐区、烟花爆竹储存间、危险化学品生产装置等。

【案例 1-1-1】 2015 年 7 月 16 日 7 时 38 分，山东日照石大科技石化有限公司 1 000 立方米液态烃球罐起火，并引起其他球罐爆炸。图 1-1-2 是事故图片。

图 1-1-2

危险源存在于确定的系统中，不同的系统，危险源的范围也不同。例如，站在行政区域的角度，某个炼油企业是危险源；但对这个企业来说，危险源可能是某个车间；仅分析这个车间，危险源或许就是某台设备。因此，危险源是一个系统中具有潜在能量和物质释放危险的、在一定的触发因素下可转化为事故的部位、区域、场所、空间、岗位、设备及其位置。其实质是具有潜在危险的源点或部位,是能量、危险物质集中的核心,可造成人员伤害、财产损失或环境破坏。

按照预危险性分析理论,危险源的危险性等级划分如表 1-1-1 所示。

表 1-1-1　危险源的危险性等级划分

级别	危险程度	可能导致的后果
Ⅰ	安全的	不会造成人员伤亡及系统损坏
Ⅱ	临界的	处于事故的边缘状态,暂时还不致造成人员伤亡、系统损坏或系统性能降低,但应予以排除或采取控制措施
Ⅲ	危险的	会造成人员伤亡和系统损坏,要立即采取防范对策和措施
Ⅳ	灾难性的	会造成人员重大伤亡及系统严重破坏,必须予以果断排除并进行重点防范

二、事故发生

事故是指人们在生产、生活过程中,突然发生的,违反人们意志的,迫使活动暂时或永久终止的,可能造成人身伤害、财产损失或环境污染的意外事件。

尽管导致事故发生的原因是多方面的,但事故连锁理论认为许多事故的发生都与人的不安全行为、物的不安全状态和管理上的缺陷有关,在某种程度上还与人本身的缺点如生理、心理等因素有关。见图 1-1-3。

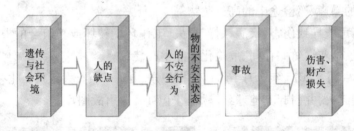

遗传与社会环境 ⇨ 人的缺点 ⇨ 人的不安全行为 ⇨ 物的不安全状态 ⇨ 事故 ⇨ 伤害、财产损失

图 1-1-3

(一)事故发生的原因

1. 人的不安全行为

人的不安全行为,包括在没有排除故障的情况下操作,没有做好防护或提出警告;在不安全的速度下操作;使用不安全的设备或不安全地使用设备;处于不安全的位置或以不安全的操作姿势工作在运行中或有危险的设备上。见图 1-1-4。

【案例 1－1－2】　2009 年 12 月 25 日,攀钢集团攀枝花钢铁研究院组织 5kt/a 高品质富钛料中试线热负荷投料试车时,职工叶某违章作业将右手伸入运转中的螺旋送料机检查,造成右手 2～4 指损伤,小指粉碎骨折、骨缺损、伸肌腱损伤。

2. 物的不安全状态

物的不安全状态,包括设备和装置的结构不良,强度不够,零部件磨损和老化;工作环境面积偏小或工作场所有其他缺陷;物质的堆放和整理不当;外部的、自然的不安全状态;危险物与

图 1-1-4

有害物的存在;安全防护装置失灵;劳动保护用具和服装缺乏或有缺陷;作业方法不安全;工作环境,如照明、温度、噪声、振动、颜色和通风等条件不良。见图 1-1-5。

图 1-1-5

人出现不安全行为、物出现不安全状态,常常是因为管理失误或管理不当造成的。因此,管理缺陷是事故发生的根源和深层次原因。

3. 心理、生理因素

某些生理、心理因素也可能导致个人或连带他人发生意外,像负荷超限、辨识功能缺陷、从事禁忌作业、自我表现心理、经验心理、侥幸心理等。例如:人格特质较为偏激的,或许会因为一点儿小事就与其他同事发生争执,也因此提高了事故发生的概率。

(二)不安全行为的典型表现

具体不安全行为的典型表现如下:

(1)生产现场穿高跟鞋、凉鞋或拖鞋,电气作业未穿绝缘鞋;

(2)生产现场穿背心、短裤、裙裤、裙子、宽松衫,戴头巾、围巾或敞开衣襟、打赤膊、打赤脚等,还有其他不安全装束;

(3)超过颈根的长发或披发,未戴工作帽或未将头发置于帽内;

(4)戴手套或未扣袖口操作旋转机床;

(5)工作场所有颗粒物飞溅,未戴护目镜或面罩;

(6)在易燃易爆、明火、高温等场所穿化纤服装;

(7)高处作业或在有坠落物体下方交叉作业时未戴硬质安全帽(见图 1-1-6);

图 1-1-6

（8）高处作业时未按规定使用安全带或采取可靠的安全措施；

（9）有毒有害作业未按规定佩戴防护面具或耳塞；

（10）特种作业人员未按规定穿戴劳保用品；

（11）带电拉高压跌落保险开关或隔离刀闸时未使用合格绝缘工具；

（12）使用 I 类手持电动工具时未配备漏电保护器，在潮湿密闭容器内检修时未使用Ⅲ类手持电动工具。

三、事故预防

作为刚入职的新员工或者实习人员，即使通过了各级安全教育，依然不能掉以轻心，不熟悉的工作场所严禁随意进入，不得乱动各种设施如阀门、开关等。

（一）安全标志

预防工作场所事故从看懂工作场所的安全标志开始。安全标志是用以表达特定安全信息的标志，用于公共场所、工业企业、建筑工地和其他有必要提醒人们注意安全的场所，引起人们对不安全因素的注意，从而达到预防事故、保证安全的目的。

1. 使用规定

有红、黄、蓝、绿四种颜色，对应表达禁止、警告、指令、提示的安全信息，如表 1-1-2 所示。

表 1-1-2　安全色使用规定

颜色	作用	含义	用途举例
红色	禁止	禁止人们的不安全行为	机械的停止按钮、禁止人们触动的部位、消防设备等
黄色	警告	提醒人们对周围环境引起注意，避免可能发生的危险	危险机器和坑池周围的警戒线等
蓝色	指令	强制人们必须做出某种动作或采取防范措施	必须佩戴个人防护用具
绿色	提示	向人们提供某种信息，如标明安全设施或场所等	机器的启动按钮、车间内的安全通道、救护站等

2. 典型安全标志

1）禁止标志

禁止标志共 40 个，其基本形式是带斜杠的圆边框，采用红色作为安全色。工作场所常用的禁止标志及设置地点举例如表 1-1-3 所示。

表 1-1-3　常用禁止标志及设置地点

编号	图形标志	名称	标志种类	设置地点举例
1		禁止吸烟 No smoking	H	油漆车间、沥青车间、纺织厂、印染厂等
2		禁止烟火 No burning	H	面粉厂、煤粉厂、焦化厂等
3		禁止用水灭火 No extinguishing with water	H.J	变压器室、乙炔站、化工药品库、各种油库等
4		禁止放置易燃物 No laying inflammable thing	H.J	动火区,各种焊接、切割、锻造、浇注车间等

2)警告标志

警告标志共 39 个,其基本形式是正三角形边框,采用黄色作为安全色。工作场所常用的警告标志及设置地点举例如表 1-1-4 所示。

表 1-1-4　常用警告标志及设置地点

编号	图形标志	名称	标志种类	设置地点举例
1		注意安全 Warning danger	H.J	所有危险场所
2		当心火灾 Warning fire	H.J	可燃性物质的生产、储运、使用等场所
3		当心爆炸 Warning explosion	H.J	易燃易爆物质的生产、储运、使用或存在受压容器等场所
4		当心腐蚀 Warning corrosion	J	腐蚀性物质的作业场所
5		当心触电 Warning electric shock	J	配电室、开关等
6		当心落物 Warning falling objects	J	高处作业、立体交叉作业等场所

3）指令标志

指令标志共 16 个,其含义是强制人们必须做出某种动作或采取防范措施的图形标志,其基本形式是圆形边框,采用蓝色作为安全色。工作场所常用的指令标志及设置地点举例如表1-1-5 所示。

表 1-1-5　常用指令标志及设置地点

编号	图形标志	名称	标志种类	设置地点举例
1		必须带防护眼镜 Must wear protective goggles	H.J	对眼睛有伤害的各种作业场所和施工场所
2		必须戴防尘口罩 Must wear dust proof mask	H	具有粉尘的作业场所,如纺织车间、粉状物料拌料车间等
3		必须戴防毒面具 Must wear gas defence mask	H	具有对人体有害的气体、气溶胶、烟尘等的作业场所,如有毒物散发的地点或处理有毒物造成的事故现场等
4		必须戴安全帽 Must wear safety helmet	H	头部易受外力伤害的作业场所,如矿山、建筑工地、造船厂及起重吊装等场所
5		必须戴防护帽 Must wear protective cap	H	易造成人体碾绕伤害或有粉尘污染头部的作业场所,如纺织、石棉、玻璃纤维及有旋转设备的机加工车间等
6		必须系安全带 Must fastened safety belt	H.J	易发生坠落危险的作业场所,如高处的建筑、修理、安装等场所
7		必须穿防护服 Must wear protective clothes	H	具有放射、微波、高温及其他需穿防护服的作业场所
8		必须戴防护手套 Must wear protective gloves	H.J	易伤害手部的作业场所,如具有腐蚀、污染、灼烫、冰冻等危险的作业场所
9		必须穿防护鞋 Must wear protective shoes	H.J	易伤害脚部的作业场所,如具有腐蚀、灼烫、触电、砸(刺)伤等危险场所

4）提示标志

提示标志共 8 个,其含义是向人们提供某种信息(如标明安全设施或场所等)的图形标志,其基本形式是正方形边框,采用绿色作为安全色。工作场所常用的提示标志及设置地点举例如表 1-1-6 所示。

表 1-1-6　常用提示标志及设置地点

编号	图形标志	名称	标志种类	设置地点举例
1		紧急出口 Emergent exit	J	便于安全疏散的紧急出口,与方向箭头结合设在通向紧急出口的通道、楼梯口等处
2		避险处 Haven	J	铁路桥、公路桥、矿井及隧道内躲避危险的地方
3		应急避难场所 Evacuation assembly point	H	发生突发事件时用于容纳危险区域内疏散人员的场所,如公园、广场等
4		击碎板面 Break to obtain access	J	必须击碎板面才能获得出口
5		急救点 First aid	J	设置现场急救仪器设备及药品的地点
6		紧急医疗站 Doctor	J	有医生的医疗救助场所

　　这些信息通过各种安全标志组合传递出来,可使人们直观地获得危险信息,并自觉地加以防护。

(二)个人安全防护

　　为免遭或减轻生产过程中的事故伤害或职业危害,必须佩戴劳动防护用品。有的防护用品在特定的环境下穿戴可能会不舒服,例如在夏季穿戴相应功能的工作服,肯定不如生活中轻薄面料的服装舒服,但是只要进入工作场所,就必须按规定做个人防护。个人防护不只是个人的事情,有时候还关系到大家的安危。另外,个人防护用品必须符合相关要求,同时要做好日常保养和维护,不能随意另作他用,以免影响性能,起不到应有的作用。见图 1-1-7。

图 1-1-7

（1）头部防护。佩戴安全帽，适用于存在物体坠落、物体击打等危险场所。

（2）眼睛防护。佩戴防护眼镜、眼罩或面罩，适用于存在粉尘、气体、蒸气、雾、烟或飞屑等刺激眼睛或面部以及焊接作业的场所。

（3）手部防护。可能接触尖锐物体或粗糙表面时，防切割；可能接触化学品时，防腐蚀、防渗透；可能接触高温或低温表面时，热防护；可能接触带电体时，绝缘防护；可能接触油滑或湿滑表面时，选用防滑用品如防滑鞋等。

（4）足部防护。穿戴防砸、防腐蚀、防渗透、防滑、防火花的保护鞋，用于可能会有物体砸落、接触化学液体等作业环境。

（5）防护服。保温、防水、防化学腐蚀、阻燃、防静电、防射线等防护服，适用于高温或低温、潮湿或浸水以及可能接触化学液体等作业环境。

（6）听力防护。噪声大的地方，要选用护耳器和适当的通信设备。

（7）呼吸防护。考虑是否缺氧、是否有易燃易爆气体、是否存在空气污染等因素之后，选择适用的呼吸防护用品。

（三）工作现场安全

限制自己的不安全行为，规范自己的思想意识，做到"五想五不干"，是保证工作现场安全的有效方法。一想安全风险，不清楚不干；二想安全措施，不完善不干；三想安全工具，未配备不干；四想安全环境，不合格不干；五想安全技能，不具备不干。见图1-1-8。

图 1-1-8

1. 安全行为

遵循对现场人员行动的限制性管理：红色区域是禁止区域，其间有危险或危害，不得进入；黄色区域是警告区域，其间有一定的危险性，必须进入时，要特别注意并采取必要的防范措施；绿色区域是安全区域，人员可以进入，但驾驶着机械设备的人员要谨慎驶入或通过。见图1-1-9。

2. 安全意识

检查现场作业范围内有无安全问题，为生产需要所设的坑、洞、池等是否有围栏或者盖板；原材料、成品、半成品以及工具的堆放是否妨碍操作和通行；工作面是否存在打滑、摔倒的危险；使用的工具有无缺失或损坏；原材料、机械、电气、仪表有无异常情况；易燃、易爆、烧灼及有静电发生的场所，是否有明火存在，是否有人（包括自己）穿戴或使用了化纤服装或用品。形

图 1-1-9

成随时思考"是否安全""如何才能避免危险"的良好安全意识。见图1-1-10。

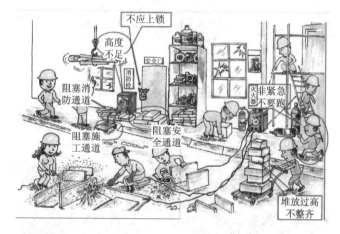

图 1-1-10

【小知识】

海因里希法则

海因里希法则(Heinrich's Law)是美国著名安全工程师海因里希(Herbert William Heinrich)提出的,是指当一个企业有300起隐患或违章,必然要发生29起轻伤或故障,另外还有一起重伤、死亡或重大事故,或者说在一件重大事故的背后必有29件轻度的事故,还有300件潜在的隐患。

对于不同的生产过程,不同类型的事故,上述比例关系不一定完全相同,但这个统计规律说明了在进行同一项活动中,无数次意外事件必然导致重大伤亡事故的发生。而要防止重大事故的发生就必须减少和消除伤害事故,要重视事故的苗头和未遂事件,否则终会酿成大祸。见图1-1-11。

例如地上洒落一摊润滑油是千万种不安全状况之一,很多人不予重视或不予理会而走开,可能其中会有不少人踩上过或滑倒过,这些人当中或许还有人的胳膊碰到了设备的边缘,极少数人曾经摔断了胳膊,或者最后就会有一个人的头碰到了设备而死亡。这说明重伤和死亡事故虽有偶然性,但是不安全因素或动作在事故发生之前已暴露过许多次,如果在事故发生之

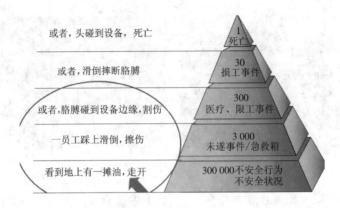

或者，头碰到设备，死亡 ——— 1 死亡

或者，滑倒摔断胳膊 ——— 30 损工事件

或者，胳膊碰到设备边缘，割伤 ——— 300 医疗、限工事件

一员工踩上滑倒，擦伤 ——— 3 000 未遂事件/急救箱

看到地上有一摊油，走开 ——— 300 000 不安全行为 不安全状况

图 1-1-11

前，抓住时机，及时消除不安全因素，许多重大伤亡事故是完全可以避免的。

【案例分析】

清河特钢"4·18"钢包倾覆特别重大事故

2007年4月18日7时45分左右，辽宁省铁岭市清河特钢有限公司发生钢包整体脱落事故，造成正在交接班的32人全部死亡，另有6人受伤，直接经济损失866.2万元。见图1-1-12。

图 1-1-12

1.事故经过

事发当日，距地面约5.5 m的装有30 t钢水的钢包整体平移到铸锭台上方时突然滑落，包内近30 t约1 590 ℃的钢水倾泻涌出，冲向车间内5 m远的一个房间，造成正在交接班的32人全部死亡，另有6人受伤，直接经济损失866.2万元。

2.事故原因

1)直接原因

控制钢包的起重机电气控制系统在运行过程中，由于下降接触器控制回路的一个连锁常闭辅助触点锈蚀断开，制动器不抱闸，钢包在自身重力作用下，以失控状态快速下坠。

2)间接原因

起重机司机无特种作业人员证，车间作业现场混乱，违规在真空炉平台下方修建工具间召开班前会。该工具间离铸锭坑仅7 m，长期处于高温钢水危险范围之内，没有供人员紧急撤离的通道和出口,钢包倾覆后,正在工具间内开班前会的人员未能及时撤离,导致重大人员伤亡。

3. 事故教训

(1)严格安全生产规章制度和岗位操作规程的落实,强化职工的安全教育,特种设备操作人员必须持证上岗。

(2)加强特种设备制造监督检验、安装验收检验工作,严格按照有关安全技术规范进行。重视安全评价,对危险源进行安全隐患辨识并进行整改。

【复习思考题】

一、判断题

1. 危险源是指可能导致伤害、疾病、财产损失、工作环境破坏或其组合的根源或状态。
(　　　)

2. 危险存在于确定的系统中,不同的系统,危险源的范围也不同。(　　　)

3. 导致事故发生的原因是多方面的,许多事故的发生都与人的不安全行为、物的不安全状态和管理上的缺陷有关。(　　　)

4. 物的不安全状态也包括照明、温度、噪声、振动和通风等不良条件。(　　　)

5. 在易燃易爆、明火、高温等作业场所可以穿化纤服装操作。(　　　)

6. 禁止标志采用红色作为安全色,警告标志采用黄色作为安全色。(　　　)

7. 个人防护用品要做好日常保养和维护,不能随意另作他用,以免影响性能。(　　　)

8. 不论是在车间还是在岗位上,使用的设备、工具、材料、工件等的位置都要规范。
(　　　)

二、填空题

1. 安全是指不发生＿＿＿＿＿＿＿＿＿的状态。

2. 本质安全是指设备、设施或技术工艺中含有＿＿＿＿＿＿能够从＿＿＿＿＿＿防止发生事故的功能。

3. ＿＿＿＿＿＿是事故发生的根源和深层次原因。

4. 安全标志是用以表达＿＿＿＿＿＿的标志,以引起人们对＿＿＿＿＿＿的注意。

5. ＿＿＿＿＿＿采用＿＿＿＿＿＿作为安全色,是强制人们必须做出某种动作或采取防范措施的图形标志。

6. 考虑是否＿＿＿＿＿＿、是否有＿＿＿＿＿＿、是否存在＿＿＿＿＿＿等因素之后,选择适用的呼吸防护用品。

第2节　岗位操作安全

岗位与人对应,一个岗位就是一个人所从事的工作,是组织要求个体完成的一项或多项责任以及为此赋予个体的权利的总和。职位是按规定担任的工作或为实现某一目的而从事的明确的工作行为,由一组主要职责相似的岗位所组成。例如:制造型企业的生产部门的操作员是一个职位,这个职位由很多岗位的员工担任,如钻孔操作员、层压操作员、丝印操作员等。

不同的岗位使用不同的原材料、操作不同的机器设备、面对不同的操作环境,为保证安全,必须清楚岗位的工作性质、遵守相应的规章制度、遵循各自岗位的安全技术操作规程。见图1-2-1。

图 1-2-1

一、安全生产规章制度

安全生产规章制度是生产经营单位根据国家安全生产法律法规和行业标准等相关规定,结合本单位的生产经营范围、作业危险程度、工作性质及工作内容,制定的具有可操作性的安全生产方面的制度和要求。例如:安全生产责任制、安全培训制度、危险作业管理要求、伤亡事故管理规范等。

不同企业所建立的安全生产规章制度不尽相同,可概括划分为安全管理制度和安全操作规程两大类,其作用主要有以下三点。

(1)明确安全生产职责。明确本单位各岗位人员的安全生产职责,每个人都知道应该"干什么""由谁干",有利于各在其位、各司其职、各尽其责。

(2)规范安全生产行为。明确全体人员在履行安全生产职责或进行生产操作时应该"怎样干",有利于规范管理人员的行为、提高管理质量,有利于规范生产岗位操作人员的操作行为,避免因不安全行为而导致事故。

(3)维护安全生产秩序。明确贯彻执行国家安全生产法律法规的具体方法,制定生产工艺规程和安全操作规程,建立安全生产的制约机制,能有效地制止违章和违纪行为,维护企业的安全生产秩序。

(一)安全生产管理制度

(1)综合安全管理制度。包括安全生产总则、安全生产责任制、安全技术措施管理、安全教育、安全检查、安全奖惩、安全检修管理、事故隐患管理与监控、事故管理、安全用火管理、承包合同安全管理、安全值班等规章制度。

(2)安全技术管理制度。包括特种作业管理、危险设备管理、危险场所管理、易燃易爆有毒有害物品管理、厂区交通运输管理、防火制度以及各生产岗位、各工种的安全操作规定等。

(3)职业卫生管理制度。包括职业卫生管理、有毒有害物品监测、职业病及防治、职业中毒、职业卫生设备等管理。

（4）其他有关管理制度。如女工保护制度以及劳动保护用品、保健食品、员工身体检查等。

（二）安全生产操作规程

在建立、健全安全生产管理制度的同时，还必须建立、健全各项安全生产操作规程。安全操作规程是指根据物料性质、工艺流程、设备使用要求而制定的符合安全生产法律法规的操作程序，有煤矿安全操作规程、石油化工安全操作规程、土木建筑安全操作规程、机械加工安全操作规程、电力安全操作规程、冶金安全操作规程、交通运输安全操作规程、特种设备安全操作规程等。一般是由权威部门为保证本部门的生产、工作能够安全、稳定、有效运转而制定的，操作者必须遵守的行为守则，是保证安全生产的措施，也是追究责任的依据，是各工种、各岗位人员的操作规范，包括开停车、进出料、包装储存、装卸运载以及紧急事故处理等各方面，具有较强的针对性和可操作性。

不同的行业企业，生产性质不同，危害类别不同，安全操作规程也不相同。例如：化工生产中存在易燃易爆、有毒有害、腐蚀性等物质，易与空气形成爆炸性混合物，存在烧烫伤、中毒等危害；机械加工车间具有金属切削机床多、电气设备多、起重设备多、运输车辆多、现场人员多的特点，存在衣服被卷进机器、手指被旋转刀具擦伤的危险。因此，除执行部门制定的纲领性的安全操作规程外，还有所在企业、车间、岗位、危险要害部位等的安全操作规程需要遵循，如车工、钳工、焊工、电工等的安全操作规程，锅炉、压力容器、气瓶等的使用和储运安全操作规程，易燃易爆液体装卸安全操作规程等。在某种意义上，越具体的安全操作规程，对岗位操作的指导意义越大，对保证操作安全更具切实作用。

同时，对一些专项安全操作规程如消防安全操作规程，包括消防用品的放置地点、灭火器的使用方法等，也要格外注意、严格遵守，确保安全。

二、岗位操作的危险因素

（一）两类危险源

根据危险源在事故发生发展过程中的作用，将危险源分为两大类。

1. 第一类危险源

第一类危险源是指生产过程中存在的、可能发生意外释放的能量或危险物质。常见的第一类危险源如下：

（1）使人体或物体具有较高势能的装置、设备、场所；

（2）一旦失控可能使蓄积能量突然释放的装置、设备、场所，如各种压力容器等；

（3）一旦失控可能产生巨大能量的装置、设备、场所，如强烈放热反应的化工装置等；

（4）生产、加工、储存危险物质的装置、设备、场所。

【案例 1-2-1】 2002 年 8 月 2 日 17 时左右，某单位行车工起吊钢模准备吊至振动台时，一职工拿断丝钳直接在吊物下方走动，突然行车发生故障，钢模从半空掉下，压在该职工身上，该职工送医后死亡。

2. 第二类危险源

第二类危险源是指导致能量或危险物质约束或限制措施破坏或失效的各种因素，主要包

括物的故障、人的失误和环境因素。常见的第二类危险源如下:

(1)操作错误,忽视安全,忽视警告;

(2)使用不安全设备;

(3)物体(成品、半成品、材料、工具、生产用品等)存放不当;

图1-2-2

(4)在起吊物下方作业、停留;

(5)机器运转时进行加油、修理、检修、调整、焊接、清扫等工作;

(6)不安全装束;

(7)无防护或防护不当;

(8)生产(施工)场地环境不良,见图1-2-2。

【案例1-2-2】 2009年3月20日14时30分,重庆东华特钢有限责任公司物理室试样加工组陈某在操作CA6140普通车床加工拉力试样时,未按安全操作规程穿戴劳动保护用品,致右手衣袖被旋转的拉力试样绞入,人体随之往前倾,使头与旋转的车床撞击致死。

第一类危险源是伤亡事故发生的能量主体,决定事故发生的严重程度,必须采取措施约束、限制能量或危险物质,控制危险源。第二类危险源是第一类危险源造成事故的必要条件,决定事故发生的可能性。一起伤亡事故的发生往往是两类危险源共同作用的结果。

(二)岗位操作的违章行为

1.违反安全生产规章制度的行为和表现

违反安全生产规章制度的行为和表现如下:

(1)未经三级安全教育上岗作业;

(2)特种设备未经法定单位定期检验;

(3)非特种作业人员从事特种作业;

(4)新安装设备(施),未经安全验收就进行生产作业;

(5)未按规定放置、堆垛材料、制品及工具;

(6)工作前未检查设备(施)或设备(施)带故障,安全装置不齐全便进行操作(见图1-2-3);

图1-2-3

（7）在消防器材、动力配电箱、板、柜周围堆放物体且违反堆放间距规定；

（8）危险作业未经审批或虽经审批，但安全措施未落实；

（9）在禁火区域内吸烟或违章明火作业；

（10）在有毒、粉尘等作业场所进餐、饮水、吸烟，未按规定使用通风除尘设备；

（11）危险作业时，监护措施未落实及未设置警戒区域或未挂警示牌；

（12）职业禁忌证者未及时调换工种；

（13）发现隐患，未排除、报告，冒险作业。

2. 违反设备安全操作规程的行为和表现

违反设备安全操作规程的行为和表现如下：

（1）任意拆除设备（施）的安全装置和仪器、仪表、警示装置；

（2）设备（施）超速、超温、超载荷运行；

（3）供料或送料速度过快；

（4）设备运转时，跨越、触摸或擦拭运动部位；

（5）调整、检修、清扫设备时未切断电源，测量工件时未停车；

（6）用手替代工具操作（手拉、吹排铁屑）；

（7）冲压作业时，手进入危险区域；

（8）攀登吊运中的物件以及在吊物、吊臂下行走或逗留；

（9）启用查封或报废设备；

（10）厂内机动车辆未按规定载人、载物；

（11）机动车辆行驶时，进行上、下及抛掷物品；

（12）高空作业时，任意掷扔物件；

（13）检修电气设备（施）时未停电、验电、接地及挂牌操作；

（14）安全电压灯具与使用电压及要求不符；

（15）容器内部作业时未使用通风设备；

（16）随意倾倒炽热金属物品。

三、岗位操作安全措施

（1）岗位工人对本岗位的安全生产负直接责任，要按规定接受安全生产教育，遵守有关安全生产规章制度和安全操作规程，杜绝违章作业。

（2）知晓本岗位潜在的危险和有害因素，明确本岗位的安全隐患，严格执行与岗位有关的各种操作规程，保证本岗位安全。

（3）正确使用安全防护用品，决不擅自动用机械、电气设备。

（4）遵守劳动纪律，坚守岗位，未经许可决不从事非本工种作业，严禁酒后上班，不在禁止烟火的地方吸烟动火。

（5）特种作业人员必须接受专门的知识技能培训，经考试合格取得相应的操作资格证书后，方可上岗作业。

【小知识】

从业人员的安全生产权利义务

《安全生产法》第三章规定了从业人员的安全生产权利义务,内容如下。

(1)生产经营单位与从业人员订立的劳动合同,应当载明有关保障从业人员劳动安全、防止职业危害的事项以及依法为从业人员办理工伤保险的事项。

生产经营单位不得以任何形式与从业人员订立协议,免除或者减轻其对从业人员因生产安全事故伤亡依法应承担的责任。

(2)生产经营单位的从业人员有权了解其作业场所和工作岗位存在的危险因素、防范措施及事故应急措施,有权对本单位的安全生产工作提出建议。

(3)从业人员有权对本单位安全生产工作中存在的问题提出批评、检举、控告,有权拒绝违章指挥和强令冒险作业。

生产经营单位不得因从业人员对本单位安全生产工作提出批评、检举、控告或者拒绝违章指挥、强令冒险作业而降低其工资、福利等待遇或者解除与其订立的劳动合同。

(4)从业人员发现直接危及人身安全的紧急情况时,有权停止作业或者在采取可能的应急措施后撤离作业场所。

生产经营单位不得因从业人员在发现紧急情况下停止作业或者采取紧急撤离措施而降低其工资、福利等待遇或者解除与其订立的劳动合同。

(5)因生产安全事故受到损害的从业人员,除依法享有工伤保险外,依照有关民事法律尚有获得赔偿的权利,有权向本单位提出赔偿要求。

(6)从业人员在作业过程中,应当严格遵守本单位的安全生产规章制度和操作规程,服从管理,正确佩戴和使用劳动防护用品。

(7)从业人员应当接受安全生产教育和培训,掌握本职工作所需的安全生产知识,提高安全生产技能,增强事故预防和应急处理能力。

(8)从业人员发现事故隐患或者其他不安全因素,应当立即向现场安全生产管理人员或者本单位负责人报告;接到报告的人员应当及时予以处理。

(9)生产经营单位使用被派遣劳动者的,被派遣劳动者享有本法规定的从业人员的权利,并应当履行本法规定的从业人员的义务。

【案例分析】

车床岗位"3·5"机械伤害事故

2006年3月5日9时许,温州通顺机动车部件有限公司发生一起机械伤害事故,造成1人死亡。

1. 事故经过

事发当日,工人刘某正在 C6132A1 车床上加工零件。他将长条圆钢夹紧后,便开机工作。由于使用的原材料过长,车床转速过快,在离心力的作用下,引起钢条逐渐弯曲,车床振动,使车身移位倾斜。刘某在没有停车的情况下,直接去固定车床。当他将垫片垫入车床起身时,被弯曲且高速运转的圆钢击中头部。旁边的同事见状,立即关闭总电源,见其头骨裂开,出血严重,立刻送往医院,经抢救无效死亡。

2. 事故原因

1)直接原因

使用的原材料长条圆钢过长,车床转速过快(1 200 转/分),在离心力的作用下,引起钢条逐渐弯曲,车床振动,使车身移位倾斜。

2)间接原因

刘某违规操作,在机器出现问题时,没有停机就进行处理。

公司虽制定了安全管理制度和安全操作规程,但没有及时督促员工贯彻执行。

3. 事故教训

加强员工安全生产教育,贯彻执行岗位安全操作规程,防止事故发生。

【复习思考题】

一、判断题

1. 安全生产规章制度是生产经营单位根据国家安全生产法律法规和行业标准等相关规定,制定的具有可操作性的安全生产方面的制度和要求。(   )

2. 综合安全管理制度包括特种作业管理、危险设备管理、危险场所管理以及各生产岗位、各工种的安全操作规定等。(   )

3. 不同的行业企业,其生产性质不同,安全操作规程有很多不同之处。(   )

4. 第一类危险源是指导致能量或危险物质约束或限制措施破坏或失效的各种因素。(   )

5. 第二类危险源是指生产过程中存在的,可能发生意外释放的能量或危险物质。(   )

6. 岗位工人对本岗位的安全生产负直接责任。(   )

二、填空题

1. 不同的岗位使用不同的_____、操作不同的_____、面对不同的_____,为保证安全,必须遵循各自岗位的_____。

2. 不同企业所建立的安全生产规章制度不尽相同,可概括划分为_____和_____两大类。

3. 安全生产规章制度的作用主要有_____、_____、_____。

4. 安全操作规程是指根据_____、_____、_____而制定的符合安全生产法律法规的操作程序。

5. 根据危险源在事故发生发展过程中的作用,将危险源分为_____。

6. 第二类危险源主要包括_____、_____和_____。

7. 未经_____安全教育上岗作业,是违反安全生产规章制度的行为。

8. 遵守劳动纪律,坚守岗位,_____决不从事_____。

【延伸阅读】

《中华人民共和国职业分类大典》(2015 版)

随着社会的发展与时代的进步,人类在长期的生产活动中产生了劳动分工,职业就是劳动分工的产物,也成为劳动者在社会活动中获取经济来源、实现自身价值的依托。为与快速变化的就业市场接轨,2015 年 7 月 29 日,国家职业分类大典修订工作委员会审议并颁布了《中华人民共和国职业分类大典》,为一些新兴行业提供了就业标准。

新版职业分类大典中将职业分为 8 个大类、75 个中类、434 个小类、1 481 个职业细类。

1. 第一大类:党的机关、国家机关、群众团体和社会组织、企事业单位负责人,包括 6 个中类、15 个小类、23 个职业。

2. 第二大类:专业技术人员,包括 11 个中类、120 个小类、451 个职业。

3. 第三大类:办事人员和有关人员,包括 3 个中类、9 个小类、25 个职业。

4. 第四大类:社会生产服务和生活服务人员,包括 15 个中类、93 个小类、278 个职业。

5. 第五大类:农、林、牧、渔业生产及辅助人员,包括 6 个中类、24 个小类、52 个职业。

6. 第六大类:生产制造及有关人员,包括 32 个中类、171 个小类、650 个职业。

7. 第七大类:军人,包括 1 个中类、1 个小类、1 个细类。

8. 第八大类:不便分类的其他从业人员,包括 1 个中类、1 个小类、1 个细类。

同一性质的工作,往往具有共同的特点和规律。把性质相同的职业归为一类,根据不同的职业特点和工作要求,给各个职业分别确定工作责任以及履行职责及完成工作所需要的职业素质,是岗位责任制的体现。现在讲的一岗双责,包含本岗位的安全职责。

那么,职工能否胜任所承担的职业工作,是否完成了应该完成的工作任务,安全责任落实到位了没有,都是在职业分类的基础上进行考量的。

第2章 机械设备和电气安全

机械是由若干相互联系的零部件按一定规律装配起来、能够完成一定功能的装置,可由电气元件实现自动控制。机械设备在给人们带来高效、快捷和方便的同时,在其制造、运行、使用等过程中,也会出现撞击、挤压、切割以及电击、电伤等事故。

机械设备数量众多、性能各异,操作者要严格执行安全规程和操作规范,避免出现由于对其性能和危险不了解、防护措施不当、精神不集中或嫌操作规程太麻烦而随意增减步骤而造成的危害、损害和伤害。例如:触电或机械伤害带来的受伤、残疾、死亡;产品、原料、设备的直接损失以及生产中断造成的间接损失;有害物质泄漏造成大气污染、水土污染等。

第1节 机械设备安全

机械设备种类繁多、结构复杂,一般由驱动装置、变速装置、传动装置、工作装置、制动装置、防护装置、润滑系统、冷却系统等部分组成,若使用维护不当,会造成极其严重的后果。

一、机械设备的分类

机械设备按工作方式大致可分为两大类:静止设备和运转设备。运转设备动量较大,造成的危害也大,较静止设备更容易造成机械事故。

运转设备通常在电动机、汽轮机、柴油机等的驱动下,机械整体能够移动,或使其某个部件作旋转、往复等运动。根据用途,机械装置大致可分为以下三类:第一类是生产设备,如机泵类;第二类是起重运输设备,如叉车、电瓶车;第三类是以运转设备为主的机械加工设备。

二、机械伤害事故的原因

(一)人为因素

相当一部分机械事故是人为因素造成的,例如未仔细阅读设备使用说明书、未定期检修机械设备、未严格按照规章制度进行操作等。尤其是多人操作的大型机械设备,因为相互配合不好、动作不协调或员工个人思想不集中等,都能引发伤害或死亡事故。

【**案例** 2 - 1 - 1】 某石油化工厂橡胶车间检修链板式干燥机,机修工修板裙,操作工清洗板里的胶。修理一段板裙,需向上倒一段车,就要启动电机,由于监护人员离开岗位,两者未联系,链板旋转后,操作工头部被夹在链板与钢板之间,最终因挤压身亡。

因此,机械设备的操作必须严肃认真、一丝不苟,明确职责、各司其职,才能确保生产与生命的安全。

(二)机械设备因素

静止设备的危险因素主要包括三方面:静止的刀具与刀刃、突出较长的机械部分,如表面螺栓、吊钩、手柄等;引起滑跌、坠落的工作台面,尤其是平台有水或油时更为危险;毛坯工具、设备边缘锋利的飞边及表面粗糙部分,如铸造零件表面等。

转动设备存在着绞碾、卷带、钩住、刺割、挤压、打击等危险,通常附加防护罩、盖板或防护围栏,将作业人员与旋转部件隔离开来,避免接触,排除危险。转动设备按照运动形式,大致可分为旋转运动和直线运动。

1. 旋转运动的危险

(1)绞碾和挤压。齿轮传动机构、螺旋输送机构、钻床等,由于旋转部件有棱角或呈螺旋状,工作人员的手、上衣、裤子、长发等易被绞进机器或因转动部件的挤压而造成伤害。

(2)卷带和钩挂。操作人员的手套、上衣下摆、裤管、鞋带及长发等,若与旋转部件接触,易被卷进或带入机器或者被旋转部件的凸出部位钩住而造成伤害,这类旋转设备比较多,如机泵和各类设备所采用的皮带传动、链传动、联轴节和设备其他旋转部件以及橡胶厂的炼胶机、压延机等。见图 2-1-1。

图 2-1-1

【**案例** 2 - 1 - 2】 某化工厂电石车间,一工人在破碎机停机后,未等机器停稳,立即检查地脚螺丝,手套被飞轮卷住,头部撞在飞轮上,致使颅脑破裂身亡。

(3)打击。作旋转运动的部件,在运动中产生离心力,旋转速度越快则离心力越大,若部件有裂纹或表面有刻痕、划痕等缺陷,易造成应力集中而破裂并高速飞出。人员若受此打击,伤害可想而知。

(4)刺割。铣刀、木工机械的圆盘锯、木刨等旋转部件是十分锋利的刀具,作业人员若操作不当接触到刀具,即被刺伤或割伤。

2. 直线运动的危险

（1）冲床类。冲床用于金属成形、冲压零部件等。它的危险性在于要用手将被加工工件送到冲头与模具之间，当冲头落下时，手若未及时离开危险区域，则会造成伤害。

（2）剪床类。剪床用于剪切金属板材和型材等，其危险性与冲床相似，一般是在供送剪切材料时，手误入上下作直线运动的刀具下面而发生的。

（3）刨床和插床类。刨床和插床用于金属切削加工，加工过程中手不需要伸进去，因此与前两种设备相比，危险性较小。见图 2-1-2。

图 2-1-2

【案例 2-1-3】　2001 年 5 月 18 日，四川广元某木器厂木工李某用平板刨床加工木板，李某进行推送，另有一人接拉木板。在快刨到木板端头时，遇到节疤，木板抖动，李某疏忽，因这台刨床的刨刀没有安全防护装置，右手脱离木板而直接按到了刨刀上，瞬间李某的四个手指被刨掉。

三、机械伤害事故的防护

尽管机械设备结构各异，但其基本特点有很多共同之处，防护措施主要从以下几个方面考虑。

（一）生产设备的安全防护

1. 设备方面的安全防护

1）密闭与隔离

对于传动装置，主要防护办法是将它们密闭起来（如齿轮箱）或加不同形式的防护罩，使各类人员均接触不到转动部位，如轴、齿轮、皮带、联轴节、飞轮等。另外，离地面 2 m 以上的传动装置，在需经常检查（修）的地方应设工作台。

2）安全联锁

为了保证操作人员的安全，有些设备应设联锁装置。当操作者动作错误时，可使设备不动作，或立即停车。如冲床的安全联锁装置，当操作者的手在冲模下方时，机器不能启动，便是安全联锁装置起保护作用。

3）紧急刹车

紧急刹车是为排除危险而采取的紧急措施。如橡胶加工厂的开放式炼胶机，其轧辊做水平排列，操作者的手被卷进去的危险性是比较小的，但因物料黏着力很强，当往两轧辊中送料时,稍有疏忽或因手来不及撒开,就有被卷进去的危险。由于频繁操作的需要,又不便于装安全防护罩,所以通常在开式炼胶机上方装紧急刹车开关,能使机器立即停止运转。皮带运输机上装有这样的设施。

2.人员方面的安全防护

完善生产设备安全防护的同时,还需要生产中操作者的正确操作。两者配合得当,才能保证安全生产。

1)正确维护和使用防护设施

按规定安装防护设施,没有防护设施的设备不得运行;不能随意拆卸防护装置、安全用具或安全设备;学会正确使用安全防护设施,如拉开式或拨开式的安全装置的使用方法。见图2-1-3。

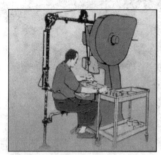 

自动（拉开式）安全装置　　　　　自动（拨开式）安全装置

图 2-1-3

图2-1-4

2)转动部件未停稳不得进行操作

由于机器在运转中有较大的离心力,这时进行生产操作、拆卸零部件、清洁保养工作等都是很危险的,如离心机、压缩机等。见图2-1-4。

3)转动机件上不得搁放物体

特别需要指出的是,在机床夹持零部件过程中易于将工具、量具或其他物件顺手放在旋转部位上,一开车这些物件极易飞出发生事故。

4)执行操作规程,正确穿戴防护用品

严格执行有关规章制度和操作法,正确穿戴衣、帽、鞋等护具。例如工作服应做到三紧,即袖口紧、下摆紧、裤口紧;机加工的某些工种,要配戴防护眼镜等。

5)其他

操作机械设备站位要得当,例如在使用砂轮机时,应站在侧面,以免砂轮飞出时打伤自己。另外,不要跨越运转的机轴,处于人行通道上的机轴,要经跨桥通过;对那些无防护设施的机轴,一定不要随便跨越。

【案例2-1-4】 某公司机加工车间三级车工张某,在C620车床上加工零部件时,在没有停车的情况下,右手就从转动的零部件上方跨过去拿千分表。由于衣服下面两个衣扣未扣,衣襟散开,被零部件的突出支臂钩住,瞬间,张某的衣服和右手同时被绞入零部件与轨道之间,致使头部受伤严重,经抢救无效死亡。

(二)起重运输设备的安全防护

工矿企业常用的起重运输机械,按照用途大致分为起重机械类、运输车辆类和传送设备类。

1.起重机械的安全防护

起重机在作业过程中受外界影响因素较多,要装设必要的安全防护装置,以保证安全运转。对这些安全防护装置应及时检查、维护,使其保持正常工作性能。如发现异常,应立即进行修理或更换。按照有关规程集中精力操作,例如开车前必须鸣铃报警,起重机接近人员时要发出警报声等。

2.厂(场)内运输车辆的安全防护

厂(场)内运输车辆主要是指电瓶车和叉车,还有火车和汽车等。

1)电瓶车

电瓶车虽操作简便,但却容易发生事故,故应严格要求。

驾驶员必须受过专门训练,经考试合格并持有安全操作证;电瓶车的刹车机构、转向机构、音响信号、电气设备和线路一定要良好可靠,并应经常进行检查。

电瓶车的行驶速度,在厂(场)区内每小时不得超过 10 km,在车间内每小时不得超过 3 km。

电瓶车应按设计的载重量使用,不得超重。运送的货物必须放置平稳,必要时应用结实的绳索绑牢以防倾倒。其堆放高度不得高于地面 2 m;宽度不得超过底盘的两侧外沿各 200 mm;伸出车身后的长度不超过 500 mm,且不得使物料拖在地面上运行。

电瓶车在下列情况下严禁载人:进入厂房内部时;装运易爆、易燃、有毒等危险货物时;满重的重车;装载货物的高度距底盘 1 m 以上时。

2)叉车

叉式起重机是装运货物的机器,安装有制动器,可方便地用来搬运堆积在仓库里的货物,如果发生差错,被提升到高处的货物有可能落到操作人员的座位上而出现危险,故在操作人员的座位上方必须设置顶盖。

如果货物堆积过高,在提升货物时随着机杆后倾,最上部的货物有翻过机杆向操纵人员身上落下的危险,为此在起重叉车横梁上要安装一个防止发生这类事故的背框架。见图 2-1-5。

3.传送设备的安全防护

传送设备可在水平、倾斜或垂直方向移动,用以传输松散材料、包装箱和其他物品。传送路线是由装置预先规定好的,沿线具有固定的或可选择的装卸料口,有皮带式、螺旋式、斗式等若干种。

1)皮带运输机

除设备自带的安全防护装置外,设备的启动按钮和开关应设置在一个适当的地点,这些启动开关应有明显的标记,开关装置周围不要堆放杂物。传送装置的操作人员上班时应穿紧身工作服,以免被卷入转动着的机械设备。传送装置的大部分事故是由被运输的材料从传送带

图 2-1-5

上掉下引起的,所以传送装置上的材料堆放要平稳,确保安全传输。校正跑偏和清除粘在传送带表面上的污物,应停车处理。在检修工作开始前,应切断电源并加锁,钥匙由检修负责人保管。

2)螺旋输送机

螺旋输送机的不安全因素在于人的手或脚会被卷进去而压坏,所以运输槽应该完全被覆盖,当槽中物料堵塞时,为了便于观察和卸料,槽盖应是具有绞链连接和可移动的盖板,当打开其中一块盖板时输送机就会停下来。

【案例 2-1-5】 某水泥厂包装车间员工进行倒料工作,开机后不出料,于是手持钢管站立在螺旋输送机上敲打库底。下料后员工准备下来,不料因脚穿泡沫拖鞋,行动不便,重心失稳,左脚恰好踩进螺旋输送机上部 10 cm 宽的缝隙内,正在运行的机器将其脚和腿绞了进去。发现后立即停车并反转盘车,才将其腿和脚退出,最终导致该员工左腿高位截肢。

3)斗式提升机

为了操作人员的安全,整个斗式提升机都应用防护装置封装起来,运行中严禁取样(如取一些物料供化验用)。为了安全和便于检修,沿着储存库上方运行的斗式提升机边上,应装设永久性通道,通道上应设有标准扶手栏杆和脚踏板,并具有良好的照明。

【案例 2-1-6】 2012 年 2 月 19 日晚上,伊利天山水泥厂生料车间均化库顶巡检工接班后没有对库顶设备认真巡检,结果到次日凌晨 7 时,入库斗式提升机传动部位液力耦合器爆炸,导致人员严重受伤。

(三)机械加工设备的安全防护

习惯上将车、镗、铣、刨、磨等五大类机械加工设备称为机床,这类设备引起伤害事故的原因常常是操作不当和违章,也可以说是缺乏基本训练和管理不善而引起的。因此,对常规运转的设备进行正确操作,同时使用安全防护装置,可有效避免伤害事故的发生。

1. 机床的安全防护

机床的操作、调整、修理等工作都必须由有经验和经过训练且取得安全操作证的人员进行,穿合适的紧身工作服,戴护目镜;而且非特殊情况不得戴手套操作;女工应将长发束入工作帽内,不可穿凉鞋、高跟鞋等;机床运转时,不得用手去调整和测量工件;严禁用手直接清理切屑,应用刷子或专用工具,以免被钩挂、刺割、烫伤。

【案例 2－1－7】 某市装配厂机动科机修站划线钳工吕某,在操作台钻(Z512)加工工件的过程中,在未停机的情况下,戴手套清扫工件铁屑,被旋转钻头上所带的铁屑挂住右手食指,缠绕在钻头(Z512)上,造成右手食指两节离断事故。

2.冲压设备的安全防护

冲压设备属于压力机械,危险极大,提倡"手在模外"的原则。目前,这类设备均已装设安全联锁,一旦出现误操作即可停车。图 2-1-6 为必须两手同时控制才能操作的设备,这样就有效避免了操作者在操作时将手放在机器内的危险。

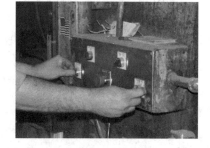

图 2-1-6

四、机械设备伤害事故的应急处置

(一)生产设备事故的应急处置

事故发生后,现场人员应根据事故发生的实际情况有针对性地采取措施,如有人员受伤时,应对受伤人员进行急救,并大声呼喊临近岗位人员进行帮助。

一般机械事故要立即组织人员封锁事故现场,做好警示标识,等待专业维修人员进行处理。即使无人员伤亡,也应停止作业,关掉电源,按程序处置。

将受伤人员转移到安全地带后,若受伤人员出现呼吸、心跳停止等症状,马上进行心肺复苏。对轻伤人员,及时进行止血、包扎、固定等措施,视伤情送往医院治疗。

(二)起重运输设备事故的应急处置

厂内机动车辆发生故障后,驾驶员应立即停车,防止发生其他事故。

若有人员伤亡,驾驶员应立即向周围人员求助并及时报警,事故现场积极开展自救工作。若受伤人员压在运载物资下面,要立即搬开货物,抢救受伤人员。若受伤人员肢体断裂或骨折,应采取伤肢固定措施,有出血症状者,立即采取止血措施。

在抢救受伤人员的同时,马上拨打 120 急救中心电话,尽快送往医院救治。若发生重伤、死亡事故,要保护好现场,配合事故调查。

(三)机械加工设备事故的应急处置

发现有人受伤,应立即关闭运转的机械加工设备,现场人员立即向周围人员呼救,请示相关部门后启动应急程序。如受伤人员有骨折、休克或昏迷状况,应采取现场急救措施,必要时进行人工呼吸或胸外心脏按压。若有外伤,立即对伤者进行包扎、止血、止痛、消毒、固定等临时措施,防止伤情恶化。

如有断肢情况,及时用干净毛巾、手绢、布片将断肢包好,放在无裂缝的塑料袋或胶皮袋内,袋口扎紧,在口袋周围放置冰块、雪糕等降温物品,不得在断肢处涂酒精、碘酒及其他消毒液。同时拨打 120 急救中心电话,详细说明事故地点、严重程度、联系电话,并派人到路口接应。注意断肢要随伤员一起运送。

【小知识】

国家安全生产十不准

（1）不准违章作业，并制止他人冒险作业。

（2）工作前穿戴好规定的劳保防护用品，检查设备及作业场地，做到安全可靠、文明生产。

（3）不准擅自开动别人操作的机械、电气开关设备。登高作业应系好安全带、戴好安全帽，并有专人监护，防止坠落，严禁向下乱抛工具和设备零件。

（4）各种安全防护装置、信息标志、仪表及指示器等不准随便拆除，保持齐全有效、灵敏可靠。

（5）机器设备停机检查或修理时，应切断电源，并悬挂警示牌，取牌人应是挂牌人。开车时应发出信号，听到回音后方可开车。

（6）多人操作及起重搬运要统一指导、密切配合，不准超负荷使用机械设备。

（7）生产区内禁止吸烟，非电气人员不准装卸、修理电气设备。

（8）厂内机动车禁止无证驾驶，机动车进出车间转弯必须鸣号减速，车辆行驶中禁止爬上跳下。

（9）工作时思想集中，不准打闹、赤膊、赤脚、穿拖鞋和高跟鞋，不准酒后上班。

（10）发生重大事故后，应立即抢救受伤职工和国家财产，保护现场，迅速汇报，同时进行"四不放"。

【案例分析】

作业不戴压发帽 撕脱头皮憾终生

1. 事故经过

某厂机械车间划线工王某（新入职）按照领导安排，手持划规和钢板尺对高速运转的C620车床手轮进行测量，不慎将80 cm长的双辫绞在车床丝杠上。其撕心裂肺的喊叫，惊动了车工袁某，袁某遂及时将车床断电停车，避免了王某身体的卷入。但其头发已随头皮一起被撕脱，导致6级伤残。

2. 事故原因

（1）王某自我防护能力差，上岗不戴安全帽，未将长辫盘好，是事故发生的主要原因。

（2）车间领导安全意识淡薄，教育、监督不到位，对职工安全教育不够，是事故发生的次要原因。见图2-1-7。

3. 事故教训

（1）严格执行安全操作规程，女职工的发辫一定要盘入工作帽内。

（2）加强安全教育，杜绝违规思想，并及时制止违章行为。

【复习思考题】

一、填空题

1. 防止机械伤害的设备防护措施有＿＿＿＿＿＿、＿＿＿＿＿、＿＿＿＿＿。

图 2-1-7

2. 最普遍的传送设备有＿＿＿＿＿＿＿、＿＿＿＿＿＿＿、斗式提升机等。

3. 机床操作的安全注意事项包括:任何机床的操作调整和修理必须由有经验和经过训练且＿＿＿＿＿＿＿的人员进行,操作者应按＿＿＿＿＿＿＿进行。不要擅自＿＿＿＿＿＿＿,如人为缩短停车时间,而应等待机床＿＿＿＿＿＿＿。在机床运转时,用手去＿＿＿＿＿＿＿和测量工件等都是很不安全的。

二、问答题

1. 静止设备的危险因素主要包括哪三方面?

2. 旋转运动机件会带来哪些伤害?

3. 防止机械伤害的人为防护措施有哪些?

第 2 节 电气安全

电能已经是人类生产和生活中不可或缺的主要动力源,但当我们用电不当时,也会造成触电和其他伤害事故的发生。见图 2-2-1。

图 2-2-1

工业生产中的电气事故,按照事故发生的基本原因可分为触电事故、静电事故和电气系统故障事故等几大类。

一、触电事故

触电事故是由电流的能量造成的。绝大部分触电伤亡事故都含有电击的成分。与电弧烧伤相比,电击致命的电流小得多,但电流作用时间较长,且在人体表面一般不留下明显的痕迹。

违章冒险作业、私自更改变压设备、设备老化等,是造成触电事故的主要原因。忽视安全教育和安全培训,是造成触电事故的根源所在。

【案例2-2-1】 南通市某自来水厂准备兴建两层生产用房。在连接焊机电源线时,瓦工班长李某某在焊机一头接好电源线后,图省事从靠近高压线路一侧向下抛掷,不幸挂在了高压线上,引起电焊机着火。同在楼顶作业的临时工薛某某见状,赶忙前去拽拉电源线,触电仰倒在楼面钢筋网上被烧伤致死。

(一)触电的类型

人体触及带电体,电流会对人体造成伤害,即为触电。电流对人体的伤害有两种:电击和电伤。大约85%以上的触电死亡事故是由电击造成的,但其中大约70%含有电伤成分。

电击是指电流通过人体造成的内部伤害。电流能对呼吸、心脏及神经系统造成伤害,使人出现痉挛、窒息、心颤、心跳骤停等症状,严重时会致人死亡。

电伤是由电流的热效应、化学效应、机械效应对人体外部组织或器官造成的伤害,如电灼伤、金属溅伤、电烙印等。

(二)触电的危害

电流通过人体,会引起针刺感、压迫感、打击感、痉挛、疼痛乃至血压升高、昏迷、心律不齐、心室颤动等症状。电流对人体伤害的严重程度与通过人体电流的大小、电流通过人体的持续时间、电流通过人体的途径以及电流的种类、人体的状况等多种因素有关。

(三)触电的预防

防止触电事故,除了思想上提高对用电安全的认识,树立安全第一、精心操作的思想,采取必要的组织措施外,还必须依靠一些完善的技术措施,一般有以下几方面。

1.隔离

隔离措施主要有绝缘、屏护、安全间距等。绝缘是用有极高电阻的物质来隔断电流,使其不能通过,如橡胶、玻璃、云母等。屏护是用屏障或围栏等隔开带电体,防止接近或无意触及带电体。安全间距是人与带电体、带电体与带电体、带电体与地面(水面)、带电体与其他设施之间需保持的最小距离,以确保安全。

2.安全电压

所谓安全电压,是指为了防止触电事故而由特定电源供电所采用的电压系列。在不同的场合,我国的安全电压采用的交流额定值有36 V、24 V、12 V、6 V,如进入金属容器或特别潮湿场所要使用12 V以下照明电压。

3.漏电保护装置

漏电保护装置是用来防止人身触电和漏电引起事故的一种接地保护装置,当电路或用电设备漏电电流大于装置的整定值,或人、动物发生触电危险时,能迅速动作,切断事故电源,避免事故的扩大,保障人身、设备的安全。

4.保护接地和接零

(1)保护接地。就是将电气设备在正常情况下不带电的金属部分与接地体之间做良好的金属连接。若电气设备没有接地,当电气设备绝缘损坏而漏电时,设备外壳上将长期存在电压,此时人体接触就会发生触电事故。

（2）保护接零。就是将电气设备在正常情况下不带电的金属部分与系统中的零线做良好的金属连接。保护接零的作用是当电气设备发生碰壳短路时,电流经零线返回而形成闭合回路。电气设备短路后,电流较大,能使保护电器装置(电熔丝或自动开关)迅速动作,切断电源,从而达到防止人身触电危险的目的。

（四）应急处置

发现有人触电,切不可惊慌失措、束手无策,应根据触电的具体情况进行相应的救治。

1.脱离电源

（1）高压触电脱离:触电者触及高压带电设备,救护人员应迅速切断使触电者带电的开关、刀闸或其他断路设备,或使用适合该电压等级的绝缘工具(戴绝缘手套,穿绝缘鞋,并使用绝缘棒)将触电者与带电设备脱离。触电者未脱离高压电源前,现场救护人员不得直接用手触及伤员。救护人员在抢救伤员过程中应注意保持自身与周围带电部分必要的安全距离,保证自己免受电击。

（2）低压触电脱离:低压设备触电,救护人员应设法迅速切断电源,如拉开电源开关、刀闸,拔除电源插头等;或使用绝缘工具、干燥的木棒或木板、绝缘绳子等绝缘材料解脱触电者;也可抓住触电者干燥而不贴身的衣服,将其拖开,切记要避免碰到金属物体和触电者的裸露身体;也可用绝缘手套或将手用干燥衣物等包起绝缘后解脱触电者;救护人员也可站在绝缘垫上或干木板上,绝缘自己进行救护。为使触电者脱离导电体,最好用一只手进行。

2.触电人员急救

（1）如触电伤员是神志清醒者,应使其就地仰面平躺,严密观察,暂时不要使其站立或走动。

（2）如触电伤员是神志不清者,应使其就地仰面平躺,且确保气道畅通,并用 5 s 时间呼叫伤员或轻拍其肩部,以判断伤员是否丧失意识,禁止用摇动伤员头部的方法呼叫伤员。

（3）触电后又摔伤的伤员,应使其就地仰面平躺,保持脊柱在伸直状态,不得弯曲;如需搬运,应用硬模板保持伤员仰面平躺,使其身体处于平直状态,避免脊椎受伤。

详细内容参见本书"触电救护"一节。

二、静电事故

在生产工艺过程中和工作人员操作过程中,静电电压可高达数万伏乃至数十万伏,可能在现场发生放电,产生静电火花。在火灾和爆炸危险场所,静电火花是一个十分危险的因素。

（一）静电的类型

根据产生静电的物料状态,静电可分为固体静电、液体静电、气体静电,如表 2-2-1 所示。

表 2-2-1　静电的类型

物质状态	容易产生静电的单元操作和工作状态
固体或粉体	摩擦　混合　搅拌　洗涤　粉碎　切断　研磨　筛选　切削　振动　过滤　剥离　捕集　液体　倒换　输送　卷绕　开卷　投入　包装　涂布　印刷　穿脱衣服　皮带输送
液体	流送　注入　充填　倒换　滴流　过滤　搅拌　吸出　洗涤　检尺　取样　飞溅　喷射　摇晃　检温　混入杂质　混入水珠
气体	喷出　泄漏　喷涂　排放　高压洗涤　管内输送

（二）静电的危害

在化工生产中,静电的危害主要有三个方面:引起火灾爆炸、给人以电击、妨碍生产。易产生静电危害的过程主要有以下几个方面。

1.运输过程的危害

运输过程容易产生静电,如使用槽(罐)车来装运苯、甲苯、汽油等有机溶剂,我们经常看到大部分槽(罐)车后均挂着一根尾巴,这根尾巴非常重要,它用于导除槽(罐)车行驶过程中产生的静电,是运输安全的保证。

【案例2-2-2】 某电化厂一辆4吨槽(罐)车,装载二硫化碳,在行驶途中突然起火燃烧。原因就是二硫化碳在途中受到剧烈的晃动而产生了静电,由于静电放电火花点燃了二硫化碳蒸气而发生燃烧。

2.灌注过程的危害

在灌注易燃液体的过程中,存在着两个产生静电的因素:一是液体与输送管道摩擦产生静电;二是液体注入容器时,因冲击和飞溅产生静电。严格控制流速是防止静电产生的有效措施。

3.取样过程的危害

使用对地绝缘的金属取样器,在储有易燃液体的储罐、反应釜等容器内取样时,由于取样器与液体的摩擦而产生静电,有时会对容器壁放电产生火花而发生危险。

【案例2-2-3】 某企业有一分析取样人员,用绝缘绳悬挂黄铜取样器,在从罐内取苯样品过程中发生爆炸。这是由于取样人员在取样过程中搅拌而带电,上提至罐顶盖口附近时,产生静电火花,引起爆炸。

4.过滤过程的危害

化工生产中过滤时,被过滤物质与过滤器发生摩擦,会产生大量静电。如果不采取相应的措施,容易发生燃烧爆炸事故。

5.包装秤量过程的危害

原料、成品的收发都有一个秤量包装过程,化工企业一般采用磅秤秤量,如果被秤量的是一种易产生静电的物质,而磅秤又对地绝缘,那么就有可能积累静电而产生危险。

【案例2-2-4】 某化工仓库,以3 m/s的速度,经管道向放置于磅秤上的铁桶内灌注甲苯,没多久就发现桶内的甲苯燃烧起来,桶体急剧膨胀,幸亏桶内甲苯因得不到足够空气的补充而窒息自灭。

6.高速喷射过程的危害

很多物料,尤其是易燃易爆品,在高压喷射时,会产生相当高的静电电压,一旦发生火花放电,极易造成火灾爆炸事故。

7.研磨、搅拌、筛分或输送粉体物料过程的危害

根据粉体起电的原理,在研磨、搅拌、筛分和输送粉体时,粉体与管道和容器强烈碰撞与摩擦,会产生危险的静电。

8.胶带传动与输送过程的危害

胶带输送机在运行过程中由于摩擦能产生大量的静电,这些静电电压有时可高达几千伏甚至几万伏,因此在易燃易爆场所,一般不建议使用胶带传动与输送。

9. 剥离过程的危害

在橡胶和塑料工业生产过程中,经常需进行剥离作业。如将堆叠在一起的橡胶或塑料制品迅速分离,这是一个强烈的接触分离过程,由于橡胶和塑料制品电阻率较高,故剥离作业中会产生较高的静电压。

10. 人体带有静电的危害

在生产过程中,操作人员总是在活动的,如果穿的衣服、鞋以及携带的工具不合适,与其他物体摩擦时,就有可能产生静电,引发事故。

(三) 静电防护

1. 工作场所静电控制

为了防止静电危害,可以采取减轻或消除所在场所周围环境发生火灾、爆炸危险性的间接措施,如用不燃介质代替易燃介质、通风、惰性气体保护、负压操作等。在工艺允许的条件下,采用较大颗粒的粉体代替较小颗粒的粉体,也是减轻场所危险性的措施之一。

2. 生产工艺过程静电控制

生产工艺过程控制是生产中采取的措施,如控制流速、选用合适的材料、增加静止时间和改进灌注方式等措施,以限制和避免静电的产生和积累,是消除静电危害的主要手段。例如刚停泵就进行检测或采样是危险的,容易发生事故,应过一段时间,待静电基本消散后才进行有关的操作。

3. 静电接地

接地是消除静电危害最常见和最有效的措施之一。静电接地的连接线应保证足够的机械强度和化学稳定性,连接和巡查等环节按国家规定执行。见图 2-2-2。

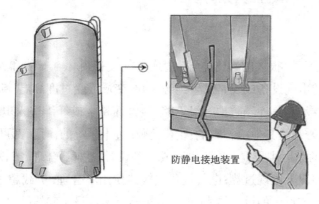

防静电接地装置

图 2-2-2

4. 增湿

存在静电危险的场所,在工艺条件许可时,用增湿法消除静电的危害效果较显著。例如,某粉体筛选过程中,相对湿度低于 50% 时,测得容器内静电电压为 40 000 V;采用增湿措施后,相对湿度为 65% ~ 70% 时,静电电压降低到 18 000 V;相对湿度为 80% 时,静电电压降低到 11 000 V,从消除静电危害的角度考虑,相对湿度保持在 70% 以上较为适宜。

5.抗静电剂

抗静电剂具有较好的导电性或较强的吸湿性。因此,在易产生静电的高绝缘材料中,加入抗静电剂,使材料的电阻率下降,加快静电泄漏,消除静电危险。

6.静电消除器

静电消除器是一种能产生电子或离子的装置,借助于产生的电子或离子中和物体上的静电,从而达到消除静电危害的目的。静电消除器具有不影响产品质量、使用方便等优点。

7.人体的防静电措施

人体的防静电措施主要是防止带电体向人体放电和人体带静电所造成的危害,如戴防静电手套、穿防静电工作服等。在易燃场所入口处,安装硬铝或铜等导电金属的接地走道,操作人员从走道经过时,可以导除人体静电;在入口门的扶手上采用金属结构并接地,当手接触门扶手时,可导除静电;采用导电性地面,不但能导除设备上的静电,而且有利于导除积聚在人体上的静电。

三、电气系统故障事故

电气系统故障事故是指供电线路和供电设备等发生的事故,可引起异常带电,造成非正常停电,甚至发生火灾和爆炸事故。

此类事故是由电能传递、分配、转换失去控制造成的。断线、短路、接地、漏电、误合闸、误掉闸、电气设备或电气元件损坏等都属于电气系统故障事故。

(一)电气故障的种类

按照电气装置的构成,常见的电气故障包括线路故障和设备元件故障两类。

线路故障,如断线、短路、短接、接地、接线错误等;设备元件故障,如变压器、电容器等的过热烧毁、不能运行、电气击穿、性能变劣等。

(二)事故原因

1.危险温度

(1)短路。短路会产生很大的冲击电流,造成电气设备损坏。安装和检修中的不合格接线和误操作;运行中的电气设备或线路发生绝缘老化、变质或受过度高温、潮湿、腐蚀作用受到机械损伤等而失去绝缘能力;外壳防护等级不够,导电性粉尘或纤维进入电气设备内部;防范措施不到位,小动物、霉菌及其他植物影响;雷击、操作过电压等的作用,都可能导致短路。

(2)过载。过载的原因主要是:电气线路或设备设计选型不合理,或没有考虑足够的裕量,以致在正常使用情况下出现过热;电气设备或线路使用不合理,负载超过额定值或连续使用时间过长,超过线路或设备的设计能力;设备故障运行造成设备和线路过负载等。

(3)漏电。电气设备或线路发生漏电时,因其电流一般较小,有时不能促使线路上的熔断器动作。当漏电电流集中在某一点时,可能引起比较严重的局部发热,形成危险温度。

(4)接触不良。电气线路或电气装置中的电路连接部位是系统中的薄弱环节,是产生危险温度的主要部位之一。电气接头连接不牢、焊接不良或接头处夹有杂物,都会增加接触电阻而导致接头过热。刀开关、断路器、接触器的触点,插销的触头等,如果没有足够的接触压力或表面粗糙不平等,均可能增大接触电阻,产生危险温度。

2. 电火花及电弧

（1）变压设备故障。油浸变压器、多油断路器等充油设备在高温或电弧的作用下,变压器内部故障点附近的绝缘油和固态有机物发生分解,产生易燃气体,可能发生爆炸。

（2）电动机着火。电动机着火的原因主要有:电源电压波动、频率过低;电动机运行中发生过载、堵转、扫膛(转子与定子相碰);电动机绝缘破坏,发生相间、匝间短路;绕组断线或接触不良;选型和启动方式不当等。

（3）电缆火灾爆炸。电缆火灾的常见起因有:电缆绝缘损坏;电缆头故障使绝缘物自燃;电缆接头存在隐患;堆积在电缆上的粉尘起火;可燃气体从电缆沟窜入变配电室;电缆起火形成蔓延等。

（三）事故预防

（1）定期校验高低压电气及电缆的动稳定性和热稳定性,整定供电系统的各级继电保护值,使之灵敏可靠,装设漏电保护装置。

（2）正确选择、使用和安装电气设备及电缆。

（3）防止低压电网的短路及过负荷引起电气火灾,必须使用熔断器、限流热继电器、电动机综合保护等保护装置。

（4）经常检查电气设备与电缆连接部分接点是否松动并及时处理。

（5）变压器油定期取样试验。

（6）井下照明灯具必须有保护罩并定期对粉尘进行清理。

（7）煤矿井下供电系统必须使用阻燃橡套电缆,皮带输送机使用阻燃皮带。

（四）应急处置

1. 线路故障应对

线路故障最容易引起的就是着火,可危及附近的电气设备或引燃易燃物。当发生线路故障时,首先应切断供电线路的电源,若已导致电气设备着火,应充分利用现场消防设施和装备器材投入灭火,及时疏散无关人员。现场要采取穿绝缘鞋、戴绝缘手套、配防毒面具等自我保护措施,配合公安消防队员灭火抢险。

2. 设备元件故障应对

1）变压器着火

将变压器从系统中隔离,并立即采取正确的防火措施。如果是油溢在变压器顶盖上着火,则应打开变压器下部的油阀放油,并将油引入储油柜内,采取措施防止再燃,使用干粉等不导电的灭火剂灭火。

2）电容器熔断

应立即向调度汇报,取得同意后,拉开电容器开关。在切断电源并对其放电后,先进行外部检查,如套管的外部有无闪络痕迹、外壳是否变形或漏油及接地装置有无短路等,后用绝缘摇表摇测极间及极对地的绝缘电阻值。

【小知识】

用电安全"十不准"

(1)不准玩弄电气设备和开关。

(2)不准非电工拆装、修理电气设备和用具。

(3)不准私拉乱接电气设备。

(4)不准使用绝缘损坏的电气设备。

(5)不准使用电热设备和灯泡取暖。

(6)不准用容量不符的熔断丝替代。

(7)不准擅自移动电气安全标志、围栏等安全设施。

(8)不准使用检修中的机器的电气设备。

(9)不准用水冲洗或用湿毛巾洗擦电气设备。

(10)不准乱动土挖土,以防损坏地下电缆。

【案例分析】

违章走线埋隐患　　线路磨损酿事故

2007年8月23日,青岛某公司注塑工艺员王某手抓工作台擦拭模具时触电,造成本人1人死亡事故。

1.事故经过

事发当日,工艺员王某在调试注塑模具时,因注塑机旁工作台照明灯电源线长期磨损漏电,电源线磨损漏电处与工作台铁架接触,王某手抓工作台铁架擦拭模具时,被电击倒,经抢救无效死亡。

2.事故原因

操作台照明电源线接线不规范,无套管,铁皮口无防护,造成电线绝缘层破坏,无漏电保护装置,发生触电后不能自动保护,是造成本次事故的主要原因。

3.事故教训

加强巡检、维修等监督管理工作,对现场违章行为及时检查并制止,强化员工业务培训和安全培训。

【复习思考题】

一、填空题

1.电流对人体有两种类型的伤害,即_____和_____。

2._____和_____是防止人体接触带电金属外壳引起触电事故的基本有效措施。

3.静电电荷可以通过多种途径产生、积累和泄漏以至消失。主要影响因素有:_____、

_____、_____以及物体含有杂质。

4. 防止静电引起火灾爆炸所采取的安全防护工作,主要有以下七个措施:_____、接地、_____、增湿、抗静电剂、_____和_____。

二、问答题

1. 防止触电事故的技术措施有哪些?

2. 易产生静电危害的活动有哪些?

3. 人体防静电措施有哪些?

【延伸阅读】

特低电压

(一)定义

在各种不同的环境和条件下,人体接触到有一定电压的带电体后,其各部分组织(如皮肤、心脏、呼吸器官、神经系统等)不受到任何伤害,该电压称为特低电压,又称为安全电压。

(二)由来及等级

1. 由来

我国1983年制定、发布了 GB/T 3805—1983《安全电压》,1993年参考 IEC 6120 修订、发布了 GB/T 3805—1993《特低电压限值》,2008年第二次修订、发布了 GB/T 3805—2008《特低电压(ELV)限值》。在一定的电压作用下,通过人体电流的大小就与人体电阻有关系。人体电阻因人而异,与人的体质、皮肤的潮湿程度、触电电压的高低、年龄、性别以至工种职业有关系,通常为 1 000 ~2 000 Ω,当角质外层破坏时,则降到 800~1 000 Ω。

根据欧姆定律($I = U/R$)可以得知流经人体电流的大小与外加电压和人体电阻有关。人体电阻除人的自身电阻外,还应附加上人体以外的衣服、鞋、裤等电阻,虽然人体电阻一般可达 2 kΩ,但是影响人体电阻的因素很多,如皮肤潮湿出汗、带有导电性粉尘、加大与带电体的接触面积和压力以及衣服、鞋、袜的潮湿油污等情况,均能使人体电阻降低,所以通常流经人体电流的大小是无法事先计算出来的。因此,为确定安全条件,往往不采用安全电流,而是采用安全电压来进行估算:一般情况下,也就是在干燥而触电危险性较大的环境下,安全电压规定为 36 V;对于潮湿而触电危险性较大的环境(如金属容器、管道内施焊检修),安全电压规定为 12 V,这样触电时通过人体的电流,可被限制在较小范围内,可在一定的程度上保障人身安全。

2. 安全电压等级

国家标准 GB/T 3805—2008《特低电压(ELV)限值》规定我国安全电压额定值的等级为 42 V、36 V、24 V、12 V 和 6 V,应根据作业场所、操作员条件、使用方式、供电方式、线路状况等因素选用。根据生产和作业场所的特点,采用相应等级的安全电压是防止发生触电伤亡事故的根本性措施。

(三)相关标准

《安全电压》(GB/T 3805—1983)已被 GB/T 3805—1993 代替,目前最新的标准是2008

年 9 月 1 日起实施的《特低电压(ELV)限值》(GB/T 3805—2008)。

(四)安全特低电压(Safety Extra-Low Voltage,SELV)

(1)用安全隔离变压器或具有独立绕组的变流器与供电干线隔离开的电路中,导体之间或任何一个导体与地之间有效值不超过 50 V 的交流电压[引用《电气安全名词术语》(GB 4776—1984)]。

(2)一般环境条件下,允许持续接触的"安全特低电压"是 24 V。

第3章 危险化学品安全

改革开放以来,我国的石油和化学工业得到了快速发展,到20世纪末,已能生产各种化学产品40 000余种,其中列入危险货物品名编号的近3 000种。这些危险化学品多具易燃性、易爆性、强氧化性、腐蚀性和毒害性,有些品种属剧毒化学品。危险化学品的安全与生命、财产、环境息息相关,党和国家历来十分重视,先后颁布了一系列法律、法规和标准规范,以确保危险化学品在生产、经营、储存、运输和使用等环节的安全。

第1节 危险化学品简介

一、危险化学品概述

(一)危险化学品的概念

危险化学品是指具有毒害、腐蚀、爆炸、燃烧、助燃等性质,对人体、设施、环境具有危害的剧毒化学品和其他化学品。

(二)危险化学品的分类

化学品危险性分类与鉴别是获取其安全信息、评估其固有危险性的重要手段,为化学品安全管理、事故应急救援、事故调查处置等提供有效数据,有利于危险化学品的规范化管理。

按照我国《化学品分类和危险性公示通则》(GB 13690—2009),化学品按照其危险特性分为三大类:理化危险16类,健康危险10类,环境危险2类。

(1)理化危险16类。爆炸物、易燃气体、易燃气溶胶、氧化性气体、压力下气体、易燃液体、易燃固体、自反应物质或混合物、自燃液体、自燃固体、自燃物质和混合物、遇水放出易燃气体的物质或混合物、氧化性液体、氧化性固体、有机过氧化物、金属腐蚀剂。

(2)健康危险10类。急性毒性、皮肤腐蚀/刺激性、严重眼损伤/眼刺激性、呼吸或皮肤致敏物、生殖细胞突变性、致癌性、生殖毒性、特异性靶器官系统毒性(一次接触)、特异性靶器官系统毒性(反复接触)、吸入危险。

(3)环境危险2类。危害水生环境、危害臭氧层。

二、危险化学品安全技术说明书

危险化学品安全技术说明书,国际上称作化学品安全信息卡,简称MSDS或CSDS,是一份关于危险化学品燃爆、毒性和环境危害以及安全使用、泄漏应急处置、主要理化参数、法律法规等方面信息的综合性文件。作为对用户的一种服务,生产企业应随化学商品向用户提供安全技术说明书,使用户明了化学品的有关危害,使用时能主动进行防护,起到减少职业危害和预防化学事故的作用。

(一)作用

危险化学品安全技术说明书作为最基础的技术文件,主要用途是传递安全信息,其主要作用体现在以下五个方面:

(1)化学品安全生产、安全流通、安全使用的指导性文件;

(2)应急作业人员进行应急作业时的技术指南;

(3)为危险化学品生产、处置、储存和使用各环节制订安全操作规程提供技术信息;

(4)化学品登记注册的主要基础文件;

(5)企业安全教育的主要内容。

危险化学品安全技术说明书不可能将所有可能发生的危险及安全使用的注意事项全部表示出来,加之作业场所情形各异,所以安全技术说明书仅是用以提供化学商品基本的安全信息,并非产品质量的担保。

(二)内容

危险化学品安全技术说明书包括安全卫生信息 16 大项近 70 个小项的内容,具体项目如下。

(1)化学品及企业标识:主要包括化学品名称、生产企业名称、地址、电话、应急咨询电话等方面的信息。

(2)成分/组成信息:主要说明该化学品是纯品还是混合物,纯品主要给出化学品名称及主要成分、CAS 号、分子式、相对分子质量和质量比例;混合物应给出对安全和健康构成危害的组分、CAS 号和质量比例。

(3)危险性概述:简要说明主要危害,包括健康危害、燃爆特性和环境影响等。

(4)急救措施:包括眼睛接触、皮肤接触、吸入和食入的急救措施,对急救和自救措施应仔细加以说明。

(5)消防措施:合适的灭火剂和因安全原因禁止使用的灭火剂;消防员的特殊防护用品;还应提供有关火灾时化学品的性能、燃烧分解产物以及应采取的预防措施等资料。

(6)泄漏应急处理:个体防护及安全预防措施;环境保护须知、消除方法等。

(7)操作处置与储存:应提供关于安全储存和处置的资料,包括:储存室或储存容器的设计和选择;与工作场所和居住建筑的隔离;不能共存的材料;储存条件,如温度、湿度和避光;应提倡和避免的操作方法;个体防护。

(8)接触控制/个体防护:提供关于使用化学品过程中个体防护的必要性以及防护用品类型的资料;提供有关基本工程控制以及有关最大限度地减少工人接触的有效方法的资料;具体的控制参数,如接触限量。

(9)理化特性:主要描述化学品的外观和理化特性等方面的信息,包括外观与性状、沸点、熔点、饱和蒸气压、相对密度、临界压力、临界温度、溶解性、辛醇/水分配系数、闪点、爆炸极限、引燃温度等数据。

（10）稳定性和反应活性：主要叙述化学品的稳定性和反应活性方面的信息，包括稳定性、禁配物、应避免接触的条件、聚合危害、燃烧（分解）产物。

（11）毒理学资料：提供有关对人体造成影响和进入人体途径的资料，应包括急性影响、亚急性和慢性影响、致癌、致突变、致畸和对生殖系统的影响。

（12）生态学资料：对可能造成环境影响的主要特性应予以描述，包括迁移性、降解性、生物累积性和生态毒性，并尽可能给出科学实验的结果或数据和信息来源的依据。

（13）废弃处置：应提供化学品和可能装有有害化学品残余的污染包装的安全处置方法及要求。

（14）运输信息：主要包括 UN 编号、CN 编号、包装类别、包装标志、包装方法和运输要求。

（15）法规信息：提供对化学品进行危险性分类和监管的法规信息。

（16）其他信息：填写其他对健康和安全有重要意义的信息，如参考文献、填写人员、安全技术说明书发布日期、审核批准单位。

三、危险化学品安全周知卡

对危险性较强、危害性较大的爆炸品、压缩气体和液化气体、易燃液体、易燃固体、自燃物品和遇湿易燃物品、氧化剂和有机过氧化物、毒害品、放射品和腐蚀品等危险化学品，用文字、图形符号和数字及字母的组合形式表示其所具有的危险性、安全使用注意事项、现场急救措施和防护的基本要求，拴挂于危险化学品生产岗位及作业场所的显著位置，保证人员安全和应急处置措施有效。

例如二甲苯的安全周知卡如下所示。

危险化学品安全周知卡

危险性类别	品名、英文名及分子式、CC码及CAS号	危险性标志
易 燃 **有 毒**	二甲苯 Dimethyl benzene C_8H_{10} CAS号：108-38-3	

危险性理化数据	危险特性
熔点（℃）：-25.5 沸点（℃）：144.4 相对密度（水=1）：0.86 饱和蒸气压（kPa）：1.33（32℃）	蒸气与空气形成爆炸性混合物，遇明火、高热、氧化剂会引起燃烧。蒸气能在低处扩散到相当远地方。毒性比苯、甲苯小，但对皮肤和黏膜的刺激更强。高浓度二甲苯还呈现兴奋、麻醉作用，甚至造成肺水肿而死亡

接触后表现	现场急救措施
对眼、黏膜有刺激性，高浓度时麻醉中枢神经。 **急性中毒**：短时间内吸入较高浓度本品可出现眼结膜和咽部充血、头晕、恶心、呕吐、胸闷无力、意识模糊，重症者可有躁动、抽搐、昏迷，甚至癫痫样发作。 **慢性中毒**：长期接触有神经衰弱综合征；肝肿大；女工月经异常；皮肤干燥、皲裂、皮炎	**皮肤接触**：脱去被污染的衣服，用肥皂水和清水彻底清洗。 **眼睛接触**：提起眼睑，用流动清水或生理盐水冲洗；就医。 **吸入**：迅速转移到空气新鲜处，给输氧；如呼吸停止，进行人工呼吸，就医。 **食入**：饮足量温水，催吐，就医

身体防护措施

泄漏应急处理

迅速撤离泄漏污染区人员至安全区，并进行隔离，严格限制出入。切断火源。建议应急处理人员戴自给正压式呼吸器，穿消防防护服。尽可能切断泄漏源。防止进入限制性空间。小量泄漏：用活性炭或沙土吸收。
大量泄漏：构筑围堤或挖坑收容；用泡沫覆盖，抑制蒸发。用防爆泵转移到专用收集器内，回收或运至废物处理场所处理。现场加强通风，蒸发残液。迅速筑坝，切断受污染水体的流动，并用围栏等限制水面二甲苯的扩散

浓度	当地应急救援单位名称	当地应急救援单位电话
MAC（mg/m³）：100	消防中心 人民医院	火警：119 急救：120

【小知识】

化学品事故处理常识

2014 年,一辆从湖南长沙开往浙江绍兴的厢式货车装载的 33 t 保险粉在半路上突然起火

爆炸,造成严重的交通事故。连二亚硫酸钠也称为保险粉,燃爆的保险粉属于有毒的危险化学品,一旦遇到水发生燃烧或爆炸,将生成有毒气体,对人的眼睛、呼吸道黏膜有强烈的刺激性。如果我们平时看到被遗弃的化学品,千万别拾起来,要迅速拨打报警电话,在事发地点周围设置警告标志,不要在周围逗留,千万不能吸烟,以防发生火灾或爆炸。遇到危险化学品运输车辆发生事故,要撤离到上风口位置,并拨打报警电话。施工过程中挖掘出有异味的土壤时,要在其周围拉上警戒线或竖立警示标志并报警。在异味土壤清走之前,周围居民和单位不要开窗通风。一旦闻到刺激难闻的气味,或者发现有毒气体发生泄漏,一定要马上撤离现场,有条件的话,用湿毛巾捂住口鼻,然后报警。再然后,切断一切电源,不要开灯,也不要动任何电器,以免产生导致爆炸的火花。熄灭火种,关阀断气,迅速撤散受火势威胁的物资。化学品引起的火灾一定要请消防人员扑救。

【案例分析】

危险化学品存储不当引发火灾

2003 年 4 月 17 日,聊城地区突降暴雨,致使聊城蓝威化工有限公司存放二氯异氰尿酸钠半成品的仓库(礼堂改建)周围积水通过北侧中部门槛进入库内,将仓库存放的二氯异氰尿酸钠半成品浸湿,引起化学反应剧烈放热,16 点 30 分左右发生自燃,产生有害化学气体,造成多人严重中毒伤亡。这起事故共造成伤亡 137 人,其中中毒死亡 4 人,重度中毒 6 人,轻度中毒127 人。

礼堂改建的仓库北门进水,使内部存放的二氯异氰尿酸钠半成品发生自燃是造成事故的直接原因。企业违规储存危险化学品和有关管理人员失职是发生事故的重要原因。

【复习思考题】

一、填空题

1.根据国家标准《化学品分类和危险性公示通则》(GB 13690—2009),化学品按照其危险特性分为三大类:____ 危险16 类,____ 危险10 类,____危险2 类。

2.危险化学品安全技术说明书作为最基础的技术文件,主要用途是传递_____信息。

3.危险化学品安全技术说明书包括安全卫生信息____大项近70 个小项的内容。

二、判断题

1.危险化学品安全技术说明书可以提供产品质量的担保。(　　)

2.危险化学品是指具有毒害、腐蚀、爆炸、燃烧、助燃等性质,对人体、设施、环境具有危害的剧毒化学品和其他化学品。(　　)

3.危险化学品安全技术说明书将所有可能发生的危险及安全使用的注意事项全部表示了出来。(　　)

三、简答题

1.什么是危险化学品?

2.危险化学品包括哪些种类?

3.什么是危险化学品安全技术说明书?

4.危险化学品安全技术说明书有什么作用?

第2节　危险化学品生产、储存与运输安全

危险化学品因为其性质特殊性,在生产、储存及运输过程中都存在着不安全因素,如果不注重过程中的安全管理,就容易发生事故。

【案例3-2-1】　2014年1月9日,安徽省亳州市康达化工公司发生一起中毒事故,造成4人死亡、2人轻伤。事故发生的直接原因是异丙醇溶剂泄漏到泵池内,其中溶解的副产物硫化氢、氰化氢气体逸出,聚集在泵池内。技术人员张某在进入池内查看过程中中毒,其余3人未佩戴防护用品盲目施救,造成伤亡扩大。

一、危险化学品储存安全

(一)安全条件

我国对危险化学品的生产和储存都有严格的要求,储存地点及建筑结构的设置,除应符合国家有关规定外,还应考虑对周围环境和居民的影响。

1.储存要求

储存危险化学品建筑物不得有地下室或其他地下建筑,其耐火等级、层数、占地面积、安全疏散和防火间距,应符合国家有关规定。

1)储存地点及建筑结构要求

危险化学品仓库的建筑屋架应根据所存危险化学品的类别和危险等级采用相应的结构和墙体,库房门应为外开式铁门或木质外包铁皮门,设置高侧窗(剧毒物品仓库的窗户应加设铁护栏)。

毒害性、腐蚀性危险化学品库房的耐火等级不得低于二级,易燃易爆危险化学品库房的耐火等级不得低于三级。爆炸品应储存于一级轻顶耐火建筑内;低、中闪点液体,一级易燃固体,自燃物品,压缩气体和液化气体类应储存于一级耐火建筑的库房内。

2)储存场所的电气要求

危险化学品储存场所内的输配电线路、灯具、火灾事故照明和疏散指示标志,应符合安全要求,同时考虑消防用电。储存易燃易爆危险化学品的建筑,必须安装有效覆盖的避雷设备。

3)储存场所的通风及温、湿度调节

储存危险化学品的建筑必须安装通风设备,并做可靠的静电接地。通风管应采用非燃烧材料制作,不宜穿过防火墙等防火分隔物,必须穿过时用非燃烧材料分隔。

储存危险化学品的建筑场所必须注意湿度要求,并不得使用蒸汽采暖和机械采暖,可用温度不超过80 ℃的热水采暖,采暖管道和设备的保温材料必须采用非燃烧材料。

4)禁配要求

根据危险品性能,进行分区、分类、分库储存,各类危险品不得与化学性质相抵触或灭火方法不同的禁忌物料混合储存。

危险化学品的储存主要包括以下三种方式。

(1)隔离储存,在同一房间或同一区域内,不同的物料之间分开一定的距离,非禁忌物料

间用通道保持空间的储存方式。

（2）隔开储存，在同一建筑物或同一区域内，用隔板或墙将禁忌物料分开的储存方式。

（3）分离储存，在不同的建筑物或远离所有的外部区域内的储存方式。

5）安全设施和报警装置

根据危险化学品的种类、特性，在车间、库房等作业场所按照国家标准和国家有关规定设置相应的监测、通风、防晒、调温、防火、灭火、防爆、泄压、防毒、消毒、中和、防潮、防雷、防静电、防腐、防渗漏、防护围堤或者隔离操作等安全设施、设备，保证符合安全运行要求。

危险化学品的生产、储存、使用单位，应当在生产、储存和使用场所设置通信、报警装置，并保证在任何情况下处于正常使用状态。

2. 防护距离

危险化学品仓库按其使用性质和经营规模分为三种类型：大型仓库（库房或货场总面积大于 9 000 m²）；中型仓库（库房或货场总面积在 550 ~ 9 000 m²）；小型仓库（库房或货场总面积小于 550 m²）。

大中型危险化学品仓库应选址在远离市区和居民区的当地主导风向的下风方向和河流下游的地域。

大中型危险化学品仓库与周围公共建筑物、交通干线（公路、铁路、水路）、工矿企业等的距离至少保持 1 000 m。

大中型危险化学品仓库内应设库区和生活区，两区之间应有高 2 m 以上的实体围墙，围墙与库区内建筑的建筑距离不宜小于 5 m，并应满足围墙两侧建筑物之间的防火距离要求。

3. 安全管理

从事生产、经营、储存、运输、使用或者处置危险化学品的人员，必须接受有关法律法规、规章制度和相应安全知识、救援防护技能的培训，并经考核合格，方可上岗作业。

危险物品的生产、经营、储存单位，应当设置安全生产管理机构或者配备专职安全生产管理人员。结合储存的品类、数量和仓库的规模、设施等情况，安全管理要达到规范化、制度化，如各岗位安全操作规程、出入库管理制度、商品养护管理制度、安全防火责任制、动态火源的管理制度、剧毒品的管理制度、设备的安全检查制度等。

（二）安全要求

1. 基本要求

危险化学品必须储存在专用仓库、专用场地或者专用储存室（以下统称专用仓库）内，储存方式、方法与储存数量必须符合国家标准，并由专人管理。未经批准不得随意设置危险化学品储存仓库。

危险化学品专用仓库，应当符合国家标准对安全、消防的要求，设置明显标志。同一区域储存两种和两种以上不同级别的危险化学品时，按最高等级危险物品的性能标志。

储存危险化学品的仓库必须配备具有专业知识的技术人员，其仓库及场所应设专人管理，管理人员必须配备可靠的个人安全防护用品。储存设备和安全设施应当定期检测。

危险化学品露天堆放，应符合防火、防爆的安全要求，爆炸物品、一级易燃物品、遇湿燃烧物品、剧毒物品不得露天堆放。

储存危险化学品的建筑物、区域内严禁吸烟和使用明火。

剧毒化学品以及储存数量构成重大危险源的其他危险化学品必须在专用仓库内单独存放,实行双人收发、双人保管制度。储存单位应当将储存剧毒化学品以及构成重大危险源的其他危险化学品的数量、地点以及管理人员的情况,报当地公安部门和负责危险化学品安全监督管理综合工作的部门备案。

2. 储存安排及储存限量

危险化学品储存安排取决于危险化学品分类、分项、容器类型、储存方式和消防的要求。储存量及储存安排见表 3-2-1。

表 3-2-1　储存量及储存安排表

储存要求＼储存类别	露天储存	隔离储存	隔开储存	分离储存
平均单位面积储存量/(t/m²)	1.0～1.5	0.5	0.7	0.7
单一储存区最大储量/t	2 000～2 400	200～300	200～300	400～600
垛距限制/m	2	0.3～0.5	0.3～0.5	0.3～0.5
通道宽度/m	4～6	1～2	1～2	5
墙距宽度/m	2	0.3～0.5	0.3～0.5	0.3～0.5
与禁忌品距离/m	10	不得同库储存	不得同库储存	7～10

遇火、遇热、遇潮能引起燃烧、爆炸或发生化学反应,产生有毒气体的危险化学品,不得在露天或潮湿、积水的建筑物中储存。

受日光照射能发生化学反应引起燃烧、爆炸、分解、化合或能产生有毒气体的危险化学品,应储存在一级建筑物中,其包装应采取避光措施。爆炸物品不准和其他类物品同储,必须单独隔离限量储存。

压缩气体和液化气体必须与爆炸物品、氧化剂、易燃物品、自燃物品、腐蚀性物品隔离储存。易燃气体不得与助燃气体、剧毒气体同储;氧气不得和油脂混合储存,盛装液化气体的容器,属压力容器的,必须有压力表、安全阀、紧急切断装置,并定期检查,不得超装。

易燃液体、遇湿易燃物品、易燃固体不得与氧化剂混合储存,具有还原性的氧化剂应单独存放。有毒物品应储存在阴凉、通风、干燥的场所,不要露天存放,不要接近酸类物质。腐蚀性物品,包装必须严密,不允许泄漏,严禁与液化气体和其他物品共存。

3. 日常养护

危险化学品入库时,应严格检验商品质量、数量、包装情况、有无泄漏。

危险化学品入库后应根据商品的特性采取适当的养护措施,在储存期内,定期检查,做到一日两检,并做好检查记录。发现其品质变化、包装破损、渗漏、稳定剂短缺等要及时处理。

库房温度、湿度应严格控制、经常检查,发现变化要及时调整。

4. 出入库管理

储存危险化学品的仓库,必须建立严格的出入库管理制度。危险化学品出入库,必须进行核查登记。库存危险化学品应当定期检查。剧毒品的生产、储存、使用单位,应当对剧毒化学品的产量、流向、储存量和用途如实记录,并采取必要的保安措施,防止剧毒化学品被盗、丢失或者误售、误用;发现剧毒化学品被盗、丢失或者误售、误用时,必须立即向当地公安部门报告。

危险化学品出入库前均应按合同进行检查、验收、登记。验收内容如下。

(1)商品数量。

(2)包装。危险化学品的包装必须符合国家法律、法规、规章的规定和国家标准的要求。包装的材质、形式、规格、方法和单件质量(重量),应当与所包装的危险化学品的性质和用途相适应,便于装卸、运输和储存。危险化学品的包装物、容器,必须由合格的专业生产企业定点生产,并经国务院质检部门认可的专业检测、检验机构检测,检验合格,方可使用。重复使用的危险化学品包装物、容器在使用前应当进行检查,并做出记录;检查记录应当至少保存 2 年。

(3)危险标志(包括安全技术说明书和安全标签)。

经核对后方可入库、出库,当商品性质未弄清时不准入库。

进入危险化学品储存区域的人员、机动车辆和作业车辆,必须采取防火措施。

进入危险化学品库区的机动车辆应安装防火罩。机动车装卸货物后,不准在库区、库房、货场内停放和修理。

汽车、拖拉机不准进入易燃易爆类物品库房。进入易燃易爆类物品库房的电瓶车、铲车应是防爆型的;进入可燃固体物品库房的电瓶车、铲车,应装有防止火花溅出的安全装置。

装卸、搬运危险化学品时应按照有关规定进行,做到轻装、轻卸,严禁摔、碰、撞击、拖拉、倾倒和滚动。装卸对人身有毒害及腐蚀性物品时,操作人员应根据危险条件,穿戴相应的防护用品。

装卸毒害品人员应具有操作毒害品的一般知识。操作时轻拿轻放,不得碰撞、倒置,防止包装破损而致商品外溢。作业人员应佩戴手套和相应的防毒口罩或面具,穿防护服。

作业中不得饮食,不得用手擦嘴、脸、眼睛。每次作业完毕,及时用肥皂(或专用洗涤剂)洗净面部、手部,用清水漱口,防护用具应及时清洗,集中存放。

装卸腐蚀品人员应穿工作服,戴护目镜、胶皮手套、胶皮围裙等必需的防护用具。操作时,应轻搬轻放,严禁背负肩扛,防止摩擦振动和撞击。

装卸易燃易爆物料时,装卸人员应穿工作服,戴手套、口罩等必需的防护用具,操作中轻搬轻放,防止摩擦和撞击。

装卸易燃液体需穿防静电工作服,禁止穿带铁钉的鞋,大桶不得在水泥地面滚动,桶装各种氧化剂不得在水泥地面滚动。

各项操作不得使用沾染异物和产生火花的机具,作业现场远离热源和火源。

各类危险化学品分装、改装、开箱(桶)检查等应在库房外进行,不得用同一个车辆运输互为禁忌的物料,包括库内搬倒。

在操作各类危险化学品时,企业应在经营店面和仓库,针对各类危险化学品的性质,准备相应的急救药品和制订急救预案。

5.消防措施

根据危险化学品特性和仓库条件,必须配置相应的消防设备、设施和灭火药剂,并配备经过培训的兼职或专职的消防人员。

危险化学品仓库应根据经营规模的大小设置、配备足够的消防设施和器材,应有消防水池、消防管网和消防栓等消防水源设施。大型危险物品仓库应设有专职消防队,并配有消防车。消防器材应当设置在明显和便于取用的地点,周围不准放物品和杂物。仓库的消防设施、器材应当有专人管理,负责检查、保养、更新和添置,确保完好有效。对于各种消防设施、器材,严禁圈占、埋压和挪用。

储存危险化学品建筑物内应根据仓库条件安装自动监测和火灾报警系统。

储存危险化学品建筑物内,如条件允许,应安装灭火喷淋系统(遇水燃烧危险化学品、不可用水扑救的火灾除外)。

危险化学品储存企业应设有安全保卫组织。危险化学品仓库应有专职或义务消防、警卫队伍。无论专职还是义务消防、警卫队伍都应制订灭火预案并经常进行消防演练。

【案例 3 - 2 - 2】 1993 年 8 月 5 日,深圳市清水河地区危险化学品仓库由于混储混存危险化学品,4 号仓内混存的氧化剂与还原剂发生接触发热燃烧,导致发生特大爆炸火灾事故,造成 15 人死亡,有 101 人住院治疗,其中重伤员 25 人,直接经济损失 2 亿元。

6. 人员培训

仓库工作人员应进行培训,经考核合格后持证上岗。

对危险化学品的装卸人员进行必要的教育,使其按照有关规定进行操作。

仓库的消防人员除了具有一般消防知识之外,还应进行在危险化学品库工作的专门培训,使其熟悉各区域储存的危险化学品种类、特性、储存地点、事故的处理程序及方法。

(三)原因分析

危险化学品储存发生火灾的原因主要有以下九种情况。

(1)着火源控制不严。明火、赤热体、火星和火花、化学能等,主要来自两个方面:一是外来火种,如烟囱飞火、汽车排气管的火星、库房周围的明火作业、吸烟的烟头等;二是内部设备不良、操作不当引起的电火花、撞击火花和太阳能、化学能等,如电器设备、装卸机具不防爆或防爆等级不够,装卸作业使用铁质工具碰击打火,露天存放时太阳的曝晒,易燃液体操作不当产生静电放电等。

【案例 3 - 2 - 3】 1983 年 3 月 7 日,云南建水县化工厂 6 名职工在油库执行泄油任务时,发生汽油蒸气爆炸事故,引起油库火灾,造成 7 人死亡、3 人轻伤。事故的原因是油库通风不良、使用产生火花的工具,引燃汽油并发生爆炸。

(2)性质相互抵触的物品混存。危险化学品禁止物料混存,但由于经办人员缺乏知识或者是有些危险化学品出厂时缺少鉴定,也有的企业因储存场地缺少而任意临时混存,造成性质抵触的危险化学品因包装容器渗漏等原因发生化学反应而起火。

(3)产品变质。有些危险化学品已经长期不用,但仍废置在仓库中,又不及时处理,往往因变质而引起事故。

(4)养护管理不善。仓库建筑条件差,不适应所存物品的要求,如不采取隔热措施,使物品受热;因保管不善,仓库漏雨进水使物品受潮;盛装的容器破漏,使物品接触空气或易燃物品蒸气扩散和积聚等均会引起着火或爆炸。

(5)包装损坏或不符合要求。危险化学品容器包装损坏,或者出厂的包装不符合安全要求,都会引起事故。

(6)违反操作规程。搬运危险化学品没有轻装轻卸;或者堆垛过高不稳,发生倒塌;或在库内改装打包、封焊修理等违反安全操作规程造成事故。

【案例 3-2-4】 1988 年 10 月 22 日凌晨,高桥石化总公司炼油厂小凉山球罐区发生液化气爆燃事故,造成 25 人死亡、15 人烧伤,直接经济损失 98 万元,就是一起由于违章操作、纪律松弛、管理混乱等造成的责任事故。

(7)建筑物不符合存放要求。危险化学品库房的建筑设施不符合要求,造成库内温度过高、通风不良,湿度过大,漏雨进水,阳光直射,有的缺少保温设施,使物品达不到安全储存的要求而发生火灾。

(8)雷击。危险化学品仓库一般都是设在城镇郊外空旷地带的独立建筑物,或是露天的储罐,或是堆垛区,十分容易遭雷击。

(9)着火扑救不当。因不熟悉危险化学品的性能和灭火方法,着火时使用不当的灭火器材使火灾扩大,造成更大的危险。

(四)应急处置

1. 报警

在危险化学品生产、储存和使用过程中一旦发生泄漏,首先要疏散无关人员,隔离泄漏污染区;同时拨打 119 电话报警,请求专业消防人员救援,同时要保护、控制好现场。

2. 切断火源

切断火源对危险化学品的泄漏处理特别重要,如果泄漏物品是易燃品,必须立即消除泄漏污染区域的各种火源。

3. 个人防护

参加泄漏处理的人员应对泄漏品的化学性质和反应特征有充分的了解,要于高处和上风处进行处理,严禁单独行动,要有监护人,必要时要用水枪(雾状水)掩护。要根据泄漏品的性质和毒物接触形式,选择适当的防护用品,防止事故处理过程中发生伤亡、中毒事故。

个人防护包括以下内容。

(1)呼吸系统防护。为了防止有毒有害物质通过呼吸系统侵入人体,应根据不同场合选择不同的防护器具。对于泄漏化学品在毒性大、浓度较高且缺氧的情况下,必须采用氧气呼吸器、空气呼吸器、送风式长管面具等。对于泄漏中氧气浓度不低于 18%、毒物浓度在一定范围内的场合,可以采用防毒面具(毒物浓度在 2% 以下的采用隔离式防毒面具,毒物浓度在 1% 以下的采用直接式防毒面具,毒物浓度在 0.1% 以下的采用防毒口罩)。在粉尘环境中可采用防尘口罩。

(2)眼睛防护。为防止眼睛受到伤害,可采用化学安全防护眼镜、安全防护面罩等。

(3)身体防护。为了避免皮肤受到损伤,可以采用带面罩式胶布防毒衣、连衣式胶布防毒衣、橡胶工作服、防毒物渗透工作服、透气型防毒服等。

(4)手防护。为了保护手不受损害,可以采用橡胶手套、乳胶手套、耐酸碱手套、防化学品手套等。

如果在生产使用过程中发生泄漏,要在统一指挥下,通过关闭有关阀门,切断与之相连的设备、管线,停止作业,或用改变工艺流程等方法来控制化学品的泄漏。如果是窗口发生泄漏,应根据实际情况,采取措施堵塞和修补裂口,制止进一步泄漏。另外,要防止泄漏物扩散,殃及周围的建筑物、车辆及人群,万一控制不住泄漏,要及时处置泄漏物,严密监视,以防火灾、爆炸等二次事故的发生。地面上泄漏物处置主要有以下方法:如果化学品为液体,泄漏到地面上时会四处蔓延扩散,难以收集处理,为此需要筑堤堵截或者引流到安全地点。对于储罐区发生液体泄漏,要及时关闭雨水阀,防止物料沿明沟外流。对于液体泄漏,为降低物料向大气中的蒸发速度,可用泡沫或其他覆盖物品覆盖外泄的物料,在其表面形成覆盖层,抑制其蒸发,或者采用低温冷却来降低泄漏物的蒸发。

为减少大气污染,通常是采用水枪或消防水带向有害物蒸气云喷射雾状水,加速气体向高空扩散,使其在安全地带扩散。在使用这一技术时,将产生大量的被污染水,因此应疏通污水排放系统。对于可燃物,也可以在现场施放大量水蒸气或氮气,破坏燃烧条件。对于大型液体泄漏,可选择用隔膜泵将泄漏出的物料抽入容器内或槽车内;当泄漏量小时,可用沙子、吸附材料、中和材料等吸收中和,或者用固化法处理泄漏物。

二、危险化学品运输安全

按照我国现行法律法规,由交通、铁路、民航等部门负责各自行业危险化学品运输单位和运输工具的安全管理、监督检查以及资质认定等工作。见图3-2-1。

图 3-2-1

(一)安全要求

1. 运输单位的要求

从事危险化学品道路运输、水路运输的,应当分别依照有关道路运输、水路运输的法律、行政法规的规定,取得危险货物道路运输许可、危险货物水路运输许可,并向工商行政管理部门办理登记手续。

运输危险化学品,必须配备必要的应急处理器材和防护用品。驾驶人员、船员、装卸管理人员、押运人员、申报人员、集装箱装箱现场检查员应当经交通运输主管部门考核合格,取得从业资格,要了解所运载的危险化学品的性质、危害特性、包装容器的使用特性和发生意外时的应急措施。

【案例3-2-5】 2006年5月12日,一辆牌号为甘A27219的东风重型厢式货车从甘肃省皋兰县出发驶往成都市,由于驾驶员疲劳开车,致使车辆侧翻于公路左侧汤朱河边,车上21

桶甲苯二异氰酸酯落入汤朱河中。由于肇事者隐瞒落水剧毒化学品真相,在没有任何防护措施的情况下,致使 30 名打捞群众和 7 名围观人员不同程度出现了刺激反应。

2. 托运人的要求

(1)通过公路、水路运输危险化学品的,托运人只能委托有危险化学品运输资质的运输企业承运。

(2)托运人托运危险化学品,应当向承运人说明运输的危险化学品的品名、数量、危害、应急措施等情况。

(3)运输危险化学品需要添加抑制剂或者稳定剂的,托运人交付托运时应当添加抑制剂或者稳定剂,并告知承运人。

(4)托运人不得在托运的普通货物中夹带危险化学品,不得将危险化学品匿报或者谎报为普通货物托运。

(5)任何单位和个人不得邮寄或者在邮件内夹带危险化学品,不得将危险化学品匿报或者谎报为普通物品邮寄。

(二)事故预防

(1)运输、装卸危险化学品,应当依照有关法律、法规、规章的规定和国家标准的要求并按照危险化学品的危险特性,采取必要的安全防护措施。

(2)用于危险化学品运输工具的槽(罐)以及其他容器,必须由专业生产企业定点生产,并经检测、检验合格,方可使用。

(3)运输危险化学品的槽(罐)以及其他容器必须封口严密,能够承受正常运输条件下产生的内部压力和外部压力,保证危险化学品在运输中不因温度、湿度或者压力的变化而发生任何渗(洒)漏。

(4)装运危险货物的槽(罐)应适合所装货物的性能,具有足够的强度,并应根据不同货物的需要配备泄压阀、防波板、遮阳物、压力表、液位计、导除静电等相应的安全装置;槽(罐)外部的附件应有可靠的防护设施,必须保证所装货物不发生"跑、冒、滴、漏",并在阀门口装置积漏器。

(5)通过公路运输危险化学品,必须配备押运人员,危险化学品随时处于押运人员的监管之下,不得超装、超载,不得进入危险化学品运输车辆禁止通行的区域;确需进入禁止通行区域的,应当事先向当地公安部门报告,由公安部门为其指定行车时间和路线,运输车辆必须遵守公安部门规定的行车时间和路线。运输危险化学品途中需要停车住宿或者遇有无法正常运输的情况时,应当向当地公安部门报告。

(6)运输危险化学品的车辆应专车专用,并有明显标志,要符合如下交通管理部门对车辆和设备的规定。

①车厢、底板必须平坦完好,周围栏板必须牢固。

②机动车辆排气管必须装有有效的隔热和熄灭火星的装置,电路系统应有切断总电源和隔离火花的装置。

③车辆左前方必须悬挂黄底黑字"危险品"字样的信号旗。

④根据所装危险货物的性质,配备相应的消防器材和捆扎、防水、防散失等用具。

（7）应定期对装运放射性同位素的专用运输车辆、设备、搬动工具、防护用品进行放射性污染程度的检查，当污染量超过规定的允许水平时，不得继续使用。

（8）装运集装箱、大型气瓶、可移动槽（罐）等的车辆，必须设置有效的紧固装置。

（9）各种装卸机械、工具要有足够的安全系数，装卸易燃易爆危险货物的机械和工具，必须有消除产生火花的措施。

（10）三轮机动车、全挂汽车列车、人力三轮车、自行车和摩托车不得装运爆炸品、一级氧化剂、有机过氧化物、一级易燃物；自卸汽车除二级固体危险货物外，不得装运其他危险货物。

（11）危险化学品在运输中包装应牢固，各类危险化学品包装应符合国家相关标准的规定。

（12）性质或消防方法相互抵触以及配装号或类项不同的危险化学品不能装在同一车、船内运输。

（13）易燃易爆品不能装在铁帮、铁底车和船内运输。

（14）易燃品闪点在28 ℃以下，气温高于28 ℃时应在夜间运输。

（15）运输危险化学品的车辆、船只应有防火安全措施。

（16）禁止无关人员搭乘运输危险化学品的车、船和其他运输工具。

（17）运输爆炸品和需凭证运输的危险化学品，应有运往地县、市公安部门的《爆炸品准运证》或《危险化学物品准运证》。

（18）通过航空运输危险化学品，应按照国务院民航部门的有关规定执行。

（三）应急处置

运输危险化学品过程中因为交通事故或其他原因发生泄漏，驾驶员、押运员或周围的人要尽快设法报警，报告当地公安消防部门或地方公安机关，可能的情况下尽可能采取应急措施，或将危险情况告知周围群众，尽量减少损失。

泄漏的危险化学品如果是易燃易爆物品，现场和周围一定范围内要杜绝一切火源。所有的电气设备都应关掉，一切车辆都要停下来，手机等通信工具应关闭，防止电火花引燃引爆可燃气体、可燃液体的蒸气或可燃粉尘。如果储罐、容器、槽车破损，要尽快设法堵塞漏洞，切断泄漏源。堵塞漏洞可用软橡胶、胶泥、塞子、棉纱、棉被、肥皂等材料进行封堵。

运输的危险化学品若具有腐蚀性、毒害性，在处理事故过程中，一定要采取积极慎重的措施，尽可能降低腐蚀性、毒害性物品对人的伤害。如是氯气泄漏，现场可用大量水对污染区进行喷洒，水中可加入苏打粉（碳酸钠），在地上也可撒苏打粉，使空气中氯气的浓度下降，还可将漏气的钢瓶浸没在过量的石灰乳水中。如果是氨气等碱性物料泄漏，也可采用大量的喷雾水流冲淡、稀释，还可根据实际情况把泄漏的容器浸没在稀盐酸溶液中。如果是硫酸这一类腐蚀性物品发生泄漏，不能用水稀释，可用干沙、干土等覆盖吸收。如果是液溴泄漏，可用碳酸氢铵将流出的液溴覆盖，溴与碳酸氢铵反应，生成溴化铵，其毒性较液溴大大降低；也可用石灰覆盖，使其生成次溴酸钙和溴化钙，使有毒成分大大降低。如果是氰化钠泄漏，可用次氯酸钙消毒。如果是砒霜泄漏，可用石灰消毒。

现场施救人员还应根据有毒物品的特征，穿戴防毒衣、防毒面具、防毒手套、防毒靴，防止毒物通过呼吸道、皮肤接触而进入人体，减少伤害。另外，如果外泄的危险化学品是液氯、液氨、液化石油气等,在处理中除了防止燃烧、爆炸、毒害以外,还要防止冻伤。氯气、氨气、石油气常温下是气体,为了便于储存、运输和使用,工业上采取加压、降温的措施使之成为液体,储存在钢瓶、储罐、槽车内,如果运输途中发生意外,容器阀门损坏,或者容器破裂,导致外泄液化气体,由于压力减小,外泄的液体很快可以转化为气体,这个过程需要吸收大量的热,使周围环境的温度迅速降低,所以事故现场抢救人员还应注意防止冻伤。

【小知识】

剧毒品运输安全

《危险化学品条例》对剧毒品的运输进行了专项规定。

(1)通过公路运输剧毒化学品的,托运人应当向目的地的县级人民政府公安部门申请办理剧毒化学品公路运输通行证。

办理剧毒化学品公路运输通行证,托运人应当向公安部门提交有关危险化学品的品名、数量、运输始发地和目的地、运输路线、运输单位、驾驶人员、押运人员、经营单位和购买单位资质情况的材料。

剧毒化学品公路运输通行证的式样和具体申领办法由国务院公安部门制定。

(2)剧毒化学品在公路运输途中发生被盗、丢失、流散、泄漏等情况时,承运人及押运人必须立即向当地公安部门报告,并采取一切可能的警示措施。公安部门接到报告后,应当立即向其他有关部门通报情况,有关部门应当采取必要的安全措施。

(3)禁止利用内河以及其他封闭水域等航运渠道运输剧毒化学品以及国务院交通部门规定禁止运输的其他危险化学品。

(4)铁路发送剧毒化学品时必须按照《铁路剧毒品运输跟踪管理暂行规定》执行。

①必须在国家铁路管理部门批准的剧毒品办理站或专用线、专用铁路办理。

②剧毒品仅限采用毒品专用车、企业自备车和企业自备集装箱运输。

③必须配备 2 名以上押运人员。

④填写运单一律使用黄色纸张印刷,并在纸张上印有骷髅图案。

⑤国家铁路管理部门负责全路剧毒品运输跟踪管理工作。

⑥铁路不办理剧毒品的零担发送业务。

⑦对装有剧毒物品的车、船,卸货后必须清刷干净。

【案例分析】

晋济高速"3·1"特别重大道路交通危化品燃爆事故

2014 年 3 月 1 日 14 时 45 分许,位于山西省晋城市泽州县的晋济高速公路山西晋城段岩后隧道内,两辆运输甲醇的铰接列车追尾相撞,前车甲醇泄漏起火燃烧,隧道内滞留的另外两辆危险化学品运输车和 31 辆煤炭运输车等车辆被引燃引爆,造成 40 人死亡、12 人受伤和 42 辆车烧毁,直接经济损失 8 197 万元。见图 3-2-2。

图 3-2-2

1. 事故经过

2014 年 3 月 1 日 14 时 45 分许,由汤某驾驶、冯某押运的装载有 29.66 t 甲醇的豫 HC2923/豫 H085J 挂铰接列车与李某驾驶、牛某押运的装载有 29.14 吨甲醇的晋 E23504/晋 E2932 挂铰接列车追尾碰撞,致使前车尾部的防撞设施及卸料管断裂,甲醇泄漏,后车前脸损坏。

两车追尾碰撞后,前车甲醇泄漏并起火燃烧。形成的流淌火迅速引燃了两辆事故车辆和附近的 4 辆运煤车、货车及面包车。由于事发时受气象和地势影响,隧道内气流由北向南,且隧道南高北低,高差达 17.3 m,形成"烟囱效应",甲醇和车辆燃烧产生的高温有毒烟气迅速向隧道内南出口蔓延。当时隧道内共有 87 人,部分人员在发现烟、火后驾车或弃车逃生,48 人成功逃出(其中 1 人因伤势过重经抢救无效死亡)。

17 时 5 分许,距离南出口约 100 m 的 1 辆装载二甲醚的鲁 RH0900/鲁 RC877 挂铰接列车罐体受热超压爆炸解体。事故导致滞留隧道内的 42 辆车辆全部烧毁,隧道受损严重。

2. 事故原因

追尾造成豫 H085J 挂半挂车的罐体下方主卸料管与罐体焊缝处撕裂,该罐体未按标准规定安装紧急切断阀,造成甲醇泄漏;晋 E23504 车发动机舱内高压油泵向后位移,启动机正极多股铜芯线绝缘层破损,导线与输油泵输油管管头空心螺栓发生电气短路,引燃该导线绝缘层及周围可燃物,进而引燃泄漏的甲醇。

3. 事故教训

(1)提升从业人员的法制意识、安全意识和安全技能,严禁不具备相应资质、安全培训不合格和安全记录不良的人员驾驶装载有危险货物的机动车辆。

(2)排查整治在用危险货物运输车辆加装紧急切断装置。

(3)进一步加强公路隧道和危险货物运输应急管理。

【复习思考题】

一、填空题

1. 危险化学品的储存必须具备适合储存方式的设施,主要包括三种储存方式:_____、_____、_____。

2. 生产、储存危险化学品的企业,应当对本企业的安全生产条件每_____年进行一次安全评价。

3. 通过公路运输剧毒化学品的,托运人应当向目的地的县级人民政府公安部门申请办理剧毒化学品_____。

二、判断题

1. 运输剧毒化学品,指派一个押运员就行。(　　)

2. 储存易燃易爆危险化学品的建筑,必须安装避雷设备。(　　)

3. 剧毒化学品在公路运输途中发生被盗、丢失、流散、泄漏等情况时,承运人向110报警就完成任务了。(　　)

三、简答题

1. 通过公路运输剧毒化学品的,托运人需办理哪些手续?

2. 储存危险化学品的安全要求是什么?

3. 对危险化学品的托运人和邮寄人有什么规定?

第3节　危险化学品重大危险源监控

一、基本概念

危险化学品重大危险源是按照《危险化学品重大危险源辨识》(GB 18218—2009)的标准确定的,其定义为:长期地或临时地生产、加工、搬运、使用或储存危险物质,且危险物质的数量等于或超过临界量的单元。见图3-3-1。

图 3-3-1

所谓单元,是指一个(套)生产装置、设施或场所,或同属一个工厂的且边缘距离小于500 m的几个(套)生产装置、设施或场所。凡单元内存在危险物质的数量等于或超过规定的临界量,即为重大危险源。单元内存在危险物质的数量根据处理物质种类的多少区分为以下两种情况。

(1)单元内存在的危险物质为单一品种,则该物质的数量即为单元内危险物质的总量,若等于或超过相应的临界量,则定为重大危险源。

(2)单元内存在的危险物质为多品种,则按下式计算,若满足下式的条件,则定为重大危险源。

$$\frac{q_1}{Q_1} + \frac{q_2}{Q_2} + \cdots + \frac{q_n}{Q_n} \geqslant 1$$

式中 $q_1, q_2, \cdots, q_n$——每种危险物质实际存在量，t；

$Q_1, Q_2, \cdots, Q_n$——与各危险物质相对应的生产场所或储存区的临界量，t。

二、危险监控

危险化学品重大危险源监控的目的，不仅要预防重大事故发生，而且要做到一旦发生事故，能将事故危害限制到最低程度。由于工业活动的复杂性，需要采用系统工程的思想和方法监控重大危险源。

重大危险源监控系统主要由以下几个部分组成。

1. 危险辨识

防止重大工业事故发生的第一步是辨识或确认高危险性的工业设施（危险源）。在物质毒性、燃烧、爆炸等特性的基础上，通过危险物质及其临界量标准，可以确定哪些是可能发生事故的潜在危险源。

2. 风险评价

根据危险物质及其临界量标准进行重大危险源辨识和确认后，就应对其进行风险分析评价。

一般来说，重大危险源的风险分析评价包括以下几个方面：

（1）辨识各类危险因素及其原因与机制；

（2）依次评价已辨识的危险事件发生的概率；

（3）评价危险事件的后果；

（4）进行风险评价，即评价危险事件发生概率和发生后果的联合作用；

（5）风险控制，即将上述评价结果与安全目标值进行比较，检查风险值是否达到了可以接受的水平，否则需进一步采取措施，降低危险水平。

3. 事故预防

在对重大危险源进行辨识和评价后，应针对每一个重大危险源制订出一套严格的安全管理制度，通过技术措施（包括化学品的选择，设施的设计、建造、运转、维修以及有计划的检查）和组织措施（包括对人员的培训与指导，提供保证其安全的设备，工作人员水平、工作时间、职责的确定以及对外部合同工和现场临时工的管理），对重大危险源进行严格控制和管理，防止事故的发生。

危险化学品单位应当根据构成重大危险源的危险化学品种类、数量、生产、使用工艺（方式）或者相关设备、设施等实际情况，按照下列要求建立健全安全监测监控体系，完善如下控制措施。

（1）重大危险源配备温度、压力、液位、流量、组分等信息的不间断采集和监测系统以及可燃气体和有毒有害气体泄漏检测报警装置，并具备信息远传、连续记录、事故预警、信息存储等功能；一级或者二级重大危险源，具备紧急停车功能。记录的电子数据的保存时间不少于30天。

（2）重大危险源的化工生产装置装备满足安全生产要求的自动化控制系统；一级或者二级重大危险源，装备紧急停车系统。

（3）对重大危险源中的毒性气体、剧毒液体和易燃气体等重点设施，设置紧急切断装置；毒性气体的设施，设置泄漏物紧急处置装置。涉及毒性气体、液化气体、剧毒液体的一级或者二级重大危险源，配备独立的安全仪表系统（SIS）。

（4）重大危险源中储存剧毒物质的场所或者设施，设置视频监控系统。

（5）安全监测监控系统符合国家标准或者行业标准的规定。

4. 安全评估

要求企业应在规定的期限内，对已辨识和评价的重大危险源向政府主管部门提交安全评估报告。如属新建的有重大危害性的设施，则应在其投入运转之前提交安全评估报告。安全报告应详细说明重大危险源的情况、可能引发事故的危险因素以及前提条件、安全操作和预防失误的控制措施、可能发生的事故类型、事故发生的可能性及后果、限制事故后果的措施、现场事故应急救援预案等。

安全报告应根据重大危险源的变化以及新知识和新技术进展的情况进行修改和增补，并由政府主管部门经常进行检查和评审。

重大危险源安全评估报告应当客观公正、数据准确、内容完整、结论明确、措施可行，并包括下列内容：

（1）评估的主要依据；

（2）重大危险源的基本情况；

（3）事故发生的可能性及危害程度；

（4）个人风险和社会风险值（仅适用定量风险评价方法）；

（5）可能受事故影响的周边场所、人员情况；

（6）重大危险源辨识、分级的符合性分析；

（7）安全管理措施、安全技术和监控措施；

（8）事故应急措施；

（9）评估结论与建议。

5. 应急预案

事故应急救援预案是重大危险源控制系统的重要组成部分。企业应负责制订现场事故应急救援预案，并且定期检验和评估现场事故应急救援预案和程序的有效程度，以及在必要时进行修订。

危险化学品单位应当依法制订重大危险源事故应急预案，建立应急救援组织或者配备应急救援人员，配备必要的防备及应急救援器材、设备、物资，并保障其完好和方便使用；配合地方人民政府安全生产监督管理部门制订所在地区涉及本单位的危险化学品事故应急预案。

对存在吸入性有毒、有害气体的重大危险源，危险化学品单位应当配备便携式浓度检测设备、空气呼吸器、化学防护服、堵漏器材等应急器材和设备；涉及剧毒气体的重大危险源，还应当配备两套以上（含本数）气密型化学防护服；涉及易燃易爆气体或者易燃液体蒸气的重大危险源,还应当配备一定数量的便携式可燃气体检测设备。

危险化学品单位应当制订重大危险源事故应急预案演练计划,并按照下列要求进行事故应急预案演练:

(1)对重大危险源专项应急预案,每年至少进行一次;

(2)对重大危险源现场处置方案,每半年至少进行一次。

应急预案演练结束后,危险化学品单位应当对应急预案演练效果进行评估,撰写应急预案演练评估报告,分析存在的问题,对应急预案提出修订意见并及时修订完善。

场外事故应急救援预案,由政府主管部门根据企业提供的安全报告和有关资料制订。事故应急救援预案的目的是抑制突发事件,减少事故对工人、居民和环境的危害。因此,事故应急救援预案应提出详尽、实用、明确和有效的技术措施和组织措施。政府主管部门应保证将发生事故时要采取的安全措施和正确做法的有关资料散发给可能受事故影响的公众,并保证公众充分了解发生重大事故时的安全措施,一旦发生重大事故,应尽快报警。

6. 法律法规的要求

《危险化学品安全管理条例》第十九条规定:除运输工具加油站、加气站外,危险化学品的生产装置和储存数量构成重大危险源的储存设施,与下列场所、区域的距离必须符合国家标准或者国家有关规定:

(1)居民区、商业中心、公园等人口密集区域;

(2)学校、医院、影剧院、体育场(馆)等公共设施;

(3)供水水源、水厂及水源保护区;

(4)车站、码头(按照国家规定,经批准,专门从事危险化学品装卸作业的除外)、机场以及公路、铁路、水路交通干线、地铁风亭及出入口;

(5)基本农田保护区、畜牧区、渔业水域和种子、种畜、水产苗种生产基地;

(6)河流、湖泊、风景名胜区和自然保护区;

(7)军事禁区、军事管理区;

(8)法律、行政法规规定予以保护的其他区域。

按照《危险化学品安全管理条例》的规定,储存单位应当将储存剧毒化学品以及构成重大危险源的其他危险化学品的数量、地点以及管理人员的情况,报当地公安部门和负责危险化学品安全监督管理综合工作的部门备案。危险化学品生产、储存企业以及使用剧毒化学品和数量构成重大危险源的其他危险化学品的单位,应当向国务院经济贸易综合管理部门负责危险化学品登记的机构办理危险化学品登记。危险化学品登记的具体办法由国务院经济贸易综合管理部门制定。

按照《中华人民共和国安全生产法》的要求,生产经营单位对重大危险源应当登记建档,进行定期检测、评估、监控,并制订应急预案,告知从业人员和相关人员在紧急情况下应当采取的应急措施。生产经营单位应当按照国家有关规定将本单位重大危险源及有关安全措施、应急措施报有关地方人民政府负责安全生产监督管理的部门和有关部门备案。

三、应急处置

重大危险源有发生爆炸、着火、大量泄漏等危险。当重大危险源事故发生后,应急救援小组应及时启动应急救援预案,组织应急救援。迅速开展应急救援工作,并部署相关部门开展应急救援工作。开通与事故发生地的应急救援指挥机构、现场应急救援小组、相关专业应急救援机构的通信联系,随时掌握事故发展动态。

1. 火灾爆炸事故

事故区无关人员要迅速撤离到安全地点,受伤人员及时送医救治。要立即进行事故控制:切断泄漏源,用冷水降温,用泡沫灭火,防止二次爆炸,防止钢架结构、管线、设备的变形以及坍塌、损坏等。设置警戒线,严格限制无关人员出入。任何人(包括应急处理人员)进入事故点,都必须佩戴相应的呼吸器具。迅速查明爆炸原因,对爆炸引起的设施、设备的损坏进行技术修复,做好工艺处理,防止事态扩大。

2. 液体泄漏事故

现场人员应迅速向主管领导或主管部门报警,说明事故发生的地点、部位、物质、势态及报告人姓名、部门与联系电话等。

现场指挥人员指导应急人员立即采取正确抢险措施,控制事态发展。

(1)进入现场人员必须穿戴必要的防护器具。

(2)切断火源、电源,避免发生静电、金属碰撞火花等。

(3)进入隔离区的现场人员,在确保安全的情况下,采取对泄漏源的控制措施,如将容器破裂处向上,堵塞、关阀,用黄沙覆盖等。

【小知识】

危险化学品重大危险源分级依据

根据危险程度,危险化学品重大危险源分为一级、二级、三级和四级,一级为最高级别。重大危险源分级方法规定如下:

$$R = \alpha \left[\beta_1 \frac{q_1}{Q_1} + \beta_2 \frac{q_2}{Q_2} + \cdots + \beta_n \frac{q_n}{Q_n} \right]$$

式中 α——该危险化学品重大危险源厂区外暴露人员的校正系数;

$q_1, q_2, \cdots, q_n$——每种危险物质实际存在量,t;

$Q_1, Q_2, \cdots, Q_n$——与各危险物质相对应的生产场所或储存区的临界量,t;

$\beta_1, \beta_2, \cdots, \beta_n$——与各危险化学品相对应的校正系数。

校正系数按表3-3-1取值。

表3-3-1　校正系数 β 取值表

危险化学品类别	毒性气体	爆炸品	易燃气体	其他类危险化学品
β	见表3-3-2	2	1.5	1

注:危险化学品类别依据《危险货物品名表》中分类标准确定。

表 3-3-2　常见毒性气体校正系数 β 取值表

毒性气体名称	一氧化碳	二氧化硫	氨	环氧乙烷	氯化氢	溴甲烷	氯
β	2	2	2	2	3	3	4
毒性气体名称	硫化氢	氟化氢	二氧化氮	氰化氢	碳酰氯	磷化氢	异氰酸甲酯
β	5	5	10	10	20	20	20

注:未在表中列出的有毒气体可按 $\beta=2$ 取值,剧毒气体可按 $\beta=4$ 取值。

根据重大危险源的厂区边界向外扩展 500 m 范围内常住人口数量,设定厂外暴露人员校正系数 α 值,见表 3-3-3。

表 3-3-3　校正系数 α 取值表

厂外可能暴露人员数量	α
100 人以上	2.0
50~99 人	1.5
30~49 人	1.2
1~29 人	1.0
0 人	0.5

根据计算出来的 R 值,按表 3-3-4 确定危险化学品重大危险源的级别。

表 3-3-4　危险化学品重大危险源级别和 R 值对应关系

危险化学品重大危险源级别	R 值
一级	$R \geqslant 100$
二级	$100 > R \geqslant 50$
三级	$50 > R \geqslant 10$
四级	$R < 10$

【案例分析】

叉车启动引发轻油罐爆燃事故

1988 年 9 月 24 日,某炼油厂 5 000 m³ 轻油罐发生爆燃,当场烧死 5 人、烧伤 6 人、摔伤 1 人(其中 3 人重伤)。

1. 事故经过

事发当日 19 时 25 分,炼油厂劳服公司收油队在 5 000 m³ 轻油罐 107/1# 罐脱水收油作业收尾时,由于油罐打开了人孔盖,致使罐内油气冒出扩散,107/1# 和 106/2# 两罐之间空间(作业现场)混合可燃气体达到爆炸极限。当时现场气味很大,有 3 人呕吐,但队领导却没有意识到问题的严重性,没采取果断措施,仍继续组织运送废油。由于叉车没装防火罩,叉车启动引发爆燃,造成本次严重的烧烫伤死亡事故。

2. 事故原因

(1) 安全员工作失职,叉车进入油罐区没有检查防火罩,作业中又无证违章开车;现场出现异常气味时,没有及时判明原因,采取必要措施。

(2) 违反机动车辆进入罐区的安全规定,叉车没装防火罩,连续启动,排气管冒出火星引起爆燃。

(3) 规章制度不健全,没有清罐收油工作程序和方法。加之 9 月 25 日是中秋节,大家忙于完成任务,在少数人员和机动车辆还在现场收尾作业时,家属工就打开人孔盖,致使罐内油气冒出扩散,作业现场混合可燃气体达到爆炸极限。

3. 事故教训

(1) 提高现场人员技术素质,提高安全生产知识水平,增强自我保护意识。

(2) 健全操作程序和安全规章制度,杜绝违章操作和随意变更安全程序。

【复习思考题】

一、填空题

1. 按照《危险化学品重大危险源辨识》(GB 18218—2009)标准,危险化学品重大危险源是指生产、储存、使用或者搬运危险化学品的数量等于或者超过_____的单元(包括场所和设施)。

2. 危险化学品重大危险源分级标准是根据计算出来的_____值,确定危险化学品重大危险源的级别。

3. 所谓单元,是指一个(套)生产装置、设施或场所,或同属一个工厂的且边缘距离小于_____m 的几个(套)生产装置、设施或场所。凡单元内存在危险物质的数量等于或超过规定的临界量,即为_____。

二、判断题

1. 重大危险源监控的目的,仅是要预防重大事故的发生。(　　)

2. 根据危险程度,重大危险源分为一级、二级、三级和四级,一级为最高级别。(　　)

3. 对重大危险源专项应急预案,每年至少进行一次;对重大危险源现场处置方案,也每年至少进行一次。(　　)

三、简答题

1. 重大危险源的辨识分哪两种情况?

2. 重大危险源监控系统主要由哪几个部分组成?

3. 重大危险源的分级标准是什么?

【延伸阅读】

<h3 style="text-align:center">常见危险化学品事故的应急处置</h3>

处置危险化学品的突发性环境污染事故的一条基本原则就是将剧毒、有毒、有害的危险化

学品尽可能处理成无毒、无害或毒性较低、危害较小的物质,避免造成二次污染,尽量减少和降低危险化学品泄漏事故所造成危害的损失。可通过物理(如回收、收集、吸附)、化学(如中和反应、氧化还原反应、沉淀)等多种方法进行处置。在可能的情况下,用于处置的物质应易得、低廉、低毒、不造成二次污染,或易于消除。同时,应确保处置人员及周围群众的人身安全,按规定佩戴必需的防护设备(如防护服、防毒呼吸器等)进入现场进行处置。

1. 溶于水的剧毒物氰化钠、氰化钾的泄漏处置

若固体物质泄入路面,可用铲子小心收集于干燥、洁净、有盖的容器中,尽可能地全部收集;再在泄入路面喷洒过量漂白粉或次氯酸钠溶液,清除残留的泄漏物。注意对周围地表水及地下水的监控。

若泄入水体,对少量泄漏,可在泄入水体中喷洒过量漂白粉或次氯酸钠溶液,清除泄漏物;对大量泄漏,必要时应在江河下游一定距离构筑堤坝,控制污染范围的扩大,同时严密监控,直到监测达标。

2. 微溶于水的剧毒物三氧化二砷(砒霜)的泄漏处置

若泄入路面,可用铲子小心收集于干燥、洁净、有盖容器中,尽可能地全部收集;若泄入水体,可对水体进行喷洒硫化钠溶液,使溶于水的三氧化二砷与硫化钠反应生成不溶于水的硫化砷沉淀,经监测水体达标后,还应对沉积于河床的三氧化二砷和硫化砷沉淀进行彻底清除,以消除隐患。过后,在水体中喷洒漂白粉或次氯酸钠溶液,以消除喷洒硫化钠溶液时过量的硫化物对水体的影响,并测定水体中的硫化物至达标。

3. 无机酸(如盐酸、硫酸、硝酸、磷酸、氢氟酸、氯磺酸、高氯酸)的泄漏处置

若泄入路面,对少量泄漏,用干燥沙、土等惰性材料洒在泄入路面,吸附泄漏物,收集吸附泄漏物的沙、土;再用干燥石灰或苏打灰洒在泄入路面,中和可能残留的酸。对大量泄漏,一开始应避免用水直接冲洗,可在泄入路面周围构筑围堤或挖坑收容,用耐酸泵转移至槽(罐)车或专用收集器中,回收或运至废物处理场所处置;再用干燥石灰或苏打灰洒在泄入路面,中和可能残留的酸。

若泄入水体,应在泄入水体中洒入大量石灰(对江、河应逆流喷洒),进行中和,至水体监测达标。同时,应注意对氟离子的监测。

4. 碱(如氢氧化钠、氢氧化钾等)的泄漏处置

若固体泄入路面,可用铲子收集于干燥、洁净、有盖的容器中,尽可能地全部收集。若液碱泄入路面,对少量泄漏,先用干燥沙、土等惰性材料洒在泄入路面,吸附泄漏物,收集吸附泄漏物的沙、土;再用稀醋酸溶液喷洒路面,中和残留的碱液;对大量泄漏,可在泄入路面周围构筑围堤或挖坑收容,用泵转移至槽车或专用收集器中,回收或运至废物处理场所处置;再用稀醋酸溶液喷洒路面,中和残留的碱液。

若泄入水体,可在泄入水体中喷洒稀酸(如盐酸)以中和碱液,至水体监测达标。

5. 相对密度(水=1)小于1、不溶于水的有机物(液体,如苯、甲苯等)的泄漏处置

若泄入路面,对少量泄漏,用活性炭或其他惰性材料或就地取材用木屑、干燥稻草等吸附;对大量泄漏,构筑围堤或挖坑收容,用防爆泵转移至槽(罐)车或专用收集器中,回收或运至废物处理场所处理。

若进入水体,应立即用隔栅将其限制在一定范围,小心收集浮于水面上的泄漏物,回收或运至废物处理场所处理。

6. 相对密度(水=1)大于1、不溶于水的有机物(液体)(如氯仿等)的泄漏处置

若泄入路面,对少量泄漏,用活性炭或其他惰性材料或就地取材用木屑、干燥稻草等吸附;对大量泄漏,构筑围堤或挖坑收容,用防爆泵转移至槽车或专用收集器中,回收或运至废物处理场所处理。注意因向下渗透而造成对地下水的污染。

若进入水体,由于泄漏物比水重、沉入水底,尽可能用防爆泵将水下的泄漏物进行收集,消除污染及安全隐患。

7. 有毒、有害气体及易挥发性有毒、有害液体(如液氯、液溴)的泄漏处置

根据事故现场的风向,迅速划定安全区域范围,转移下风向人员至安全处。

如对液氯的泄漏,由于泄漏后即成气态,在保证安全的情况下,尽可能切断泄漏源,同时向泄漏源及上空喷含2%~3%硫代硫酸钠的雾状水进行稀释、反应。

对液溴的泄漏,若泄入路面,少量泄漏,向泄入路面及上空喷含2%~3%硫代硫酸钠的雾状水进行稀释、反应;大量泄漏,构筑围堤或挖坑收容,用耐腐蚀泵转移至槽(罐)车或专用收集器中,回收或运至废物处理场所处置,尔后对泄入路面喷含2%~3%硫代硫酸钠的雾状水进行稀释、反应,清除泄漏物。

第4章 特种设备安全

近年来,随着我国经济快速稳定发展,特种设备数量大幅增加。在其数量猛增的同时,特种设备事故隐患更加复杂,事故率仍然较高,2014年全国共发生特种设备事故283起,死亡282人,受伤330人。缺乏安全意识、违规违章操作是导致事故发生的主要原因。

特种设备是指对人身和财产安全有较大危险性的锅炉、压力容器(含气瓶)、压力管道、电梯、起重机械、客运索道、大型游乐设施、场(厂)内专用机动车辆以及法律、行政法规规定的其他特种设备。

锅炉

压力容器
压力管道

起重机械

特种设备广泛用于工矿企业和社会生活的各个领域,大多在高温、高压、复杂环境下运行,一旦发生事故,后果非常严重。为确保特种设备安全,国家对特种设备实行目录管理,从业人员必须持"特种设备作业人员证"上岗。其他人员掌握一定的特种设备安全技术,对预防事故发生、减少事故危害,也十分有益。

本章主要针对生产领域使用较多的承压类特种设备安全和分布范围较广的起重机械安全,从分析事故发生的原因入手,介绍事故预防措施,培养基本的事故应急处置能力,达到保护自身和他人安全、保护财产和环境安全的目的。

第1节 锅炉安全

锅炉是利用燃料或其他能源,把水加热成为热水或蒸汽的机械设备,可直接为生产和生活提供所需要的热能,也可通过蒸汽动力装置转换为机械能,或再通过发电机将机械能转换为电能。提供热水的锅炉称为热水锅炉,主要用于生活领域;产生蒸汽的锅炉称为蒸汽锅炉,多用于工矿企业。

锅炉承受高温、高压,一旦发生爆炸,后果十分严重。例如:2014年3月3日上午,邢台市开发区一蒸汽锅炉发生爆炸,造成2人死亡、2人受伤、1人失踪;2015年12月16日中午,河北省承德市某酒厂发生锅炉爆炸事故,造成2人死亡、3人不同程度受伤。见图4-1-1。

一、锅炉简介

现代工业使用的锅炉是锅内系统和炉内系统的统一体,并由一系列辅机、附件和仪表等组成。锅内系统由一系列容器和管道组成,水汽在内部流动并不断吸热,也叫汽水系统。炉内系统是燃料燃烧、烟气流动并向水汽传热的场所,也叫燃烧系统。

锅炉在运行时,不仅要承受一定的温度和压力,而且要遭受介质的侵蚀和飞灰的磨损,因此具有爆炸的危险。如果锅炉在设计、制造、安装等过程中存在缺陷,或年久失修、违反操作规程等,都可能出现严重的安全事故。

图 4-1-1

(一)锅炉的定义

锅炉是指利用各种燃料、电或者其他能源,将所盛装的液体加热到一定的参数,并通过对外输出介质的形式提供热能的设备。其范围规定为设计正常水位容积大于或者等于 30 L,且额定蒸汽压力大于或者等于 0.1 MPa(表压)的承压蒸汽锅炉;出口水压大于或者等于 0.1 MPa(表压),且额定功率大于或者等于 0.1 MW 的承压热水锅炉;额定功率大于或者等于 0.1 MW 的有机热载体锅炉。

(二)锅炉的分类

锅炉种类繁多,分类方法各式各样,按燃料种类有燃煤锅炉、燃气锅炉和燃油锅炉。近几年,特别是在大城市,随着国家燃煤整改政策的相继实施,传统高污染、高消耗的燃煤锅炉逐渐被清洁无污染的燃油、燃气锅炉代替。

另外,还有以下分类方式:

(1)按出口介质分为蒸汽锅炉和热水锅炉;

(2)按蒸发量分为大型锅炉($Q \geqslant 75$ t/h)、中型锅炉(20 t/h $< Q < 75$ t/h)和小型锅炉($Q \leqslant 20$ t/h);

(3)按出口蒸汽压力分为低压锅炉($P \leqslant 2.45$ MPa)、中压锅炉(2.45 MPa $< P \leqslant 5.88$ MPa)、高压锅炉($P > 5.88$ MPa);

(4)按燃料燃烧方式分为层燃烧炉、沸腾炉和室燃炉。

(三)锅炉的型号

锅炉型号由三部分组成,各部分之间用短横线相连,如下面式样表示。

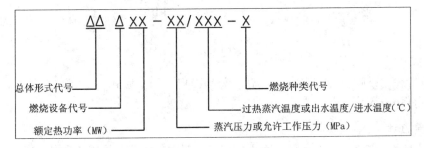

例如 LSG 0.5 - 0.4 - A Ⅲ 表示:立式水管固定炉排,额定蒸发量为 0.5 t/h,额定蒸汽压力为 0.4 MPa,蒸汽温度为饱和温度燃料,燃料为 Ⅲ 类烟煤的蒸汽锅炉。燃料种类代号详见表 4-1-1。

表 4-1-1　燃料种类代号表（摘自 JB/T 1626—2002《工业锅炉 产品型号编制方法》）

燃料品种	代号	燃料品种	代号
Ⅱ类无烟煤	WⅡ	型煤	X
Ⅲ类无烟煤	WⅢ	水煤浆	J
Ⅰ类烟煤	AⅠ	木柴	M
Ⅱ类烟煤	AⅡ	稻穗	D
Ⅲ类烟煤	AⅢ	甘蔗渣	G
褐煤	H	油	Y
贫煤	P	气	Q

二、锅炉的安全附件

锅炉安全,关键是确保锅炉水位正常,确保锅炉压力在额定范围以内。锅炉的三大安全附件是安全阀、压力计和水位表,还有高低水位报警器、燃烧自动调节装置、测温仪表等,可在很大程度上保证锅炉安全运行。

(一)安全阀

为了保证当锅炉压力超过额定值时能及时泄压,直到压力下降到一定压力时自动停止泄压,防止工质损失,必须在锅炉上设置安全阀。根据其结构及工作原理,常用的安全阀有以下几种:

(1)静重式安全阀,用于压力较低的小型锅炉,现在很少使用;

(2)杠杆式安全阀,用于压力较低的锅炉,见图 4-1-2;

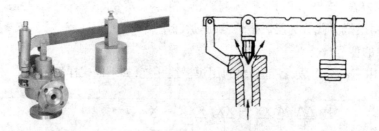

图 4-1-2

(3)弹簧式安全阀,按阀芯的开启高度,分为微启式和全启式;

(4)水封式安全阀。

(二)压力计

压力计是测量锅炉内水、汽压力大小的仪表,是锅炉不可缺少的安全附件之一。中小型锅炉上广泛使用的是弹簧式压力计,其结构简单、读数容易、准确稳定、安全可靠、可测范围大,选购压力计的量程以 2 倍左右工作压力为宜。

（三）水位表

水位表是用来监视锅炉水位的一种安全装置,带水位报警器,能准确地测量和控制锅炉水位,是确保蒸汽锅炉安全运行的主要措施之一。不同型号和用途的锅炉上用不同的水位表,常用的有玻璃管式和玻璃板式,见图4-1-3。

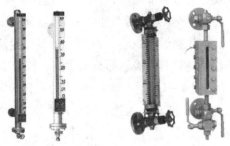

图 4-1-3

三、锅炉事故的原因及预防

锅炉在高温、高压等危险条件下运行,有汽、水、风、烟等复杂系统,部件较多、体积较大,设计不符合要求、运行操作不当、管理制度不健全、安全装置失效、安装检修质量不好等,都会引起不同程度的锅炉事故,造成人员伤害、设备厂房毁坏等严重后果。

（一）爆炸事故

爆炸事故是锅炉运行过程中锅筒等部件损坏,并有较大泄压突破口使工作压力在瞬间降至大气压力的一种事故。

1. 爆炸事故的原因

锅炉爆炸总是在受压元件最薄弱的失效部位,然后由汽、水剧烈膨胀引起锅内大量的水发生水锤冲击使裂口扩大。立式锅炉破裂,多数在下脚圈处,大量蒸汽从裂口喷出,就像火箭腾空飞起,可能飞离几十到几百米远。卧式锅炉爆炸,易发生在锅筒下腹高温辐射区或者内燃炉膛上方高温辐射区,由于在炉膛内部,锅炉本体最可能是前后平行飞动。

锅炉爆炸事故的原因很多,尤其是燃油、燃气锅炉,不按操作规程操作造成的爆炸事故、误操作致使形成爆炸性混合物造成的事故,时有发生。

【案例 4-1-1】　2000 年 9 月 23 日,山西潞城潞宝公司所属某煤气发电厂,在进行锅炉(SHS20-2.45/400-Q)点火时,由于炉膛、烟道、烟囱内聚集大量煤气和空气的混合气,且混合比达到轰爆极限值,致使点火瞬间发生爆炸,造成死亡 2 人、重伤 5 人、轻伤 3 人,直接经济损失 49.42 万元。

锅炉爆炸事故的原因有以下几个:

(1)锅炉缺水时间较长、钢板被灼烧使其机械强度急骤降低时,司炉人员违反操作规程向炉内进水,引起爆炸;

(2)锅炉水质碱度较高,造成铆缝或胀口处钢板苛性脆化,形成爆炸;

(3)严重超压造成爆炸;

(4)安全附件失灵、结构设计不合理、材质发生衰老等,都有可能造成锅炉爆炸。

2. 爆炸事故的预防

(1)发生严重缺水事故时,一定不能再进水,以免锅筒钢板在过热烧红的情况下,遇水突然冷缩而脆裂。

(2)锅炉的安全附件,特别是安全阀,必须保持其灵敏、准确、可靠。多数小锅炉爆炸事故都有一个共同的重要原因,就是没有设置安全阀或安全阀失灵而造成超压。如安全阀正常,控制在较低的压力下运行,爆炸事故是完全可以避免的。见图 4-1-4。

(3)许多爆炸事故发生在炊事、洗澡、采暖、热饭用的锅炉,甚至热水锅炉和茶水炉也时有发生。这些锅炉体积小、压力低,又多在生活部门,往往不被注意和重视,经常违规使用、违章操作、超限使用等,极易形成锅炉安全隐患,必须加以注意。

【案例 4-1-2】 2011 年 5 月 4 日 7 时 45 分,吉林省辽源市东辽县某洗浴中心 0.5 t 锅炉发生爆炸,造成 1 人死亡、13 人受伤,洗浴中心及周边近 1 万 m² 的房屋不同程度受损。见图 4-1-5。

图 4-1-4   图 4-1-5

(二)水位异常事故

1. 水位异常事故的原因

(1)缺水。锅炉运行必须保持水位正常,当水位表中的水位低于最低安全水位时,称为缺水事故,表现为水位低于安全水位线,或看不见水位,水位表内发白、发亮,低水位报警器动作并发出警报。缺水事故可分轻微缺水和严重缺水两种。

如水位在最低安全水位以下,但还能看见,或虽然已看不见水位,但对允许采用"叫水法"的锅炉进行"叫水"后水位很快出现时,属于轻微缺水。如水位已看不见,采用"叫水法"也不能使水位出现时,属于严重缺水。

锅炉缺水是锅炉运行中的危险作业之一,轻者损坏设备,重者引起爆管,大量汽水、火焰喷出伤人。若处理不当,有导致锅炉爆炸的危险。

【案例 4-1-3】 2003 年 10 月 23 日,湖南长沙市星沙开发区某厂发生一起因缺水干烧造成大面积水冷壁管、对流管、过热器管烧坏的重大锅炉事故,直接经济损失达 60 余万元,因停产等造成的间接损失无法估量。

缺水事故的主要原因是水位无人监视或运行人员不注意观察水位;水位表未按要求及时冲洗,汽、水连接管堵塞;给水自动调节器和水位警报装置失灵,水源中断、给水设备损坏;排污阀渗漏或其他部位漏水;排污时误操作,如排污时间太长、排污后未关排污阀等。

(2)满水。在锅炉运行中,锅炉水位高于最高安全水位而危及锅炉安全运行的现象,称为满水事故,表现为水位线消失、看不到水位,水位表内发暗,警报装置发出高水位信号等。满水事故可分为轻微满水和严重满水两种。

如水位超过最高许可水位线,但低于水位表的上部可见边缘,或水位虽超过水位表的上部可见边缘,但在开启水位表的放水旋塞后,能很快见到水位下降时,属于轻微满水。如水位超过水位表的上部可见边缘,当打开放水旋塞后,在水位表内看不到水位下降时,属于严重满水。

锅炉满水事故的危害,主要是造成蒸汽大量带水,从而可能使蒸汽管道发生水锤现象,降低蒸汽品质,影响正常供气,严重时会使过热器管积垢,损坏用汽设备。

【案例 4-1-4】 2005 年嘉兴市某厂新安装了 1 台型号为 SHL20-2.45/400 的双锅筒横置式链条锅炉,由于长期高水位运行,该炉投产后半年内先后共有 13 根低温过热器管爆管,被迫停炉大修。

满水事故的主要原因是运行人员对水位监视不够,其次是水位表堵塞造成假水位,再有就是高水位警报信号装置、给水自动调节设备失灵等。

2. 水位异常事故的预防

防止水位异常事故,首先要加强运行人员教育,增强岗位责任心,提高技术水平和应急能力。另外还有两点要注意:第一,为防止水位表堵塞而出现假水位现象,必须严格执行水位表冲洗、排污操作等岗位规程;第二,加强维护管理,保证给水自动装置及水位报警、信号装置完好。见图 4-1-6。

图 4-1-6

当锅炉水位表看不到水位时,首先用冲洗水位表的方法判断是缺水还是满水。

(1)判断为轻微缺水,可以立即向锅炉上水;严重缺水时,必须紧急停炉检查,不得给锅炉上水。

(2)一旦确认满水,应立即关闭给水阀停止向锅炉上水,开启排污阀和疏水阀加强放水。

(三)汽水共腾事故

由于锅水品质太差,或负荷变化过快,使锅炉蒸发表面汽水共同升起,产生大量泡沫并上下波动,形成汽水共腾现象。

严重的汽水共腾会使蒸汽带水,导致蒸汽管道发生水击,并降低蒸汽品质。

发现汽水共腾后,应减弱燃烧,关小主汽阀,打开排污阀,同时上水,以改善锅水品质。

四、锅炉事故的应急处置

1. 紧急停炉

锅炉在正常运行中出现超温、超压、燃烧设备损坏等情况,若继续运行会造成设备破坏或其他重大事故,应实施紧急停炉程序,防止事态扩大。出现以下任一情况时,必须进行紧急停炉操作：

（1）当锅炉水位降到规定的水位极限以下时；

（2）不断加大向锅炉给水及采取其他措施，但水位仍继续下降时；

（3）锅炉水位已经升到运行规程规定的水位上位极限以上时；

（4）给水机械全部失效；

（5）水位表或安全阀全部失效；

（6）锅炉元件损坏，危及运行人员安全；

（7）燃烧设备损坏，炉膛倒塌或锅炉构架被烧红以及其他异常运行情况出现时。

图 4-1-7

在停炉操作时，要做好个人防护，穿防烫服，戴防护手套和安全帽。处理泄漏点时，要把温度、压力控制在安全范围内；开关各种阀门时，身体不要正对；开关疏水阀时，要注意脚下疏水管道。见图 4-1-7。

2. 应急处置

如果锅炉已经发生危险情况或出现异常现象，进入应急状态时，要按照下列步骤进行处置和防护。

1）报警

第一发现人立即汇报情况，按指令报警，报警电话为 119、110、120。遵循统一的救援程序，非操作或其他职责人员一般不得私自处置。

2）疏散

在事故险情出现时，若非任务响应，应按现场指挥人员命令撤离险区。疏散命令下达后，视事故险情出现地点和方向，按应急疏散路线迅速撤离。特殊情况下，可翻墙或采取其他措施撤离，脱离险境。

【小知识】

锅炉"叫水"安全

"叫水"是用来判断锅炉缺水程度的一种方法，可判断出水位是仅低到水位计水连通管的下边缘还是更低，有时也用于满水程度的判断。

缺水"叫水"的方法是：先开启水位表的放水阀、关闭汽连管阀，再缓慢关闭放水旋塞，观察水位表内是否有水位出现。如果水位出现则是轻微缺水；如果无水位出现，证明是严重缺水。"叫水"过程可反复几次，但不得拖延太久，以免扩大事故。

通过"叫水"判断为严重缺水时，必须紧急停炉，严禁盲目向锅炉给水，绝不允许有侥幸心理，以防扩大事故，甚至造成锅炉爆炸的危险。

但是，如果锅炉运行中仪表已发出严重缺水警示时，就不得再用"叫水法"确认其严重程度，必须紧急停炉，紧急停炉后可视情况用该法判断其严重程度。如因严重缺水而紧急停炉时,经用"叫水法"水位表出现水位,可缓慢上水恢复水位,在消除事故原因后即可点火恢复运行。如水位表中不出现水位,则严禁上水,待锅炉冷却后经过检查,再判断可否恢复运行。

【案例分析】

浙江温州"7·30"锅炉爆炸事故

2006 年 7 月 30 日 21 时许,浙江温州鹿城某工业区泰豪制革厂突发锅炉爆炸事故,爆炸产生的汽浪导致部分厂房和厂区围墙外小店倒塌,造成 5 人死亡、4 人受伤。图 4-1-8 为事发现场。

图 4-1-8

1. 事故经过

事故发生当晚 20 时 30 分左右,程某(晚班兼司炉,无证)给锅炉加水、加煤,锅炉处于正常运行。此后不久,吴某发现圆形水箱中水温达 80 ℃左右(正常工作温度为 50 ℃左右),于是往圆形水箱中加了些冷水,然后将分汽缸上通往圆形水箱的出汽阀关闭,而此时通往方形水箱的另一出汽阀已处于基本关闭状态,锅炉内压力因无法有效释放而迅速上升,约半小时后锅炉发生超压爆炸。爆炸产生的巨大冲击波推倒了厂房和围墙,并压塌了围墙外三间简易房,倒塌面积近 400 m²,简易房内 16 人被埋。锅壳部分炸飞近 10 m,封头沿西北方向飞出 300 多米,炉胆部分飞出 15 m 左右落到三间简易房附近。

2. 事故原因

1)直接原因

锅炉正常燃烧运行时,两只出汽阀一只被关闭,另一只也基本被关闭,致使锅炉严重超压,而安全阀未正常启跳。事故锅炉残骸经权威部门检测,锅炉安全阀阀门的内部机构(阀瓣、阀座、回座调节机构、反冲盘)已经完全锈死,无法在使用时正常开启,导致超压爆炸。

2)间接原因

没有制定锅炉安全生产规章制度和操作规程,安全生产责任制也没有建立健全,没有对从业人员进行安全生产培训,锅炉操作工无锅炉操作证。

该厂东南围墙外是三间简易房,造成人群聚居,导致事故伤亡扩大。

3. 事故教训

2006 年 5 月 9 日,温州市特种设备检测中心对该厂的锅炉进行检测,5 月 17 日出具了工业锅炉内部检验报告,要求该厂对已超期未校验的安全阀和压力表进行校验,但该企业却没有及时送检、校验。

徐某身为企业主管人员,吴某、林某身为主要负责人,明知本单位安全设施和安全生产条件不符合国家规定,经有关部门提出之后,对事故隐患仍不采取措施,因而发生重大伤亡事故,情节特别恶劣,其行为已经构成重大劳动安全事故罪,分别被判 3 年左右不等的有期徒刑。

【复习思考题】

一、填空题

1. 锅炉在运行时,不仅要承受一定的_____和_____,而且要遭受介质的_____和飞灰的_____,因此具有_____危险。

2. 锅炉按燃料种类分有_____、_____和_____等。

3. 锅炉的三大安全附件是_____、_____和_____。

4. 弹簧式压力计结构简单、_____、准确稳定、_____、可测范围大,选购压力表的量程以2倍左右工作压力为宜。

5. 缺水事故看不到水位或_____,水位表内_____,满水事故水位表内_____。

二、问答题

1. 锅炉的定义是什么? 其范围是如何规定的?

2. 锅炉爆炸事故发生的主要原因是什么?

3. 简述汽水共腾事故发生的原因及预防。

4. 水位异常事故的预防措施有哪些?

5. 哪些情况下锅炉必须紧急停炉?

第2节 压力容器安全

压力容器的用途十分广泛,在军工、石化、能源、科研、经贸等领域和部门都有着普遍的应用,在化工生产中的地位更是举足轻重,作为储存容器、反应容器、换热容器和分离容器,约占所有装备的80%。由于其承压和介质本身的原因,存在泄漏爆炸、燃烧起火的危险,容易发生危及人员生命、造成设备损坏、污染环境等事故。见图4-2-1。

一、压力容器简介

本节所指的压力容器,为盛装气体或者液体,承载一定压力的密闭设备,其范围规定为最高工作压力大于或者等于0.1 MPa(表压)的气体、液化气体和最高工作温度高于或者等于标准沸点的液体以及容积大于或者等于30 L且内直径(非圆形截面,指截面内边界最大几何尺寸)大于或者等于150 mm的固定容器。

图4-2-1

例如:一台20 m³的卧式储罐,用于常压储存常温水,若仅作为储存容器使用,该设备不属于压力容器,因其最高工作温度小于其标准沸点100 ℃。当容器内的介质需用0.6 MPa压缩空气加压输送时,该设备属于压力容器,因其承载了大于0.1 MPa(表压)的压力。

(一)压力容器的组成

压力容器一般由筒身、封头、法兰、接管、人(手)孔、支座等组成,并配有安全装置、液面计等仪表及承担不同生产工艺作用的内件。见图4-2-2。

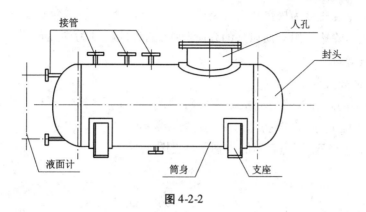

图 4-2-2

筒身是压力容器最主要的组成部分,与封头或端盖共同构成承压壳体,是储存物料或完成化学反应的压力空间。

(二)压力容器的分类

从安全角度出发,根据危险程度,综合考虑设计压力、容积和介质危害性三个要素,将压力容器划分为Ⅰ、Ⅱ、Ⅲ类,以突出本质安全思想,利于分类监管。

1. 压力容器分类的影响因素

1)设计压力

压力容器的设计压力 p 是指容器顶部的最高压力,与相应的设计温度一起作为设计载荷条件,其值不低于工作压力,有低压、中压、高压和超高压四个等级。

(1)低压(代号 L):$0.1 \text{ MPa} \leqslant p < 1.6 \text{ MPa}$。

(2)中压(代号 M):$1.6 \text{ MPa} \leqslant p < 10.0 \text{ MPa}$。

(3)高压(代号 H):$10.0 \text{ MPa} \leqslant p < 100.0 \text{ MPa}$。

(4)超高压(代号 U):$p \geqslant 100.0 \text{ MPa}$。

2)容积

压力容器的容积是指压力容器的几何容积,即由设计图样标注的尺寸计算(不考虑制造公差)并且圆整,扣除永久连接在容器内部的内件的体积。

3)介质的危害性

介质的危害性指压力容器在生产过程中因事故致使介质与人体大量接触,发生爆炸或者因经常泄漏引起职业性慢性危害的严重程度,用介质毒性程度和爆炸危害程度表示。

介质的毒性程度按最高允许浓度划分,最高允许浓度 $< 0.1 \text{ mg/m}^3$ 为极度危害;最高允许浓度 $0.1 \sim 1.0 \text{ mg/m}^3$ 为高度危害;最高允许浓度 $1.0 \sim 10 \text{ mg/m}^3$ 为中度危害;最高允许浓度 $\geqslant 10 \text{ mg/m}^3$ 为轻度危害毒性介质。

易爆介质是指气体或者液体的蒸汽、薄雾与空气混合形成的爆炸混合物,并且其爆炸下限小于 10%,或者爆炸上限和爆炸下限的差值大于或者等于 20% 的介质。

2. 介质的分组

压力容器的介质分为两组,包括气体、液化气体或者介质最高工作温度高于或者等于其标准沸点的液体。

第一组介质:毒性程度为极度危害和高度危害的化学介质、易爆介质、液化气体等。

第二组介质:由除第一组介质以外的介质组成,如毒性程度为中度危害以下的化学介质,包括水蒸气、氮气等。

3. 压力容器的分类步骤

压力容器类别的划分首先应当根据介质特性选择类别划分图,再根据设计压力 p(单位 MPa)和容积 V(单位 L)标出坐标点,最终确定容器类别。

(1)对于第一组介质,压力容器的类别划分见图4-2-3。

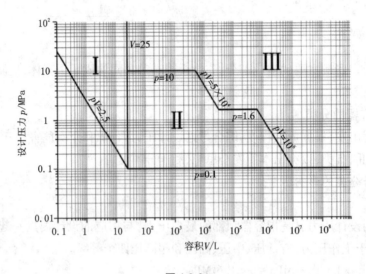

图4-2-3

(2)对于第二组介质,压力容器的类别划分见图4-2-4。

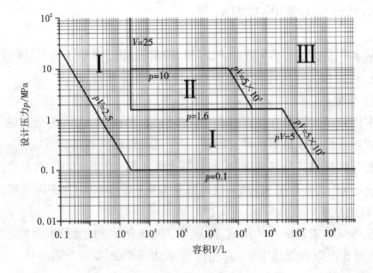

图4-2-4

二、压力容器事故的原因

压力容器事故大部分是由于超压、超温、容器局部损坏、安全装置失灵等造成的破裂、爆炸事故，有正常压力下爆炸、超压爆炸、器内化学爆炸、二次爆炸等，对爆炸容器来说，其破坏程度分为膨胀、泄漏、爆裂、爆炸四个等级。

（一）事故原因分析

（1）结构不合理、材质不符合要求、焊接质量不好、受压元件强度不够以及其他设计制造方面的原因。

（2）安装不符合技术要求，安全附件规格错误、质量不好以及其他安装、改造或修理方面的原因。

（3）超温、超压、超负荷运行，违章作业、超过检验期限未进行定期检验以及其他运行管理不善方面的原因。

（二）事故现象及特点

压力容器事故常以容器破坏的现象呈现，表现为爆炸、爆燃、泄漏、倾覆等。

（1）压力容器在运行中由于超温超压、腐蚀磨损等原因，使受压元件难以承受，发生爆炸、撕裂等事故后，不但事故设备被毁，而且还会波及周围的装置、建筑和人群。爆炸直接产生的碎片能飞出数百米远，并伴随巨大的冲击波，破坏力极大。

（2）压力容器发生爆炸、撕裂、倾覆等事故后，若造成有毒物质大量外溢，会引发人畜中毒及环境污染等恶性事故。若是可燃性物质大量泄漏，还可能引起重大火灾或二次爆炸，后果也十分严重。

三、压力容器事故的预防

预防压力容器事故有赖于两方面的因素：第一是压力容器安全附件的灵敏可靠；第二是压力容器的安全使用和管理。

（一）压力容器的安全附件

为保证压力容器安全运行，通常设置连锁、警报、计量以及泄压装置，安全阀和爆破片是最常用也是最有效的安全泄压装置，这些装置通常被称为安全附件，在压力容器使用过程中，起着极其重要的作用。

安全附件是为压力容器安全运行而装设在设备上的一种附属机构，也是压力容器的重要组成部分。压力容器均应装设泄压装置，其目的是防止物料大量泄漏并引起燃烧爆炸事故。有两点必须注意：其一，安全附件的压力等级和使用温度范围必须满足压力容器工作状况的要求；其二，安全附件的材质必须符合压力容器内介质的要求。

【案例 4-2-1】　2009 年 8 月 5 日 16 时 40 分，某公司乙烯基醚装置由于工艺系统的原因导致管道内乙炔气分解，发生多次爆响后，安全阀成功起跳，经紧急处理，扑灭小范围火灾，没有人员伤亡，事故损失较小。如果没有安全阀，可能会造成管道爆裂，甚至酿成更大事故。

1. 安全阀

当容器内压力超过某一定值时，依靠介质自身的压力自动开启阀门，迅速排出一定数量的介质。当容器内的压力降到允许值时，阀门又自动关闭，使容器内压力始终低于允许压力的上限，自动防止因超压而可能出现的事故。同时，由于排气时发出较大的响声，也起到自动报警

图 4-2-5

的作用。安全阀的开启压力不得超过压力容器的设计压力,压力容器使用的安全阀以弹簧式最为常见。见图 4-2-5。

(1)优点:仅排放压力容器内高于规定部分的压力,到正常操作压力时自动关闭,可重复使用,安装调整比较容易。

(2)缺点:密封性能较差;阀门的开启有滞后现象,因而泄压反应较慢;介质为不洁净的气体时,阀口有被堵塞、阀瓣有被粘住的可能。

(3)注意:不宜用于介质具有剧毒性的设备,更不能用于容器内有可能产生剧烈化学反应而使压力急剧升高的设备。

2. 爆破片

爆破片又称防爆片、防爆膜,是通过爆破片的破裂而泄放介质,以降

图 4-2-6

低容器内的压力,只能一次性使用,且标定爆破压力不得超过压力容器的设计压力。当压力容器使用时会出现内压增长迅速或其对密封要求很高时,必须选用爆破片作为压力容器超压泄放装置。见图 4-2-6。

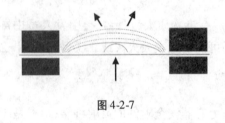

图 4-2-7

当容器内压力超过正常工作压力,达到设计压力,即自行爆炸。压力容器正拱型爆破片受力示意见图 4-2-7。

(1)优点:密封性能好,动作迅速,爆破压力精度高,泄放量大;泄压装置的动作不受介质集聚状态的影响;能满足因化学反应而产生的爆炸性气体超压泄放。

(2)缺点:泄压之后,爆破元件不能继续使用,容器就得被迫停止运行;爆破元件寿命较短;爆破元件动作压力不易准确预测和严格控制。

(3)注意:不宜用于液化气体储罐。

3. 计量仪表

1)压力表

压力表用于指示容器内介质压力,是压力容器的重要安全装置。压力表的最大量程应与容器的工作压力相适应,一般为容器最高工作压力的 1.5~3 倍。压力表的表盘大小要保证操作人员能清楚地看到压力指示值,表盘直径不应小于 100 mm。装表之前要进行校验,刻度盘上要用红线明确指出压力容器的最高压力。

当压力表指针失灵、表面玻璃破碎或表盘刻度模糊不清、铅封损坏或超过校验有效期限、表内弹簧管泄漏或压力表指针松动、指针断裂或外壳腐蚀严重时,该压力表禁止继续使用。见图 4-2-8。

2)液位计

液位计又称液面计,用来观察和测量容器内液位位

图 4-2-8

置变化情况。特别是对于盛装液化气体的容器,液位计是一个必不可少的安全装置。

3)温度计

温度计用来测量压力容器内介质的温度。

4. 紧急切断阀

紧急切断阀通常与截止阀串联安装在紧靠容器的介质出口管道上,以便在管道发生大量泄漏时进行紧急止漏。

(二)压力容器的使用与管理

首先,压力容器的设计必须合理,如常温下无保冷设施,盛装混合液化石油气的压力容器应以 50 ℃作为设计温度。另外,其制造、检修、安装、改造等,都必须持有相应的许可证。见图 4-2-9。

1. 安全使用

(1)操作人员必须经过安全技术教育和培训,考试合格,取得"压力容器操作人员合格证"后方可独立进行操作。

(2)操作人员应熟悉生产工艺流程,了解本岗位压力容器的结构、技术特性和主要技术参数,掌握正常操作方法,出现异常情况能准确判断,及时、正确地采取紧急措施。

(3)明确安全装置的型号、规格、性能及用途,保持安全装置齐全、灵活、准确、可靠。

(4)严格遵守安全操作规程,坚守岗位,精心操作,认真记录,加强巡回检查和维护保养。

(5)定期参加专业培训教育,不断提高自身的专业素质和操作技能。

2. 安全管理

(1)制定压力容器安全管理规章制度,明确岗位责任制。

(2)严格执行压力容器使用登记制度,建立压力容器技术档案并统一管理,见图 4-2-10。

图 4-2-9

图 4-2-10

(3)压力容器一定要定期检查,检查周期根据容器的制造和安装质量、使用条件、维护保养等情况确定。一般一年一次外部检查,三年一次内外部检查,六年一次全面检查。见图 4-2-11。

外部检查的主要内容有:保温层、防腐层、铭牌是否完好;外表面有无裂纹、变形、腐蚀和局部鼓包;焊缝、承压元件及连接部位有无泄漏;安全附件是否齐全、可靠、灵活好用等。

四、压力容器事故的应急措施

压力容器发生事故后,必须严格保护事故现场,妥善保存现场相关物件及重要痕迹等各种物证,并采取措施抢救人员和防止事故扩大。

图 4-2-11

(一)超压事故

压力容器发生超压时,要马上切断热源,对反应容器要停止进料。如果是无毒非易燃介质,可打开放空管直接排空;对于有毒易燃易爆介质,应将其排至安全地点处置。若是超温引起的超压,除采取上述措施外,还要通过水喷淋的方式对该容器进行冷却降温。具体措施如下:

(1)将压力降到允许范围内,必要时停车;

(2)立即通知工艺运行、设备管理部门查明原因,消除隐患;

(3)检查超压所涉及的受压元件、安全附件是否正常;

(4)修理或更换受损部件;

(5)详细记录超压情况以及受损部件的修理和更换情况。

(二)泄漏事故

任何压力容器发生泄漏时,都要按规定佩戴防毒面具、呼吸器等个人防护用品,马上切断泄漏处前端阀门。若属本体泄漏或第一道阀门泄漏,要使用专用堵漏技术和堵漏工具进行堵漏。若是易燃易爆介质泄漏,要对周边明火进行控制,切断电源,严禁一切用电设备运行,防止产生静电引起二次事故。若有人员受伤或中毒,要积极参与或组织营救。具体措施如下:

(1)操作人员根据具体应急预案,操作相应阀门,立即降压或停车;

(2)通知应急、设备管理、工艺运行等部门;

(3)撤离现场无关人员,如有人员受伤,立即救助伤员,并拨打 120 求救电话;

(4)切断受影响电源,做好消防和防毒准备;

(5)断开泄漏系统,封闭泄漏现场;

(6)介质倒入备用容器,堵塞泄漏部位;

(7)通知特种设备安全监督检验机构;

(8)查明泄漏原因,修理、更换受损部件;

(9)记录泄漏情况和受损件修理、更换情况;

(10)妥善处理或排放泄漏物质,注意对环境的影响,重大泄漏及时向公众公布,必要时做好疏散工作。

(三)火灾事故

压力容器发生火灾事故后,现场会出现火光、爆炸现象,并伴有大量的浓烟、一氧化碳和二氧化碳气体,还可能产生二氧化硫、氧化氮等毒气,现场人员必须听从应急指挥人员指令处置,遵守压力容器事故专项应急预案程序,按预案分工,或留在现场处置,或跟随人员疏散。

【小知识】

安全阀选用"三要素"

选用安全阀必须考虑其结构形式、工作压力和排放量。安全阀的排放量是指安全阀处于全开状态时在排放压力下单位时间内的排量。

(1)结构形式:选用什么形式的安全阀,主要决定于设备的工艺条件和工作介质特性。一般情况下,压力容器大多选用弹簧式安全阀;如果工作介质有毒、易燃易爆,则选用封闭式安全阀;中、低压容器最好选用全启式安全阀。

(2)压力范围:安全阀是按公称压力标准系列进行设计制造的,每种安全阀有一定的工作压力范围,一般按压力容器的最大允许工作压力选用安全阀。

(3)排放量:安全阀的排量必须大于设备的安全泄放量,这样才能保证容器在超压时,安全阀及时排出相应体积的介质,避免容器内的压力继续升高。压力容器的安全泄放量是指压力容器在超压时为保证其压力不再升高,在单位时间内所必须泄放的气量。

【案例分析】

重庆天原化工总厂压力容器爆炸重大事故

2004 年 4 月 16 日,重庆天原化工总厂压力容器发生爆炸,事故造成 9 人死亡、3 人受伤,使江北区、渝中区、沙坪坝区、渝北区的 15 万名群众疏散,直接经济损失 277 万元。图 4-2-12 是炸飞的设备残骸。

1.事故经过

2004 年 4 月 15 日 17 时 40 分,氯氢分厂冷冻工段液化岗位接调度指令开启 1# 氯冷凝器。21 时许,当班人员现场巡查时发现盐水箱内氯化钙盐水大量减少,有氯气从盐水箱泄出,从而判断氯冷凝器已穿孔,约有 4 m³ 盐水进入液氯系统。

图 4-2-12

调度室迅速采取各项措施,16 日 0 时 48 分,在抽取氯气到漂液的过程中,排污罐发生爆炸;1 时 33 分,全厂停车;2 时 15 分左右,排完盐水后 4 小时的 1# 盐水泵在静止状态下发生爆炸,泵体粉碎性炸坏。

16 日 17 时 57 分,在抢险过程中,连续两声爆响,液氯储罐内的三氯化氮突然发生爆炸。爆炸使 5#、6# 液氯储罐罐体破裂并炸出 1 个长 9 m、宽 4 m、深 2 m 的大坑,以坑为中心 200 m 范围内,散落大量的爆炸碎片。

2.事故原因

爆炸直接因素关系链为:设备腐蚀穿孔致盐水泄漏进入液氯系统→氯气与盐水中的铵反应生成三氯化氮→三氯化氮富集达到爆炸浓度(内因)→启动事故氯处理装置振动引爆三氯化氮(外因)。

1）直接原因

根据重庆大学的技术鉴定和专家的分析，1#氯冷凝器列管腐蚀穿孔导致盐水泄漏，是造成三氯化氮形成和富集的原因，三氯化氮富集达到爆炸浓度和启动事故氯处理装置造成振动，引起三氯化氮爆炸。

腐蚀穿孔的因素是：氯、氯化钙盐水对氯冷凝器的腐蚀；列管内氯气中的水分对碳钢的腐蚀；列管外盐水中由于离子电位差异对管材的腐蚀；列管与管板焊接处的应力腐蚀；使用时间较长，未进行耐压试验，使腐蚀现象未能在明显腐蚀和腐蚀穿孔前及时发现。

经调查证实，厂方现场处理人员未经指挥部同意，为加快氯气处理的速度，在对三氯化氮富集爆炸的危险性认识不足的情况下，急于求成，判断失误，凭借以前操作处理经验，自行启动了事故氯处理装置，事故氯处理装置水封处的三氯化氮因与空气接触和振动而首先发生爆炸，爆炸形成的巨大能量通过管道传递到液氯储罐内，搅动和振动了液氯储罐中的三氯化氮，导致4#、5#、6#液氯储罐内的三氯化氮爆炸。

2）间接原因

压力容器设备管理混乱，设备技术档案资料不齐全，两台氯气分离器未见任何技术和法定检验报告，发生事故的氯冷凝器1996年3月投入使用后，一直到2001年1月才进行首检，没有进行耐压试验。近两年无维修、保养、检查记录，致使设备腐蚀现象未能在明显腐蚀和腐蚀穿孔前及时发现。同时，也存在对三氯化氮爆炸的机理和条件研究不成熟，相关安全技术规定不完善的因素。

3. 事故教训

（1）加强压力容器与压力管道的监测和管理，杜绝泄漏的产生。对在用的关键压力容器，应增加检查、监测频率，减少设备缺陷所造成的安全隐患。

（2）进一步研究国内氯碱企业关于三氯化氮的防治技术，减少原料盐和水源中的铵离子形成三氯化氮后在液氯生产过程中富集的风险。尽量采用新型制冷剂取代传统工艺，提高液氯生产的本质安全水平。

【复习思考题】

一、判断题

1. 介质为空气、设计压力为 2.0 MPa、容积为 50 m³ 的储存容器应划为 Ⅲ 类压力容器。（　　）

2. 常温下无保冷设施，盛装混合液化石油气的压力容器，应以 25 ℃作为设计温度。（　　）

3. 压力容器安全附件包括安全阀、爆破片、紧急切断装置、压力表、液面计、测温仪表、安全连锁装置等。（　　）

4. 安全阀的开启压力不得超过压力容器的设计压力，爆破片标定爆破压力可以超过压力容器的设计压力。（　　）

5. 压力容器分类时应考虑的因素有：容器最高工作压力、介质毒性程度、设计压力与容积

的乘积 pV、容器的结构形式、材料的强度级别等。（　　）

6. 压力容器使用时会出现内压增长迅速或其对密封要求很高,这时必须选用爆破片装置作为压力容器超压泄放装置。（　　）

二、问答题

1. 压力容器的含义是什么?

2. 从安全技术角度出发,压力容器是如何分类的?

3. 低压容器是不是全部为第一类压力容器? 为什么?

4. 压力容器安全附件必须符合哪几点要求?

5. 简述压力容器事故发生的主要原因。

6. 简述压力容器事故的预防措施。

第3节　气瓶安全

气瓶是生产、生活领域广泛使用的一种移动式压力容器,从机械制造、加工、维修使用的氧气、乙炔、氩气等工业用气瓶,到车用 CNG 气瓶和生活中使用的液化石油气瓶,从业人员多、安全隐患大,气瓶事故时有发生。例如:2015 年 10 月 21 日 13 时 35 分左右,山东省滨州市博兴县某氩气厂发生设备爆裂事故,造成 1 人死亡、2 人受伤。因此,在气瓶的充装、使用、储存、运输等各个环节,都必须严格按照气瓶安全监察规程操作,保证气瓶安全,减少事故伤害。见图4-3-1。

一、气瓶简介

(一)气瓶的定义

气瓶是指在正常环境下(-40 ~ 60 ℃)可重复充气使用,公称工作压力为 0 ~ 30 MPa(表压),公称容积为 0.4 ~ 1 000 L 的盛装永久气体、液化气体或溶解气体等的移动式压力容器。

图 4-3-1

气瓶也是压力容器,属储运类,对压力容器的安全要求,对气瓶也是适用的。但由于气瓶在使用方面的特殊性,气瓶除应符合压力容器的安全要求外,还有一些特别的注意事项。

(二)气瓶的分类

从不同的角度出发,气瓶的分类方法多种多样,常见的分类方法如下。

1. 按充装介质的性质

按充装介质的性质,气瓶分为永久气体钢瓶、液化气体钢瓶和溶解气体钢瓶三类。

(1)永久气体钢瓶。也称压缩气体钢瓶,其临界温度低于 -10 ℃,常温下呈气态,如氢、氧、氮、空气、氩气等。这类气瓶充装压力较高,常见的是 15 MPa、40 L、ϕ219 mm 的无缝钢瓶。

(2)液化气体钢瓶。以低温液态灌装。有些液化气体的临界温度较低,受环境温度的影响,入瓶后会全部汽化,被称为高压液化气体,具体是指临界温度大于或等于 -10 ℃且小于或等于 70 ℃的气体,种类较多,主要有二氧化碳、乙烷、乙烯等,常见的充气压力为 12.5 MPa。

也有些液化气体的临界温度较高,瓶内始终保持气液平衡状态,被称为低压液化气体,具体是指临界温度大于 70 ℃ 的气体,常见的有氯、氨、液压石油气、丙烯等,这类气体的充气压力都小于 10.0 MPa。见图 4-3-2。

图 4-3-2

图 4-3-3

(3)溶解气体钢瓶。专指用于盛装乙炔的气瓶。由于乙炔气体极不稳定,必须把它溶解在溶剂中,常见的溶剂是丙酮。气瓶内装满吸收溶剂的多孔性材料。一般分两次充装,间隔静置 8 小时以上。溶解乙炔气瓶的公称容积有 25 L、40 L、50 L、60 L 不等。见图 4-3-3。

2. 按制造方法

按制造方法,气瓶分为钢制无缝气瓶、钢制焊接气瓶和缠绕玻璃纤维气瓶三类。

(1)钢制无缝气瓶。以钢坯为原料经冲压拉伸制造,或以无缝钢管为材料经热旋压收口收底制造的钢瓶,用于盛装永久气体(压缩气体)和高压液化气体。

(2)钢制焊接气瓶。以钢板为原料,冲压卷焊制造的钢瓶,用于盛装低压液化气体。

(3)缠绕玻璃纤维气瓶。以玻璃纤维加黏结剂缠绕或碳纤维制造的气瓶,一般有一个铝制内筒,绝热性能好、重量轻,多用于盛装呼吸用压缩空气,供消防、毒区或缺氧区域作业人员随身背挎并配以面罩使用,一般容积为 1 ~ 10 L,充气压力多为 15 ~ 30 MPa。

3. 按工作压力

按工作压力,气瓶分为高压气瓶和低压气瓶两类。

(1)高压气瓶,公称工作压力范围为 8 ~ 30 MPa。

(2)低压气瓶,公称工作压力范围为 1 ~ 5 MPa。

(三)气瓶的颜色标志

为了从气瓶颜色上能迅速辨别出气体种类,避免在充装、运输、储存、使用和检验过程中因为混淆不清发生事故,国家明令规定气瓶要涂色,包括瓶色、字样、字色和色环,同时也起到保护气瓶、防止表面锈蚀、反射阳光等作用。具体规定见表 4-3-1。

表 4-3-1 气瓶颜色标志规定(摘自 GB 7144—1999《气瓶颜色标志》)

序号	充装气体名称		化学式	瓶色	字样	字色	色环
1	乙炔		CH≡CH	白	乙炔不可近火	大红	
2	氢		H_2	淡绿	氢	大红	$p=20$,淡黄色单环 $p=30$,淡黄色双环
3	氧		O_2	淡(酞)蓝	氧	黑	$p=20$,白色单环 $p=30$,白色双环
4	氮		N_2	黑	氮	淡黄	
5	空气			黑	空气	白	
6	二氧化碳		CO_2	铝白	液化二氧化碳	黑	$p=20$,黑色单环
7	一氧化碳		CO	银灰	一氧化碳	大红	
8	氨		NH_3	淡黄	液化氨	黑	
9	氯		Cl_2	深绿	液化氯	白	
10	甲烷		CH_4	棕	甲烷	白	$p=20$,淡黄色单环 $p=30$,淡黄色双环
11	天然气			棕	天然气	白	
12	乙烷		CH_3CH_3	棕	液化乙烷	白	$p=15$,淡黄色单环 $p=20$,淡黄色双环
13	丙烷		$CH_3CH_2CH_3$	棕	液化丙烷	白	
14	液化石油气	工业		棕	液化石油气	白	
		民用		银灰	液化石油气	大红	
15	乙烯		$CH_2=CH_2$	棕	液化乙烯	淡黄	$p=15$,白色单环 $p=20$,白色双环
16	丙烯		$CH_3CH=CH_2$	棕	液化丙烯	淡黄	
17	氩		Ar	银灰	氩	深绿	$p=20$,白色单环 $p=30$,白色双环

注:色环栏内的 p 是气瓶的公称工作压力,单位为 MPa。

【案例 4-3-1】 2002 年 3 月 30 日 19 时,吉林市松江气体经销处人员携带 10 个空瓶到东华制氧厂充装氧气,19 时 25 分当充装压力达到 9 MPa 时,其中一个气瓶突然发生爆炸,致使 1 人死亡、2 人轻伤。事故的主要原因是经销单位非法经营,将氢气瓶改装氧气,制氧厂检查人员未区分气瓶颜色造成错装,引起爆炸。

二、气瓶的安全附件

气瓶安全附件包括气瓶专用爆破片、易熔塞、瓶帽、防震圈等,充装时还有液位计、紧急切断阀和充装限位器等安全措施。

瓶阀控制气体出入,一般用黄铜或钢制造,从安全的角度也做了一定的考虑,如充装可燃气体的钢瓶的瓶阀,其出气口螺纹为左旋;盛装助燃气体的气瓶,其出气口螺纹为右旋,这种结构可有效地防止可燃气体与非可燃气体的错装。

（一）爆破片和易熔塞

爆破片和易熔塞都是气瓶的安全泄压装置，是为了防止气瓶在遇到火灾等高温时，瓶内气体受热膨胀而发生破裂爆炸。但是，毒性程度为极度或高度危害气体的气瓶上，禁止装配易熔塞、爆破片及其他泄压装置。

1）爆破片

爆破片装在瓶阀上，其爆破压力略高于瓶内气体的最高温升压力，多用于高压气瓶上。《气瓶安全技术监察规程》未对是否装设爆破片有明确的规定，因它有利有弊，有的国家不建议采用这种方法。

2）易熔塞

图 4-3-4

易熔塞多装于低压气瓶的瓶肩上，当周围环境温度高于气瓶的最高使用温度时，易熔塞熔化，气体排出，避免事故。见图 4-3-4。

（二）瓶帽

图 4-3-5

瓶帽的作用是保护瓶阀不受损坏，瓶帽有两种：一种是活动式，另一种是近几年才使用的固定式。瓶帽上开有排气孔，当气瓶漏气或爆破片破裂时，可防止瓶帽承受压力；且排气孔位置对称，避免气体由一侧排出时的反作用力使气瓶倾倒。见图 4-3-5。

（三）防震圈

防震圈是套装在筒身上，用于防止因碰撞而导致气瓶物理爆炸的弹性圈。每个气瓶上套两个，厚度一般不小于 25～30 mm，用橡胶或塑料制成，当气瓶受到撞击时，能吸收能量、减轻振动，并有保护瓶体标志和漆色不被磨损的作用。

三、气瓶事故的原因及预防

各类气瓶事故在气瓶充装、使用、储存、检验等过程中都有发生，常以泄漏、更多以爆炸形态呈现。

（一）气瓶充装

1. 充装事故的原因

1）气瓶充装过量

气瓶充装过量是气瓶破裂爆炸的常见原因之一。充装永久气体的气瓶，要按不同温度下的最高允许充装压力进行充装。充装液化气体的气瓶，必须严格按规定的充装系数充装，不得超量。

2）不同性质气体混装

气体混装是指在同一气瓶内灌装两种气体或液体，如果这两种介质在瓶内发生化学反应，将会造成气瓶爆炸事故，如用氢气瓶灌装氧气。

2. 充装事故的预防

1）充装前的检查

（1）气瓶是否由持有制造许可证的制造单位制造，气瓶是否是规定停用或需要复验的。

（2）气瓶改装是否符合规定。

（3）气瓶原始标志是否符合标准和规定，钢印字迹是否清晰可见。

（4）气瓶是否在规定的定期检验有效期限内。

（5）气瓶上标出的公称工作压力是否符合欲装气体规定的充装压力。

（6）气瓶的漆色、字样是否符合规定。

（7）气瓶附件是否齐全并符合技术要求。

（8）气瓶内有无剩余压力，剩余气体与欲装气体是否相符合。

（9）盛装氧气或强氧化性气体气瓶的瓶阀和瓶体是否沾染油脂。

（10）新投入使用或经定期检验、更换瓶阀或因故放尽气体后首次充气的气瓶，是否经过置换或真空处理。

（11）瓶体有无裂纹、严重腐蚀、明显变形、机械损伤以及其他能影响气瓶强度和安全使用的缺陷。

【**案例 4 – 3 – 2**】　2004 年 8 月 17 日 12 时 10 分，某公司一制氧站在氧气充装过程中一氧气瓶突然发生爆炸，造成制氧站充装车间整个厂房倒塌，生产被迫停止，未造成人员伤亡。事故的主要原因是气瓶使用留的余压太低，杂质进入气瓶所致。

2）充装后的检查

（1）瓶壁温度有无异常。

（2）瓶体有无出现鼓包、变形、泄漏或充装前检漏的缺陷。

（3）瓶阀及其与瓶口连接处的气密性是否良好，瓶帽和防震圈是否齐全完好。

（4）颜色标记和检验色标是否齐全并符合技术要求。

（5）取样分析瓶内气体纯度及其杂质含量是否在规定范围内。

（6）实测瓶内气体压力、重量是否在规定范围内。

（二）气瓶的储存、使用与检验

1. 储存安全

（1）气瓶的储存应有专人负责管理，管理人员、操作人员、消防人员应经安全技术培训，了解气瓶及所装气体的安全知识。

（2）空瓶、实瓶应分开（分室）储存。氧气瓶与液化石油气瓶不能同储一室；乙炔瓶与氧气瓶、氯气瓶不能同储一室。

（3）气瓶库（储存间）应采用二级以上防火建筑，与明火或其他建筑物应有符合规定的安全距离，易燃、易爆、有毒、腐蚀性气体气瓶库的安全距离不得小于 15 m。

（4）气瓶库应通风、干燥，防止雨（雪）淋、水浸，避免阳光直射，要有便于装卸、运输的设施；库内不得有暖气、水、煤气等管道通过，也不准有地下管道或暗沟，照明灯具及电器设备应选用防爆型。

（5）地下室或半地下室不能储存气瓶。

（6）气瓶库设明显的"禁止烟火""当心爆炸"等各类必要的安全标志。

（7）气瓶库应有运输和消防通道，设置消防栓和消防水池，在固定地点备有专用灭火器、灭火工具和防毒用具。

（8）储气的气瓶应戴瓶帽，最好是固定瓶帽。

（9）实瓶一般应立放储存。卧放时，需防止滚动，瓶头（有阀端）应朝向一方；垛放不得超过5层，并妥善固定。气瓶排放整齐、固定牢靠，之间要留有通道，有明显的数量、号位等标志。

（10）实瓶的储存数量应有限制，尽量减少储存量。

（11）容易起聚合反应的气体气瓶，必须规定储存期限。

（12）气瓶库账目清楚，数量准确，按时盘点，账物相符。

（13）建立并执行气瓶进出库制度。

2. 使用安全

（1）气瓶使用者应学习气体与气瓶的安全技术知识，在技术熟练人员的指导监督下进行操作练习，合格后才能独立使用。

（2）使用前应对气瓶进行检查，确认气瓶和瓶内气体质量完好方可使用。如发现气瓶颜色、钢印等辨别不清，检验超期，气瓶损伤（变形、划伤、腐蚀），气体质量与标准规定不符等现象，应拒绝使用并做妥善处理。

（3）按照规定，正确、可靠地连接调压器、回火防止器、输气橡胶软管、缓冲器、气化器等，检查、确认没有漏气现象。连接上述器具前，应微开瓶阀吹除瓶阀出口的灰尘、杂物。

（4）气瓶使用时，一般应立放，尤其是乙炔瓶严禁卧放使用；不得靠近热源；与明火距离、可燃与助燃气体气瓶之间距离，不得小于10 m。

（5）使用易起聚合反应的气体气瓶，应远离射线、电磁波、振动源。

（6）防止日光曝晒、雨淋、水浸。

图 4-3-6

（7）移动气瓶应手搬瓶肩转动瓶底，移动距离较远时可用轻便小车运送，严禁抛、滚、滑、翻和肩扛、脚踹。见图4-3-6。

（8）禁止敲击、碰撞气瓶，绝对禁止在气瓶上焊接、引弧，不准用气瓶做支架和铁砧。

（9）注意操作顺序。开启瓶阀应轻缓，操作者应站在阀出口的侧后方；关闭瓶阀应轻而严，不能用力过大，避免关得太紧、太死。

（10）瓶阀冻结时，不准用火烤。可把瓶移入室内或温度较高的地方，或用40 ℃以下的温水浇淋解冻。

（11）保持气瓶及附件清洁、干燥，禁止沾染油脂、腐蚀性介质、灰尘等。

（12）瓶内气体不得用光用尽，应留有剩余压力（余压）。压缩气体气瓶的剩余压力应不低于0.05 MPa，液化气体气瓶应留有0.5%～1.0%规定充装量的剩余气体。

（13）要保护瓶外油漆防护层，既可防止瓶体腐蚀，也可识别标记，防止误用和混装。瓶帽、防震圈、瓶阀等附件都要妥善维护、合理使用。

（14）气瓶使用完毕，送回瓶库或妥善保管。

【案例 4 - 3 - 3】 2007 年 8 月 22 日 7 时 50 分左右，山东省曹县城区发生一起氧气瓶爆炸事故，造成 3 人死亡，2 人受伤，直接经济损失约 60 万元。由于氧气瓶内混入了油分，油分挥发与氧气形成的油气混合物达到爆炸极限，在卸车过程中瓶体坠地撞击，诱发油气混合物爆炸是事故发生的主要原因。

3. 定期检验

气瓶的定期检验，应由取得检验资格的专门单位负责，未取得资格的单位和个人，不得从事气瓶的定期检验。

气瓶定期检验具体规定如下：

（1）盛装腐蚀性气体的气瓶，每两年检验一次；

（2）盛装一般气体的气瓶，每三年检验一次；

（3）盛装液化石油气的气瓶，使用未超过 20 年的，每五年检验一次，超过 20 年的，每两年检验一次；

（4）盛装惰性气体的气瓶，每五年检验一次。

气瓶在使用过程中，发现有严重腐蚀、损伤或对其安装可靠性有怀疑时，应提前进行检验。库存和使用时间超过一个检验周期的气瓶，启用前应进行检验。

气瓶检验单位对要检验的气瓶逐个进行检验，并按规定出具检验报告。未经检验和检验不合格的气瓶不得使用。

四、常见事故的应急处置

气瓶事故主要有泄漏、燃烧和爆炸，应根据气体泄漏部位、泄漏量、泄漏气体性质及其影响因素和范围，采取相应的应急措施。

（一）事故处置的一般原则

发生气瓶的任何事故，都应第一时间报警，同时采取积极有效的应急处置措施。

如果是盛装无毒、非可燃性气体的钢瓶发生泄漏，应将其移至室外。若气瓶难以移动，应将通向室外的门窗开启，室内人员撤出，直至瓶内气体泄尽。

若遇可燃性气体钢瓶泄漏，必须立即做好各项灭火准备，严格控制附近的火种和易产生火花的设备、设施。

一旦使用过程中发生瓶表、瓶阀等处漏气情况，要及时关闭阀门。若同时伴有着火事故，应迅速站在其侧后方用灭火器灭火，也可用灭火毯或湿布窒息灭火。若火情严重，应听从指挥，立即撤离，由专业人员处置。

（二）乙炔气瓶着火事故处置

（1）若火焰较小，应尽快用淋湿的宽松手套或厚布捂住火苗，使之熄灭。

（2）气瓶连接处着火，应迅速将瓶阀关闭，关阀时人不要站在易熔塞正面，不要将乙炔气瓶放倒。

（3）若是安全阀和主气阀起火，应用干粉灭火器或二氧化碳灭火器灭火。

（4）当乙炔气瓶着火，内部的压力增大，火焰可能一时难以扑灭，应用水喷淋气瓶，以防气瓶受热造成爆炸事故。

（5）若着火的乙炔气瓶是放置在通风不良的环境里，应立即采取防止火灾扩大的措施，而乙炔气瓶上的火，可以不扑灭，让其自行烧尽。因为扑灭后会有大量的乙炔气喷出，很容易引起爆炸事故或使人窒息。

（三）氢气气瓶爆炸事故处置

氢气气瓶着火后，由于受高温烘烤，内压增加，有可能发生爆炸事故。

爆炸的发生具有突发性，且破坏威力巨大，事故发生后，应及时向有关部门报告；引起继发火灾的要在采取相应措施的同时，立即进行119报警；有人员伤亡发生的，要迅速投入现场救护，并拨打120电话请求援助。

（1）进入应急救援程序，转移相关人员。

（2）现场抢救伤员，启动生命支持。

（3）做好警戒，维持通信和交通顺畅。

（4）疏散无关人员，制止围观行为。

（四）氧气气瓶泄漏事故处置

氧气气瓶发生泄漏时，无关人员应立即撤离至泄漏区的上风或空旷通风处，严格限制出入。应急处理人员应佩戴自给正压式呼吸器，穿一般作业工作服进行处置。尽可能切断泄漏源，隔离一切火源，避免与可燃物或易燃物接触。

现场人员要避免吸入高浓度氧气，若皮肤接触液氧，应立即将接触处浸入温水中，并及时就医处理。

【小知识】

气瓶的标记

打在气瓶肩部技术数据的钢印叫作气瓶标记，气瓶标记有两种：第一种是由气瓶制造厂打的原始（钢印）标记；第二种是由气体制造厂或专业检验单位在历次定期检验时打的检验（钢印）标记。

1.原始标记

由制造厂在气瓶肩部打出的钢印，包括制造许可证编号、充装介质、制造厂代号、气瓶编号、公称工作压力、水压试验压力、设计壁厚、实际重量、水容积、制造年月等。见图4-3-7。

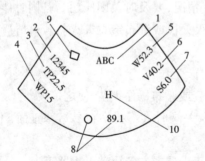

1—气瓶制造单位代号
2—气瓶编号
3—水压试验压力，MPa
4—公称工作压力，MPa
5—实际重量，kg
6—实际容积，L
7—瓶体设计壁厚，mm
8—制造单位检验标记和制造年月
9—监督检验标记
10—寒冷地区用气瓶标记

图4-3-7

2.检验标记

根据规定,检验合格的气瓶除出具检验报告外,还应在瓶体上做出检验标记,内容包括检验日期、下次检验日期和检验单位名称代号。见图4-3-8。

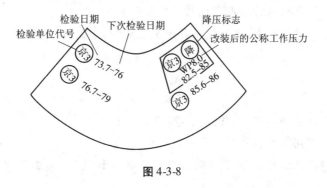

图 4-3-8

【案例分析】

氧气瓶充装爆炸事故

2003 年 1 月 16 日 13 时左右,江都市某工业气体充装站在氧气充装过程中发生一起氧气瓶爆炸事故,造成 1 死 1 伤。气浪把充装间的防火墙推倒,管线全部炸坏,屋面全部掀翻。

1.事故经过

2003 年 1 月 16 日 12 时许,一位氧气代充客户到江都市某工业气体充装站充装氧气,共有46 只氧气瓶。充装工将氧气瓶卸下后,先将 30 只氧气瓶分两组各 15 只进行充装。大约在 12时 50 分左右,其中一组充装结束,现场充装工关掉充装总阀,紧接着就开始卸充装夹具,当充装工卸下第 3 只气瓶夹具时,其中一只气瓶发生了爆炸,一名充装客户被当场炸死在充装台上,一名操作人员受伤。爆炸气瓶被炸成 3 块,其中一块从屋内飞到充装站围墙外的麦田里,距爆炸点 35 m 左右。

2.事故原因

1)直接原因

氧气瓶内混有其他可燃性物质(该可燃性物质为油脂类的倾向较大),该瓶内可燃性物质在充装过程中与氧气混合发生了化学性爆炸。

2)间接原因

安全管理制度执行得不够严格。根据气站有关气瓶充装管理制度规定,该充装站属于易燃易爆场所,非充装人员不允许进入气瓶充装站,而该站却允许充装客户进入气瓶充装场所。根据事故现场清理分析,右侧 3 只气瓶尚有气体,可能是死者参与了气瓶关阀操作,气站没有人发现,说明该站安全管理工作上还存在较多的薄弱环节。

气站没有严格执行气瓶充装前安全检查的规定。按照国家气瓶充装有关规定,气瓶在充装前应进行外观检查,充装过程中还应不断对瓶体温度进行逐个检查,目的是防止气瓶内混有其他可燃性物质,防止气瓶温度在充装中升高,这也是造成气瓶爆炸的重要原因之一。

3. 事故教训

气体充装前,除严格执行外检工作外,还需要进行取样分析和充装过程中的检查,这是防止气瓶爆炸的重要措施。

气站充装间必须严格执行闲人免进的安全管理制度。

加强职工的安全培训教育,不断增强其安全意识和自我保护意识。

【复习思考题】

一、判断题

1. 对压力容器的安全要求,对气瓶也是适用的。（　　）

2. 钢制无缝气瓶用于盛装低压液化气体。（　　）

3. 从气瓶的颜色上就可以迅速辨别出瓶内装有何种气体、属于哪种压力范围内的气瓶。
（　　）

4. 充装永久气体的气瓶,必须严格按规定的充装系数充装,不得超量,如发现超装时,应设法将超装量卸出。（　　）

5. 氧气瓶与液化石油气瓶不能同储一室;乙炔瓶与氧气瓶、氯气瓶不能同储一室。地下室或半地下室不能储存气瓶。（　　）

6. 气瓶使用时,一般应立放,乙炔瓶严禁卧放使用。（　　）

7. 开启瓶阀应轻缓,操作者应站在阀出口的前方。（　　）

8. 瓶内气体不得用光用尽,应留有剩余压力(余压),压缩气体气瓶的剩余压力应不低于0.01 MPa。（　　）

9. 气瓶的定期检验:盛装腐蚀性气体的气瓶,每两年检验一次;盛装一般气体的气瓶,每三年检验一次。（　　）

二、问答题

1. 简述液化气体气瓶的含义。

2. 说出二氧化碳气瓶的颜色标志。

3. 瓶阀除正常开启外,其安全作用是什么?

4. 气瓶充装前的检查项目有哪些?

5. 简述乙炔气瓶着火的应急处置方法。

第4节　压力管道安全

工矿商贸、热力管网、城镇燃气等行业几乎所有的设备之间都用管道接续,其中一部分因其输送的流体本身有较大的危险性,被称为压力管道。压力管道事故时有发生:2010年7月16日18时许,位于辽宁省大连市大连保税区的大连中石油国际储运有限公司原油罐区输油管道发生爆炸,原油大量泄漏并引起火灾,事故造成极大影响和重大损失。见图4-4-1。

一、压力管道简介

压力管道是管道中的一部分,是一种输送气体或者液体的管状设备,其范围规定为最高工作压力大于或者等于 0.1 MPa(表压),介质为气体、液化气体、蒸汽或者可燃、易爆、有毒、有腐蚀性、最高工作温度高于或者等于标准沸点的液体,且公称直径大于或者等于 50 mm 的管道,危险性较大。

图 4-4-1

(一)压力管道的组成

压力管道由管道组成件、管道支吊架(管道支承件)等组成,是管子、管件、法兰、螺栓连接、垫片、阀门、其他组成件或受压部件和支承件的装配总成,用以输送、分配、混合、分离、排放、计量或控制流体流动。多根管道连接成的一组管道称为"管道系统"或"管系"。

(1)管道组成件是用于连接或装配成管道的元件,包括管子、管件、法兰、垫片、紧固件、阀门以及管道特殊件如膨胀节等。

(2)管道支吊架是用于支承管道或约束管道位移的各种结构的总称,有固定支架、滑动支架、刚性吊架、导向架、限位架和弹簧支吊架等。见图 4-4-2。

图 4-4-2

不论其中的哪个部件或部件的哪个环节出现问题,都会导致事故发生。

【案例 4 - 4 - 1】　2005 年 4 月 14 日,安徽铜陵金港钢铁有限责任公司某车间调压站发生重大燃爆事故,正在现场检修作业的 8 名工作人员中,3 人当场死亡,4 人重伤,数月后这 4 名重伤伤员经医治无效全部死亡。其原因是调压管线上气动调节阀的阀芯有问题,更换时氧气泄漏,大量氧气喷出发生燃爆事故,燃烧热使钢管熔化并使反应更加激烈,造成整根管线被毁和人员伤亡。

(二)压力管道的分类

压力管道属特种设备范畴,其类别有长输(油气)管道、公用管道(燃气,热力)和工业管道(工艺、动力、制冷)。

图 4-4-3 是我国西气东输两线图,其干线自阿拉山口至南昌段长度为 4 046 km,管径为 1 219 mm,设计压力为 12.0 MPa;广州至南宁段支干线长度为 620 km,管径为 711 mm,设计压力为 10.0 MPa。穿越多个省区,安全问题十分重要。

工业管道是指工业企业所属的用于运输工艺介质的工艺管道、公用工程管道和其他辅助管道。工业管道主要集中在石化炼油、冶金、化工、电力等行业。

公用管道是指城镇范围内用于公用事业或民用的燃气管道和热力管道。

长输管道是指产地、储存库、使用单位之间的用于运输商品介质的管道,主要是原油管道、天然气管道、油田集输管道和成品油管道。

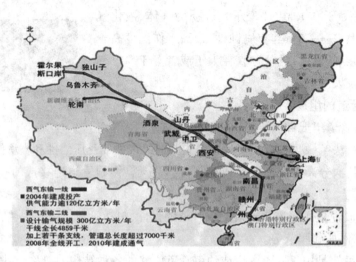

图 4-4-3

压力管道类别、级别规定如表 4-4-1 所示。

表 4-4-1　压力管道类别、级别规定

（摘自 TSGR 1001—2008《压力容器压力管道设计许可规则》附录 B）

管道名称	类别	级别	介质	相应条件		
				压力 p	温度 t	输送距离 l
长输管道	GA	GA1	（1）输送有毒、可燃、易爆气体介质的管道	$p_{工作} > 4.0$ MPa		
			（2）输送有毒、可燃、易爆液体介质的管道	$p_{工作} \geqslant 6.4$ MPa		$l \geqslant 200$ km
		GA2	GA1 级以外的长输（油气）管道			
公用管道	GB	GB1	城镇燃气管道			
		GB2	城镇热力管道			
工业管道	GC	GC1	（1）输送毒性程度为极度危害介质、高度危害气体介质、高度危害液体介质（$t_{工作} >$ 标准沸点）的管道			
			（2）输送甲、乙类可燃气体或甲类可燃液体（含液化烃）的管道	$p_{设计} \geqslant 4.0$ MPa		
			（3）输送流体介质的管道	$p_{设计} \geqslant 10.0$ MPa		
				$p_{设计} \geqslant 4.0$ MPa	$t_{设计} \geqslant 400$ ℃	
		GC2	除 GC3 级管道外，介质毒性危害程度、火灾危险性（可燃性）、$p_{设计}$、$t_{设计}$ 小于 GC1 级的管道			
		GC3	输送非可燃流体、无毒流体介质的管道	$p_{设计} \leqslant 1.0$ MPa	-20 ℃ $< t_{设计} < 185$ ℃	
动力管道	GD	GD1	输送蒸汽、汽水两相介质的管道	$p_{设计} \geqslant 6.3$ MPa	$t_{设计} \geqslant 400$ ℃	
		GD2	输送蒸汽、汽水两相介质的管道	$p_{设计} < 6.3$ MPa	$t_{设计} < 400$ ℃	

二、事故原因分析

压力管道在高温、高压等条件下运行,加之输送流体具有易燃、易爆、腐蚀等特性,在内部介质和周围环境的影响下,大气腐蚀、应力变化、材料疲劳等都可能造成管道泄漏、破裂等事故,引发火灾、爆炸、中毒、窒息等危害。

【**案例4－4－2**】 新华网尼日利亚拉各斯2006年5月12日电,当天凌晨在尼日利亚经济首都拉各斯郊外阿特拉斯－克里克岛发生一起输油管道爆炸事故,造成近200人死亡,死者大多被烧得面目全非。

(一)设计、制造、施工缺陷

材料选用不当或用材错误,焊接、组装或管道支承系统不合理等原始缺陷,会造成材料的低应力脆断,使压力管道系统失效,导致事故发生。

(二)不稳定操作

操作不当、违反操作规程使用,致使运行条件恶化,如超压、超温、腐蚀性介质超标、压力温度异常脉动等,对管道焊缝、法兰、弯头、阀门等几何结构不连续处影响颇大,可引起管道系统异常。

(三)腐蚀及其他因素

腐蚀是遭受内部介质及外部环境化学或电化学作用而发生的破坏,也包括机械等原因共同作用的结果。其破坏形态有全面腐蚀、局部腐蚀、应力腐蚀、腐蚀疲劳和氢损伤等。其中,应力腐蚀往往在没有先兆的情况下突然发生,危害性更大。

地震、大风、洪水、雷击等恶劣天气和其他机械损伤、人为破坏以及不合理的维修等,都有可能造成压力管道事故。

【**案例4－4－3**】 2007年7月18日晚,纽约曼哈顿一处地下蒸汽管道突然爆炸,造成1人死亡、30多人受伤,其中至少4人伤势严重。另据报道,死者是一名靠近爆炸地点的妇女,死因是心脏病。经多方调查证实,当时纽约市的连雨天气是导致这起事故的直接原因。雨水冲透蒸汽管道接口阀门,渗入管道后导致高温蒸汽遇冷爆炸。图4-4-4是事故现场图片。

图 4-4-4

三、事故预防

压力管道事故一旦发生,不但使经济遭受损失,更主要的是会威胁人们的生命财产和环境安全。因此,管道上除设有紧急切断阀、安全阀或爆破片等外,还应配备测漏装置、测温测压装置、静电接地装置、阻火器和泄漏气体安全报警装置等,做好压力管道事故预防工作。

（一）设计、制造、安装

（1）压力管道元件制造，应经特种设备安全监督管理部门许可。见图 4-4-5。

图 4-4-5

（2）压力管道设计和安装采用设计许可证制度，由国家质检总局批准、颁发，按批准的类别、级别、品种从事相应的压力管道设计或安装工作。

弯头、三通、异径管、法兰、法兰盖、丝堵或管帽以及阀门本体的螺栓、垫片和填料等均应符合流体介质和操作条件的要求。

【案例 4－4－4】 2013 年 8 月 31 日，上海翁牌冷藏实业有限公司发生液氨泄漏事故，造成 15 人死亡、25 人受伤。原因是厂房内液氨管路系统管帽脱落引起液氨泄漏。图 4-4-6 是事故现场中发现的疑似锈迹斑斑的泄漏管道管口和腐蚀严重的用于封闭管口的管帽图片（源自网络）。

图 4-4-6

（二）操作使用

（1）按规定办理压力管道使用登记，使用登记证有效期为 6 年。

（2）贯彻执行相关法律、法规、国家安全技术规范和现行标准，从事压力管道安全管理、操作和维修的人员应经安全技术培训和考核，并取得相应资格。

（3）明确压力管道安全管理内容并有效实施。

（4）建立压力管道技术档案。

（三）防腐蚀

防止压力管道腐蚀的两种方式是正确选材以及良好的内外涂层，强腐蚀性介质的管道可采用非金属耐蚀材料或复合材料，石油、化工行业局部也有采用缓蚀剂技术的。对于城市地下管线及地下长输管线，采用阴极保护技术较为普遍。

防护涂层操作简单、施工容易、适用范围宽、易维修、可重涂。

（1）内防腐。用一层薄的、耐蚀性强的材料为隔离层，保护耐蚀性较低、强度高且价格低廉的底层材料,如钢铁。生产中广泛使用的隔离层有橡胶、塑料、硅质和石墨以及不锈钢、镍、钛等金属衬里。

（2）外防腐。在大气、土壤等轻腐蚀环境中,采用有机或无机涂料作防护层,主要有沥青防腐蚀涂料、过氯乙烯树脂涂料以及环氧树脂涂料。

（四）绝热

为减少热量损失,外表面温度大于 50 ℃的管道以及为满足工艺、生产要求或改善劳动条件需要保温的设备和管道,需进行功能隔热,一般由绝热层、防潮层和保护层等构成,在隔热的同时,还能有效防止由于水蒸气迁移造成的管道外腐蚀。

对表面温度≥60 ℃,但工艺、生产不要求保温的管道,为防止人员烫伤,应在下列部位进行隔热处理:高出地面或工作平台 2.1 m 以内的管道,离操作平台 0.75 m 以内的管道,含管件、阀门的管道等。见图 4-4-7。

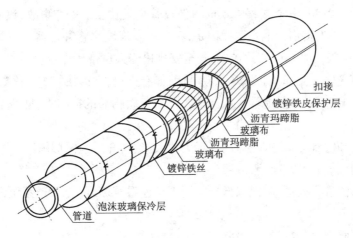

扣接
镀锌铁皮保护层
沥青玛蹄脂
玻璃布
沥青玛蹄脂
玻璃布
镀锌铁丝
管道
泡沫玻璃保冷层

图 4-4-7

（五）安全检验

在用工业管道定期检验分为在线检验和全面检验。

1. 在线检验

在线检验每年至少一次,一般以宏观检查和安全保护装置检验为主,必要时进行测厚检查和电阻值测量。重点检查以下部位:压缩机、泵的出口部位;补偿器、三通、弯头等部位;曾经出现过影响管道安全运行问题的部位;处于生产流程要害部位的管段以及与重要装置或设备相连接的管段。

2. 全面检验

全面检验是按一定的检验周期对在用工业管道停车期间进行较为全面的检验,检验周期视安全状况等级为 3～6 年不等,可根据实际情况适当延长或缩短检验周期。全面检验的内容是:外部宏观检查;材质检查;厚度的抽查测定;表面无损检测;金相和硬度检验抽查;安全保护装置检验;耐压强度校验和应力分析;压力试验。

（六）排气与排液

由于管道布置形成的高点或低点,应设置排气和排液口。但是有毒及易燃易爆液体管道的排放点不得接入下水道,应接入封闭系统。比空气重的气体的放空点应考虑对操作环境的影响及人身安全的防护。

四、事故应急处置

(一)超压、超温事故

(1)立即通知工艺运行、设备管理部门查明原因,消除隐患。

(2)超压和超温情况有可能会影响相关设备安全使用的,应持续降压、降温,直至停车。

(3)检查超压、超温所涉及的管道系统受压元件、相关设备系统、安全附件是否正常。

(4)详细记录超压、超温情况及处理情况。

(二)泄漏、爆炸事故

(1)操作人员按工艺规程操作相应阀门和控制系统,立即降压停车。

【案例4-4-5】 2004年10月16日20时40分,东莞市某产业区一纸业有限公司发生蒸汽管道(设计压力0.49 MPa,规格426 mm)波纹管金属膨胀节爆炸事故,致使2名维修人员死亡、2人重伤。造成人员伤亡的主要原因是,在事先发现波纹管补偿器泄漏这一可预见危险存在的情况下,相关人员未采取有效措施,甚至安排检修人员带压作业。

(2)如有人员受伤应立即拨打120急救电话;如有火情,立即拨打119火警电话。

(3)切断受影响电源,介质泄漏区域严禁明火和金属物品的撞击等,防止泄漏的易燃易爆介质燃爆。

(4)做好消防和防毒准备,同时撤离现场无关人员,对介质泄漏周围区域进行人员疏散。

(5)封闭泄漏现场,设置安全警戒线。

(6)对泄漏部位进行处理,将泄漏部分与周围相连系统断开,将管道系统内介质倒入备用容器或进行相关处理。

(7)查明泄漏原因,采取可靠的堵漏措施。

(8)注意泄漏物质对环境的影响,妥善处理或者排放,重大泄漏应及时向公众公布,必要时做好疏散工作。

【小知识】

工业管道的基本识别色、识别符号和安全标识

为便于工业管道的安全管理,正确识别管道内的物料种类,对于工业生产中非地下埋设的气体和液体的输送管道,国家标准对工业管道的基本识别色、识别符号和安全标识均做了相应的规定,具体情况见表4-4-2。

表 4-4-2 工业管道的基本识别色、识别符号和安全标识

（摘自 GB 7231—2003《工业管道的基本识别色、识别符号和安全标识》）

序号	介质名称	涂色	管道注字名称	注字颜色	序号	介质名称	涂色	管道注字名称	注字颜色
1	工业水	绿	上水	白	24	仪表用空气	深蓝	仪表空气	白
2	井水	绿	井水	白	25	氧气	天蓝	氧气	黑
3	生活水	绿	生活水	白	26	氢气	深绿	氢气	红
4	过滤水	绿	过滤水	白	27	氮（低压气）	黄	低压氮	黑
5	循环上水	绿	循环上水	白	28	氮（高压气）	黄	高压氮	黑
6	循环下水	绿	循环回水	白	29	仪表用氮	黄	仪表用氮	黑
7	软化水	绿	软化水	白	30	二氧化氮	黑	二氧化氮	黄
8	清净下水	绿	净化水	白	31	真空	白	真空	天蓝
9	热循环回水（上）	暗红	热水（上）	白	32	氨气	黄	氨	黑
10	热循环回水	暗红	热水（回）	白	33	液氨	黄	液氨	黑
11	消防水	绿	消防水	红	34	氨水	黄	氨水	绿
12	消防泡沫	红	消防泡沫	白	35	氯气	草绿	氯气	白
13	冷冻水（上）	淡绿	冷冻水	红	36	液氯	草绿	纯氯	白
14	冷冻回水	淡绿	冷冻回水	红	37	纯碱	粉红	纯碱	白
15	冷冻盐水（上）	淡绿	冷冻盐水（上）	红	38	烧碱	深蓝	烧碱	白
16	冷冻盐水（回）	淡绿	冷冻盐水（回）	红	39	盐酸	灰	盐酸	黄
17	低压蒸汽	红	低压蒸汽	白	40	硫酸	红	硫酸	白
18	中压蒸汽	红	中亚蒸汽	白	41	硝酸	管本色	硝酸	蓝
19	高压蒸汽	红	高压蒸汽	白	42	醋酸	管本色	醋酸	绿
20	过热蒸汽	暗红	过热蒸汽	白	43	煤气等可燃气体	紫	煤气（可燃气体）	白
21	蒸汽回水冷凝液	暗红	蒸汽冷凝液（回）	绿	44	可燃液体	银白	油类（可燃液体）	黑
22	废的蒸汽冷凝液	暗红	蒸汽冷凝液（废）	黑	45	物料管道	红	按管道介质注字	黄
23	空气（压缩空气）	深蓝	压缩空气	白					

注：①对于采暖装置一律涂刷银漆，不注字。

②通风管道（塑料管除外）一律涂灰色。

③对于不锈钢管、有色金属管、玻璃管、塑料管以及保温外用铅皮保护罩时，均不涂色。

④对于室外地沟的管道不涂色，但在阴井内接头处应按介质进行涂色。

⑤对于保温涂沥青的防腐管道，均不涂色。

【案例分析】

中石化东黄输油管道泄漏爆炸特别重大事故

2013 年 11 月 22 日 10 时 25 分,位于山东省青岛经济技术开发区的中国石油化工股份有限公司管道储运分公司东黄输油管道泄漏原油进入市政排水暗渠,在形成密闭空间的暗渠内油气积聚遇火花发生爆炸,造成 62 人死亡、136 人受伤,直接经济损失 75 172 万元。图 4-4-8 为事故图片(源自新华网)。

图 4-4-8

1. 事故经过

2013 年 11 月 22 日 2 时 12 分,调度中心通过数据采集与监视控制系统发现输油管道压力从 4.56 MPa 降至 4.52 MPa,确认无操作因素后,判断管道泄漏,输油管道紧急停泵停输,相关部门安排人员赴现场抢修,清理海上溢油,并对入海原油进行围控。

为处理泄漏的管道,打开暗渠盖板,动用挖掘机,采用液压破碎锤进行打孔破碎作业,2013 年 11 月 22 日 10 时 25 分,现场发生爆炸。

2. 事故原因

1)直接原因

输油管道与排水暗渠交汇处管道腐蚀减薄,管道破裂,原油泄漏,流入排水暗渠及反冲到路面。原油泄漏后,现场处置人员采用液压破碎锤在暗渠盖板上打孔破碎,产生撞击火花,引发暗渠内油气爆炸。

2)间接原因

企业安全生产主体责任不落实,隐患排查治理不彻底,现场应急处置措施不当;管道保护工作主管部门履行职责不力,安全隐患排查治理不深入。

3. 事故教训

(1)落实企业主体责任,深入开展隐患排查治理,保障油气管道安全运行。

(2)完善油气管道应急管理,全面提高应急处置水平。

【复习思考题】

一、填空题

1.管道组成件是用于连接或装配成管道的元件,包括管子、管件、_____、_____、紧固件、阀门以及管道特殊件如膨胀节等。

2.压力管道范围规定为最高工作压力大于或者等于_____（表压），介质为气体、液化气体、蒸汽或者可燃、易爆、有毒、有腐蚀性、最高工作温度高于或者等于标准沸点的液体，且公称直径大于或者等于_____的管道。

3.工业管道是指工业企业所属的用于运输工艺介质的_____、_____和其他_____。

4.公用管道是指城镇范围内用于公用事业或民用的_____和_____。

5.操作不当致使运行条件恶化，如_____、_____、_____、_____等，可引起管道系统异常。

6.腐蚀是遭受内部介质及外部环境_____或_____作用而发生的破坏。

7.表面温度_____不需保温的管道，应酌情进行_____隔热处理。

8.在线检验每年至少一次，一般以_____和_____为主，必要时进行_____和_____。

9.全面检验是按一定的检验周期对在用工业管道_____进行的较为全面的检验，检验周期视安全状况等级为_____不等。

二、判断题

1.压力管道可用以输送、分配、混合、分离、排放、计量或控制流体流动。（　　）

2.多根管道连接成的一组管道称为管道组成件。（　　）

3.管道支吊架用于支承管道或约束管道位移。（　　）

4.长输管道是指产地、储存库、使用单位之间的用于运输商品介质的管道。（　　）

5.压力管道元件制造，应经国家质检总局许可，方可从事相应的活动。（　　）

6.压力管道设计和安装采用设计许可证制度，设计许可证由特种设备安全监督管理部门批准、颁发。（　　）

7.压力管道应按规定办理压力管道使用登记，使用登记证有效期为 5 年。（　　）

8.由于管道布置形成的高点或低点，应设置排气和排液口。（　　）

第 5 节　起重机械安全

起重机械是现代经济建设中改善物料搬运条件，实现生产过程自动化、机械化，提高劳动生产率不可缺少的设备，广泛应用于港口、码头、工矿企业、仓库、物流园区和建筑施工等场所。近年来，起重事故频发，呈现出突发性、集中性、严重性，具有伤害涉及人员范围广的特点。据不完全统计，2014 年仅塔吊事故就造成 172 人伤亡，其中有 59 人直接死亡。见图 4-5-1。

图 4-5-1

一、起重机械概述

起重机械是指用于垂直升降或者垂直升降并水平移动重物的机电设备，其范围规定为额定起重量≥0.5 t 的升降机；额定起重量≥1 t 且提升高度≥2 m 的起重机和承重形式固定的电动葫芦等。

（一）起重机械的分类

起重机械按其构造类型可分为轻小起重设备、升降机和起重机。

1. 轻小起重设备

轻小起重设备一般只有一个升降机构，常见的有千斤顶、电动或手拉葫芦、绞车、滑车等。有的电动葫芦配有可以沿单轨运动的运行机构。见图4-5-2。

图 4-5-2

2. 升降机

常见的升降机有垂直升降机、电梯等。它虽然也只有一个升降机构，但由于配有完善的安全装置及其他附属装置，其复杂程度是轻小起重设备不能比拟的，故列为单独一类。见图4-5-3。

图 4-5-3

3. 起重机

起重机是指除了起升机构以外，还有其他运动机构的起重设备。根据水平运动形式的不同，起重机分为桥架起重机和臂架起重机两大类别。

（1）桥架起重机，其特点是以桥形结构为主要承载构件，取物装置悬挂在可以沿主梁运行的起重小车上，通过起升机构的升降运动以及小车运行机构和大车运行机构的水平运动，在矩形三维空间内完成物料搬运作业，在工矿企业应用较多。

桥架起重机按结构形式不同还可以分为桥式起重机、门式起重机等。见图4-5-4。

（2）臂架起重机，由行走、起升、变幅、旋转四大机构组成，其主要特点是通过臂架的移动、

图 4-5-4

货物在臂架上移动或起重机的移动完成货物的移动,工作活动空间为圆柱形,有门座起重机、塔式起重机、履带起重机、轮式起重机等。门座起重机和塔式起重机的位置是比较固定的,门座起重机一般用于大型港口和码头的货物装卸和搬运,而塔式起重机则广泛用于建筑和桥梁工程施工中。见图 4-5-5。

图 4-5-5

(二)起重机械的工作特点

起重作业是间歇式的循环作业,有起重载荷变化、需多人参与配合作业的特点,事故易发点多,后果严重。

(1)起重机械具有较大的形态和较复杂的机构,能完成一个起升运动,一个或几个水平运动,常常是几个不同方向的运动同时操作,技术难度较大。

(2)所吊运的重物多种多样,载荷变化多端。有的重、有的长、有的形状不规则,还有散粒、热融态、易燃易爆危险品等,吊运过程复杂而危险。

【案例 4 – 5 – 1】 2014 年 7 月 25 日 17 时许,某高新区科普路一处工地发生一起塔吊事故,一个被吊起的混凝土布料机突然坠落,此时正在作业的几名工人来不及躲闪,1 人当场被砸身亡。

(三)起重机的型号与性能参数

1. 性能参数

(1)起重量:起重机起吊重物的质量,一般用额定起重量表示。额定起重量是指起重机在正常使用情况下,安全作业所允许起吊货物的最大质量,单位为 kg 或 t。

(2)起升高度:起重机水平停车面至吊具允许最高位置的垂直距离。

（3）跨度：门桥式起重机大车运行轨道中心线之间的水平距离。

2. 型号表示

图 4-5-6

起重机械产品型号实施的是备案管理，不做强制要求。起重机的制造单位、使用单位、管理部门应尽可能按照相关标准规定，使用起重机型号（代号）。对一些变异的非标准产品的型号，也应参照相关标准及全国起重机械标准化技术委员会推荐的《起重机械产品型号编制方法》制定产品的型号（代号），这样便于识别和统一管理。

1）电动单梁起重机（见图 4-5-6）

用五个符号或字母表示：①②—③④⑤。

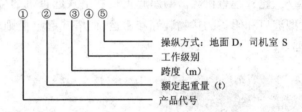

其中，①是电动单梁起重机的产品代号，有 LD、LDP、LDC 三种形式，详见表 4-5-1。

表 4-5-1　电动单梁起重机产品代号

（摘自 JB/T 1306—2008《电动单梁起重机》）

序号	代号	含义	备注
1	LD	电动葫芦小车在主梁下翼缘运行，电动葫芦布置在主梁下方的起重机	
2	LDP	电动葫芦安装在角型小车上的起重机	
3	LDC	电动葫芦小车在主梁下翼缘运行，电动葫芦布置在主梁侧面的起重机	

标记示例：

（1）额定起重量 5 t，跨度 16.5 m，工作级别 A5，司机室操纵的 LDP 起重机标记为起重机 LDP5 – 16.5A5S JB/T 1306—2008；

（2）额定起重量 10 t，跨度 13.5 m，工作级别 A5，地面操纵的 LDC 起重机标记为起重机 LDC10 – 13.5A5D JB/T 1306—2008。

图 4-5-7

2）通用桥式起重机（见图 4-5-7）

用五个符号或字母表示：①②—③④⑤。

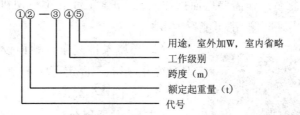

①②—③④⑤

用途,室外加W,室内省略
工作级别
跨度(m)
额定起重量(t)
代号

其中,①是通用桥式起重机的代号,详见表4-5-2。

表 4-5-2　桥式起重机形式种类代号

(摘自 GB/T 14405—2011《通用桥式起重机》)

序号	名称	小车	代号
1	吊钩桥式起重机	单小车	QD
2		双小车	QE
3	抓斗桥式起重机	单小车	QZ
4	电磁桥式起重机	单小车	QC
5	抓斗吊钩桥式起重机	单小车	QN
6	电磁吊钩桥式起重机	单小车	QA
7	抓斗电磁桥式起重机	单小车	QP
8	三用桥式起重机	单小车	QS

标记示例:

(1)起升机构具有主、副钩的起重量20/5 t,跨度19.5 m,工作级别A5,室内用吊钩桥式起重机,标记为起重机 QD20/5 – 19.5A5　GB/T 14405—2011;

(2)起重量10 t,跨度22.5 m,工作级别A6,室外用抓斗桥式起重机,标记为起重机 QZ10 – 22.5A6W　GB/T 14405—2011。

二、起重事故原因

起重事故是指在进行各种起重作业(包括吊运、安装、检修、试验)中发生的重物(包括吊具、吊重、吊臂)坠落、夹挤、物体打击、起重机倾翻、触电等事故。

(一)起重事故的特点

起重机的功能是将重物提升到空间进行装卸和吊运,起重机和起重作业方式本身就存在着诸多危险因素。

(1)势能高。被搬运起吊的物料个大体重,起重过程是重物在高空中的悬吊运动过程,势能高,危险性大。

(2)移动性。庞大金属结构的整体移动、多维运动以及各机构大量的可动零部件,使起重机的危险点多、分散,给安全防护带来困难。

(3)范围大。起重机的金属结构横跨作业场所,高居其他设备、设施和施工人群之上,带载运行,使危险的影响范围加大。

（4）群体作业。整个工作需要地面指挥人员、司索工和起重机司机等方面人员的紧密配合来完成，哪个环节出现问题，都可能发生事故。

图 4-5-8

（5）环境条件复杂。地面设备多，人员密集，吊物品种变化、形状不固定等因素，形成环境条件复杂、多变的特点。见图 4-5-8。

（二）事故原因分析

起重事故的主要原因：一是管理者或使用者违反操作规程作业；二是起重设备、吊具未按要求进行设计、制造、安装、维修、保养和检验，异常运行；三是作业区域环境条件的影响等其他风险因素。

1. 操作因素

（1）起吊方式不当、捆绑不牢造成的脱钩、起重物散落或摆动伤人。

（2）违反操作规程，如超载起重、人处于危险区工作等造成的人员伤亡和设备损坏，因司机不按规定使用限重器、限位器、制动器或不按规定归位、锚定造成的超载、过卷扬、出轨、倾翻等事故。

（3）指挥不当、动作不协调造成的碰撞等。

【案例 4 - 5 - 2】 2011 年 10 月 10 日，甘肃酒泉华锐风电科技有限公司施工现场发生一起履带式起重机倾倒事故，5 人当场被砸身亡，1 人受伤。事故的原因是现场安全管理不规范，起重机路基板倾斜度超标，导致吊臂倾斜，在起吊过程中产生侧向屈曲变形倒塌。

2. 设备因素

（1）吊具失效，如吊钩、抓斗、钢丝绳、网具等损坏而造成的重物坠落。

（2）起重设备的操纵系统失灵或安全装置失效而引起的事故，如制动装置失灵造成重物冲击和夹挤。

（3）构件强度不够导致的事故，如塔式起重机的倾倒，其原因是塔身的倾覆力矩超过其稳定力矩所致。

（4）电器损坏而造成的触电事故。

（5）因啃轨、超磨损、弯曲造成的桥式起重机出轨事故等。

3. 环境因素

（1）因雷电、阵风、龙卷风、台风、地震等强自然灾害造成的出轨、倒塌、倾翻等设备事故。

（2）因场地拥挤、杂乱造成的碰撞、挤压事故等。

（3）因亮度不够和遮挡视线造成的碰撞事故等。

（三）起重事故的主要表现

1. 挤伤事故

作业人员被挤压在两个物体之间造成的事故，是发生在起重机械作业中最常见的伤亡事故，大多是由于人为因素造成的，多发于吊装人员和检修、维护人员。如现场缺少安全监督指挥人员、现场吊装作业人员缺乏安全意识和自我保护意识、野蛮操作等。挤伤事故常发部位如下。

（1）吊具或吊载与地面物体间的挤伤事故。车间、仓库等室内场所，地面作业人员处于吊具、吊载与机器设备、墙壁、立柱等障碍物之间，若吊具、吊载剧烈摆动冲撞作业人员，容易发生挤伤事故。

（2）升降设备的挤伤事故。由于升降机械维修人员或操作人员不遵守操作规程，被挤压在吊笼与架体之间造成的挤伤事故。

（3）吊物摆放不稳发生倾倒的挤伤事故。易发于吊物放置方式不当或摆放不稳、现场管理混乱的场所。

【案例 4－5－3】 2006 年 9 月 24 日 15 点 50 分左右，莱钢集团淄博锚链有限公司制链车间，张某在对直径 78 mm、长 55 m 的锚链打捆时，行车工陈某在没有进行安全确认情况下违章起吊，张某反应不及，造成食指、中指被钢丝绳套挤掉。

2. 高处坠落事故

高处坠落事故是指人员从起重机体等高处发生向下坠落至地面的摔伤事故，也包括工具、零部件等从高空坠落使地面作业人员致伤事故，主要发生在对起重机械的安装、维修作业中。

（1）检修吊笼时意外坠落。

（2）检修作业人员高空跨越或其他因素致使坠落。

（3）维修工具、零部件坠落砸伤事故。

（4）检修作业没有采取必要的安全防护措施发生坠落。

3. 触电事故

电动起重机作业时处于带电状态，因此触电也是发生在起重机作业中常见的伤亡事故。

4. 吊物（具）坠落事故

吊载物、吊具等重物从高空坠落所造成的人身伤亡和设备损坏事故，是发生在起重机作业中最常见的伤亡事故，危险极大，后果非常严重。

（1）脱绳事故。重物从捆绑的吊装绳索中脱落溃散发生的伤亡毁坏事故。

（2）脱钩事故。重物吊装绳或专用吊具从吊钩口脱落而引起的重物失落事故。

（3）断绳事故。起升绳和吊装绳因破断造成的重物失落事故，也有吊物棱角割断钢丝绳而出现吊装绳破断事故。

（4）过卷扬事故。起升机构用来完成吊物的升降，由于违章操作或安全防护装置（如上升极限位置限制器）失灵，常使起升机构过卷扬，造成过卷扬事故。

【案例 4－5－4】 2002 年 3 月 18 日 9 时左右，山西运城某化机厂三车间，在起吊不锈钢板过程中，发生了一起钢板脱钩坠落事故，造成 1 人死亡。

三、起重事故预防

根据起重机械的用途、使用频率、载荷状态和工作环境，选择满足使用条件要求的相应品种（形式）的起重机。

起重作业涉及多方人员，如起重指挥、起重机司机、捆绑挂钩（司索）人员，还有设备管理、检修人员等，各方必须密切配合，才能协同完成设备从起吊到运行直至就位的整个作业活动。

（一）起重作业人员的要求

（1）起重作业人员属于特种作业人员，必须经国家认定的有资格的培训机构进行安全技术培训,考试合格并取得"特种作业人员操作证"后持证操作。

(2)严格遵守安全操作规程和企业有关的安全管理规章制度。

(3)作业人员应正确穿戴个人防护用品,如安全帽、工作服、工作鞋和手套,检查清理作业场地,确定搬运路线,清除障碍物。

(二)起重作业过程的要求

(1)严格检查起重吊装设备、钢丝绳、吊钩等各种机具,确保安全可靠。

(2)确认信号,统一指挥,指挥人员、司机等不得随意离开工作岗位。

(3)除停车检修外,禁止在桥式起重机的轨道上走人。

(4)被吊重物应捆缚、吊挂牢固、平稳,吊运时,应先稍离地面试吊,证实重物挂牢、机械性能良好后,再继续起吊。捆缚吊运带有锋利棱角的重物应当放垫,禁止斜拉歪吊,禁止吊拔埋在地下或凝结在地面、设备上的东西。

(5)起重机吊运重物时,一般应走吊运通道,禁止从人员上方越过,禁止在吊运的重物上站人,不许吊着重物在空中长时间停留。

(6)桅杆起重机、铁路起重机、汽车起重机等工作时,其悬臂所及的工作区域内禁止站人。电磁起重机应当划出工作区域,此区域内禁止有人。

【案例4-5-5】 2003年4月13日,山东某机械厂铸钢分厂维修工准备到造型跨进行桥式起重机大车车轮的维修工作,由于厂房内烟雾较大、噪声过响,被电炉跨的一台30 t桥式电动葫芦将其从12 m左右的梁上推下,致其高空坠落死亡。事故是由于30 t电动葫芦操作工违反正常操作程序,在未响铃、未确认安全的情况下盲目开车造成的。

四、起重事故应急措施

不论何种事故,故障发现人都应首先切断设备电源,进行现场先期处理。抢险人员必须穿绝缘靴、系挂安全带等,进一步抢险维修。

(一)起吊物坠落或严重溜钩

(1)如果起吊物发生坠落,先用倒链或垫块进行稳固,防止起吊物发生倾覆伤及周围设备及人员。

(2)如果起吊物未发生坠落,检查钢丝绳及制动器、卷筒、减速机等均无故障时,可使用倒链(起重量必须大于起吊物重量)将起吊物安全放到地面。

在放置过程中动作应缓慢,认真观察设备异常情况并疏散周围人员。起吊物放置在地面后做好稳固,防止发生倾覆。

(3)组织技术及安全人员迅速查明故障部位及原因,维修人员进行故障排除并做好维修记录,以作为今后修订处置方案的依据。

(4)故障排除后必须使用专用配重块进行试吊,合格后方可继续使用,严禁使用设备或起吊物进行试吊。

(二)电气控制系统失灵或保护拒动

(1)如果引发起吊物坠落,先用倒链或垫块稳固坠落的起吊物,防止发生倾覆伤及周围设备及人员。

(2)如果起吊物未坠落,可使用倒链(起重量必须大于起吊物重量)或用撬棍人工释放抱闸的方法,把起吊物安全放至地面。

(3)如果发生起升钩冲顶,可用撬棍人工释放抱闸的方法将起升钩与卷筒之间的挤压力量释放。

(4)组织技术及安全人员迅速查明故障部位及原因,查找故障过程中应拆解负荷端电缆头,防止起重机械误动引发事故,维修人员进行故障排除并做好维修记录,以作为今后修订处置方案的依据。

(5)故障排除后必须先进行空负荷试验(未接入负荷端线路),然后进行空载试验(接入负荷端线路),合格后方可继续使用运行。

(三)起重机械大车(小车)车轮脱轨

(1)在行车轮脱落端上方合适位置选择吊点,用倒链将端梁固定,在未脱落端行车轮前后加装夹轨器,防止发生起重机械坠落事故。

(2)若已经引发起吊物坠落,用倒链或垫块对起吊物进行稳固,防止发生倾覆伤及周围设备及人员。

(3)如果未引发起吊物坠落,可使用倒链(起重量必须大于起吊物重量)或用撬棍人工释放抱闸的方法把起吊物安全放至地面。

(4)组织技术及安全人员迅速查明故障部位及原因,维修人员进行故障排除时起重机两端必须用钢丝绳或倒链牵制,起重机械下方必须设置警戒线以防止发生起重机坠落事故,并做好维修记录,作为今后修订处置方案的依据。

(5)故障排除后必须先进行空载试验,合格后方可继续使用。

【小知识】

起重安全"十不吊"

(1)超载或被吊物重量不清不吊。

(2)指挥信号不明确不吊。

(3)捆绑、吊挂不牢或不平衡,可能引起滑动时不吊。

(4)被吊物上有人或浮置物时不吊。

(5)结构或零部件有影响安全工作的缺陷或损伤时不吊。

(6)遇有拉力不清的埋置物件时不吊。

(7)工作场地昏暗,无法看清场地、被吊物和指挥信号时不吊。

(8)被吊物棱角处与捆绑钢绳间未加衬垫时不吊。

(9)歪拉斜吊重物时不吊。

(10)容器内装的物品过满时不吊。

【案例分析】

沪东"7·17"龙门起重机倒塌特大事故

2001 年 7 月 17 日 8 时许,在沪东中华造船(集团)有限公司船坞工地,由上海电力建筑工程公司等单位承担安装的 600 t×170 m 龙门起重机在吊装主梁过程中发生倒塌事故,造成 36

人死亡、3人受伤,直接经济损失8 000多万元。图4-5-9为事故图片(源自网络)。

图4-5-9

1. 事故经过

2001年7月17日7时,施工人员通过陆侧(远离黄浦江一侧)和江侧(靠近黄浦江一侧)卷扬机先后调整起重机刚性腿的两对内、外两侧缆风绳,现场测量员通过经纬仪监测刚性腿顶部的基准靶标志,并通过对讲机指挥两侧卷扬机操作工进行放缆作业。放缆时,先放松陆侧内缆风绳,当刚性腿出现外偏时,通过调松陆侧外缆风绳减小外侧拉力进行修偏,直至恢复至原状态。通过10余次放松及调整后,陆侧内缆风绳处于完全松弛状态。此后,又使用相同方法和相近的次数,将江侧内缆风绳放松调整为完全松弛状态,约7时55分,当地面人员正要通知上面工作人员推移江侧内缆风绳时,测量员发现基准标志逐渐外移,并逸出经纬仪观察范围,同时还有现场人员也发现刚性腿不断地在向外侧倾斜,直到刚性腿倾覆,主梁被拉动横向平移并坠落,另一端的塔架也随之倾倒。

2. 事故原因

1)直接原因

刚性腿在缆风绳调整过程中受力失衡是事故的直接原因。在吊装主梁过程中,由于违规指挥、操作,在未采取任何安全保障措施情况下,放松了内侧缆风绳,致使刚性腿向外侧倾倒,并依次拉动主梁、塔架向同一侧倾坠、垮塌。

施工中违规指挥是事故的主要原因。现场指挥在发生主梁上小车碰到缆风绳需要更改施工方案时,未按程序编制修改书面作业指令和逐级报批,在未采取任何安全保障措施的情况下,下令放松刚性腿内侧的两根缆风绳,导致事故发生。

2)间接原因

吊装工程方案不完善、审批把关不严是事故的重要原因。对主梁提升到47.6 m时,主梁上小车碰到刚性腿内侧缆风绳这一可以预见的问题未予考虑。吊装工程方案和作业指导书在重要环节上失去了指导作用。

施工现场缺乏统一严格的管理,安全措施不落实是事故伤亡扩大的原因。施工现场甲、乙、丙三方立体交叉作业,但没有及时形成统一、有效的组织协调机构对现场进行严格管理。

安全措施不具体、不落实,没有针对吊装施工的具体情况由各方进行充分研究并提出的全面、系统的安全措施。施工各方均未制订相应程序及指定具体人员具体落实有关规定。

3. 事故教训

(1)工程施工必须坚持科学的态度,严格按照规章制度办事,坚决杜绝有章不循、违章指挥、凭经验办事和侥幸心理。进行起重吊装等危险性较大的工程施工时,应当明确禁止其他与吊装工程无关的交叉作业,无关人员不得进入现场,以确保施工安全。

(2)必须落实建设项目各方的安全责任,强化建设工程中外来施工队伍和劳动力管理,重视对外来施工队伍及临时用工的安全管理和培训教育,严格审批程序,坚持先培训后上岗的制度。特种作业人员持证上岗。

【复习思考题】

一、填空题

1. 起重机械的范围规定为额定起重量_____的升降机;额定起重量_____,且提升高度_____的起重机和承重形式固定的电动葫芦等。

2. 起重机械按其构造类型可分为_____、_____和_____。

3. 起重机根据水平运动形式的不同,分为_____和_____两大类别。

4. 起重机的起升高度是指起重机_____至_____的垂直距离。

5. 挤伤事故大多是由于人为因素造成的,多发于_____人员和_____人员。

6. 电动起重机作业时处于_____,因此_____也是发生在起重作业中常见的伤亡事故。

7. 选择起重机械应考虑的主要因素是_____,使用_____、_____和_____。

8. 起重作业人员属于_____,必须经国家认定的有资格的培训机构进行安全技术培训,考试合格并取得_____后持证操作。

二、问答题

1. 起重机的主要性能参数是什么?

2. 简述起重机械的工作特点。

3. 什么是起重机的额定起重量?

4. 起重事故的主要原因有哪些?

5. 简述起吊物坠落或严重溜钩时的应急措施。

6. 简述起重机电气控制系统失灵或保护拒动时的应急措施。

【延伸阅读】

特种设备作业人员证

摘自《特种设备作业人员监督管理办法》(2005 年 1 月 10 日国家质量监督检验检疫总局令第 70 号公布,根据 2011 年 5 月 3 日《国家质量监督检验检疫总局关于修改〈特种设备作业人员监督管理办法〉的决定》修订)。

锅炉、压力容器(含气瓶)、压力管道、电梯、起重机械、客运索道、大型游乐设施、场(厂)内专用机动车辆等特种设备的作业人员及其相关管理人员,统称特种设备作业人员。

1. 特种设备作业人员的从业条件

(1)年龄在 18 周岁以上。

(2)身体健康并满足申请从事的作业种类对身体的特殊要求。

(3)有与申请作业种类相适应的文化程度。

（4）具有相应的安全技术知识与技能。

（5）符合安全技术规范规定的其他要求。

2."特种设备作业人员证"的格式

"特种设备作业人员证"的格式、印制等事项由国家质检总局统一规定。各级质量技术监督部门应当对特种设备作业活动进行监督检查，查处违法作业行为。

3. 特种设备作业人员应当遵守的规定

（1）作业时随身携带证件，并自觉接受用人单位的安全管理和质量技术监督部门的监督检查。

（2）积极参加特种设备安全教育和安全技术培训。

（3）严格执行特种设备操作规程和有关安全规章制度。

（4）拒绝违章指挥。

（5）发现事故隐患或者不安全因素应当立即向现场管理人员和单位有关负责人报告。

4. 撤销"特种设备作业人员证"的情形

（1）持证作业人员以考试作弊或者以其他欺骗方式取得"特种设备作业人员证"的。

（2）持证作业人员违反特种设备的操作规程和有关的安全规章制度操作，情节严重的。

（3）持证作业人员在作业过程中发现事故隐患或者其他不安全因素未立即报告，情节严重的。

（4）考试机构或者发证部门工作人员滥用职权、玩忽职守、违反法定程序或者超越发证范围考核发证的。

5. 证书的有效性

"特种设备作业人员证"每4年复审一次。持证人员应当在复审期届满3个月前，向发证部门提出复审申请。对持证人员在4年内符合有关安全技术规范规定的不间断作业要求和安全、节能教育培训要求，且无违章操作或者管理等不良记录，未造成事故的，发证部门应当按照有关安全技术规范的规定予以复审合格，并在证书正本上加盖发证部门复审合格章。

复审不合格、逾期未复审的，其"特种设备作业人员证"予以注销。

第 5 章　防火与防爆

火灾爆炸事故是企业、工厂中最常见的事故,多是由操作不当、对生产过程及原材料性质不了解、电气事故等原因引起,不但会给个人和国家财产带来损失,还会对环境造成极大的破坏。

例如,2015 年 1 月 17 日 18 时 43 分,大连金州新区五一路桃园小区附近一液化气站突然发生爆炸,大连消防支队接警后立即调集 15 个消防中队(44 台消防车,217 名消防官兵)赶到现场救援,直到当日 21 时 5 分才将大火扑灭,事故造成 4 名操作人员烧伤。

了解和掌握防火防爆的基本知识和消防抑爆的安全措施,是避免火灾和爆炸事故的有效途径。

第 1 节　火灾与消防

由于火灾起因复杂多样,因此消防工作涉及面广、综合性强。

一、基本知识

火灾是指在时间或空间上失去控制的燃烧所造成的灾害。火灾发生的前提条件是物质燃烧起来,燃烧俗称"着火",是可燃物与氧或氧化性物质作用发生的一种发光、发热的氧化还原反应。

(一)燃烧三要素

燃烧必须同时具备三个条件:可燃物、助燃物、点火源。三者只有同时存在、相互作用,燃烧才有可能发生,缺少其中任何一个要素,燃烧都不能发生。

(二)火灾的分类

按可燃物的类型和燃烧特性,火灾分为 A、B、C、D、E、F 六类。

A 类火灾,指固体物质火灾。这种物质通常具有有机物性质,一般在燃烧时能产生灼热的余烬。如木材、棉、毛、纸张等火灾。

B 类火灾,指液体或可熔化的固体物质火灾。如汽油、煤油、沥青、石蜡等火灾。

C 类火灾,指气体火灾。如天然气、煤气、液化气等火灾。

D 类火灾,指金属火灾。如钾、钠、镁、铝镁合金等火灾。

E 类火灾,指带电火灾。如物体带电燃烧的火灾。

F 类火灾,指烹饪器具内的烹饪物(如动、植物油脂)火灾。

（三）灭火剂

能够有效地破坏燃烧条件，使燃烧终止的物质称为灭火剂。

1. 水

水是既经济又实惠、使用最广泛的灭火剂。但是水不能扑救下列物质和设备的火灾：①比水轻的石油、汽油、苯等能浮在水面的油类火灾；②遇水能发生燃烧或爆炸的化学危险品，如金属钾、镁、铝粉、电石等火灾；③熔化的铁水、钢水以及灼热的金属和矿渣等火灾；④高压电气设备火灾；⑤精密仪器设备和贵重文件档案火灾。

2. 化学泡沫

泡沫是扑救易燃和可燃体的最经济、最有效的灭火剂，但是泡沫内含有水分，不能扑救忌水物质和带电物体的火灾。

3. 干粉

干粉具有灭火速度快、毒性低、可以长期保存的特点，成本相对较低，是一种应用最广的灭火剂。用干粉灭火，不能起冷却的作用，在大面积火灾现场，容易发生"回燃"。有粉尘危险的场所不宜使用干粉灭火剂灭火，以防止把沉积的粉尘吹扬起来。另外，对精密仪器不能使用干粉灭火剂灭火。

4. 沙土

沙土是经济而常用的灭火材料，其灭火原理就是覆盖火焰，使燃烧物与空气隔绝，达到灭火效果。

5. 水蒸气

当燃烧区内充填水蒸气含量达到35%时，燃烧就会被遏止。其灭火原理是降低燃烧区氧气的含量，如果装有锅炉设备的场所着火，可排放大量水蒸气灭火。

二、消防措施

《中华人民共和国消防法》规定：任何单位和个人在发现火警的时候，都应当迅速、准确地报警，并积极参加扑救。起火单位必须及时组织力量，扑救火灾。临近单位应当积极支援，消防队接到报警后，必须速到火场、及时扑救。

（一）产生火灾的原因

火灾产生的原因大致表现为违反消防安全规定在禁火区动用明火，违规操作电气设备，自燃起火和雷击起火等。

（二）预防火灾的基本措施

火灾的预防就是要消除产生燃烧的条件，阻止燃烧发生，从而达到防火的目的。预防火灾的基本措施如下。

1. 控制可燃物

具体方法有：控制可燃物品的储存量；以难燃或不燃材料代替易燃或可燃材料；用防火涂料浸涂可燃材料，提高其耐火极限；保持可燃物处于良好的通风状态等，从而降低可燃气体、蒸气和粉尘的浓度，使它们的浓度控制在爆炸下限以下。

2. 隔绝助燃物

隔绝助燃物就是破坏燃烧的助燃条件，具体措施有：将易燃、易爆物的生产置于密闭的设备中进行；对容易自燃的物品进行隔绝空气存放；变压器充惰性气体进行防火保护；关闭防火门、窗，切断空气对流；用沙、土覆盖可燃物。

3. 消除着火源

消除着火源就是破坏燃烧的热能源，具体措施有：安装防雷、防爆装置；采取控温、遮阳等措施；在建筑物之间构筑防火墙，在同一大厦不同楼层之间及同一楼层的不同区域安装防火卷帘等。

（三）灭火的方法

灭火的基本方法有以下四种：冷却灭火法——降低燃烧物质的温度；窒息灭火法——减少空气中氧的含量；隔离灭火法——隔离与火源相近的可燃物质；抑制灭火法——消除燃烧过程中的游离基。

1. 冷却灭火法

冷却灭火法是根据可燃物质发生燃烧时必须达到一定温度这个条件，将灭火剂直接喷洒在燃烧的物体上，使可燃物的温度降低到燃点以下，从而使燃烧停止。

在火场上，除了用冷却的方法直接扑灭火灾外，还经常用水冷却尚未燃烧的可燃物和建筑物、构筑物，以防止可燃物燃烧或建筑物、构筑物变形损坏，防止火势扩大。

2. 窒息灭火法

窒息灭火法是根据可燃物需要足够的助燃物质（如氧气）这一条件，采取阻止助燃气体（如空气）进入燃烧区的措施；或用惰性气体降低燃烧区的氧气含量，使燃烧物因缺乏助燃物而熄灭。采用窒息法灭火时应当注意，只有当燃烧区内无氧化剂存在，且燃烧部位较小容易堵塞封闭时才能使用此法。在用惰性气体灭火时，一定要保证通入燃烧区内的惰性气体量充足以迅速降低空气中的氧含量。

在火场上运用窒息法扑灭火灾时，可以使用石棉布、湿棉被、湿帆布等不燃或难燃材料覆盖燃烧物或封闭孔洞；用水蒸气、二氧化碳、氮气等惰性气体充入燃烧区内；利用建筑物上原有的门、窗以及生产设备上的部件，封闭燃烧区，阻止新鲜空气进入。此外，在无法采用其他扑救办法而条件又允许的情况下（如燃烧物质不是遇水燃烧物），可以采用用水淹没的方法进行扑救。在扑救初期火灾时，未做好灭火准备前一般暂不打开起火建筑的门窗，以阻止新鲜空气进入室内，使用泡沫淹没的方法扑救。见图 5-1-1。

图 5-1-1

3. 隔离灭火法

隔离灭火法是根据发生燃烧必须具备可燃物这一条件,将燃烧物与附近的可燃物隔离或疏散开,使燃烧停止。这种方法适用于扑救各种固体、液体和气体火灾。

采用隔离灭火法的具体措施很多,例如将火源附近的可燃物和助燃物移出燃烧区;关闭阀门,阻止可燃物(气体或液体)流入燃烧区;排除生产设备及容器内可燃物;阻拦流散的易燃、可燃液体或扩散的可燃气体;排除与火源相连的易燃建筑物;造成阻止火焰蔓延的空间地带。

4. 抑制灭火法

抑制灭火法就是将化学灭火剂喷入燃烧区,参与燃烧的连锁反应,并使燃烧过程中产生的自由基消失,形成稳定的分子或低活性的游离基,从而使连锁反应中断。要起到抑制燃烧反应的目的,一定要将足够的灭火剂准确地喷在燃烧区内,阻断燃烧反应;同时还要采取必要的冷却降温措施,以防复燃。

(四)火灾的扑救措施

救人、灭火同步进行。灭火主力用于直接灭火,同时以小部分力量在可能蔓延的地方设防;当火势已经扩大,应以主力用于堵截火势或可能造成更大灾害的方面。见图5-1-2。

图 5-1-2

(1)喷射水流。应把水流喷射到火焰根部,即把水流喷射到燃烧物体上,不要喷射到火焰上;在看不见火焰的情况下,不要盲目射水,要根据火场燃烧的情况及时变换射流。

(2)喷射泡沫。使用泡沫扑灭液体火灾,泡沫不宜直接喷射到火焰上面,而要从近处开始,左右两侧同时喷射,逐步向火场深处推进。

(3)喷射干粉等。灭火器应对准火焰的根部平行喷射,如果燃烧区火焰的面积较大,可将灭火器停在距火源5 m距离的上风或侧上风的位置,操纵灭火器向左右两侧稍微平行摆动,使灭火剂完全覆盖燃烧区;向有遮蔽物质的燃烧物体喷射灭火剂时应居高临下,否则不易扑灭。

三、火灾的应急处置

(一)扑救压缩或液化气体火灾

压缩或液化气体总是被储存在不同的容器内,或通过管道输送。其中,储存在较小钢瓶内的气体压力较高,受热或受火焰熏烤容易发生爆裂。气体泄漏后遇着火源已形成稳定燃烧时,其发生爆炸或再次爆炸的危险性与可燃气体泄漏未燃时相比要小得多。

遇压缩或液化气体火灾事故一般采取以下基本对策。

（1）扑救气体事故切忌盲目扑灭火势，即使在扑救范围之内的火势以及冷却过程中不小心把泄漏处的火焰扑灭了了，在没有采取堵漏措施的情况下，也必须立即用长点火棒将火点燃，使其恢复稳定燃烧。否则，大量可燃气体泄漏出来与空气混合，遇着火源就会发生爆炸，后果将不堪设想。

（2）首先应扑灭外围被火源引燃的可燃物火势，切断火势蔓延途径，控制燃烧范围，并积极抢救受伤和被困人员。

（3）如果火势中有压力容器受到火焰辐射威胁，能疏散的尽量在水枪的掩护下疏散到安全地带，不能疏散的应部署足够的水枪进行保护。为防止容器爆裂伤人，进行冷却的人员应尽量采用低姿射水或利用现场坚实的掩蔽体保护。对卧式储罐，冷却人员应选择储罐四侧角作为射水阵地。

（4）如果是输气管道泄漏着火，应设法找到气源阀门，阀门关闭好以后，只要关闭气体的进出阀门，火势就会自动熄灭。

（5）储罐或管道泄漏关阀无效时，应根据火势判断气体压力和泄漏口的大小及形状，准备相应的堵漏材料（如软木塞、橡皮塞、气囊塞、黏合剂、弯道工具等）。

（6）堵漏工作准备就绪后，即可用水扑救火势，也可用干粉、二氧化碳、卤代烷灭火，但仍需用水冷却烧烫的罐或罐壁。火扑灭后，应立即用堵漏材料堵漏，同时用雾状水稀释和驱散出来的气体。

（7）一般情况下，完成了堵漏也就完成了灭火工作，但有时一次堵漏不一定成功，如果一次堵漏失败，再次堵漏需一定时间，应立即用长点火棒将泄漏处点燃，使其恢复稳定燃烧，以防止较长时间泄漏出来的大量可燃气体与空气混合后形成爆炸性混合物，从而潜伏发生爆炸的危险，并准备再次灭火堵漏。

（8）如果确认泄漏口非常大，根本无法堵漏，只需冷却着火容器及其周围容器和可燃物品，控制着火范围，直到燃气燃尽，火势自动熄灭。

（9）现场指挥应密切注意各种危险征兆，遇有火势熄灭后较长时间未能恢复稳定燃烧或受辐射的容器安全阀火焰变亮耀眼、尖叫、晃动等爆裂征兆时，指挥员必须适时做出准确判断，及时下达撤退命令。现场人员看到或听到事先规定的撤退信号后，应迅速撤退至安全地带。

（10）气体储罐或管道阀门处泄漏着火时，在特殊情况下，只要判断阀门的有效，也可违反常规，先扑灭火势，再关闭阀门。一旦发现关闭阀门无效，一时又无法堵漏时，应迅速点燃泄漏处，恢复稳定燃烧。

（二）扑救易燃液体火灾

易燃液体通常也是储藏在容器内部或用管道输送的。与气体不同的是，液体容器有的密闭，有的敞开，一般都是常压，只有反应锅（炉、釜）及输送管道内的液体压力较高，液体不管是否着火，如果发生泄漏或溢出，都将顺着地面（或水面）漂散流淌，而且易燃液体还有密度和水溶性等涉及能否用水和普通泡沫扑救的问题以及能否扑救危险性很大的沸溢和喷溅问题，因此扑救易燃液体事故往往也是一场艰难的战斗。遇易燃液体事故，一般应采取以下基本对策。

（1）切断火势蔓延的途径，冷却和疏散受火势威胁的压力及密闭容器和可燃物，控制燃烧范围,并积极抢救受伤和被困人员。如有液体流淌时,应筑堤(或用围油栏)拦截漂散流淌的易燃液体或挖沟导流。

(2)及时了解和掌握着火液体的品名、比重、水溶性以及有无毒害、腐蚀、沸溢、喷溅等危险性,以便采取相应的灭火和防护措施。

(3)对较大的储罐或流淌事故,应准确判断着火面积。

小面积(一般 50 m^2 以内)液体事故,一般可用雾状水扑灭。用泡沫、干粉、二氧化碳等灭火更有效。大面积液体事故则必须根据其相对密度(比重)、水溶性和燃烧面积大小,选择正确的灭火剂扑救。

比水轻又不溶于水的液体(如汽油、苯等),用直流水、雾状水灭火往往无效,可用普通蛋白泡沫或轻水泡沫扑灭。用干粉、卤代烷扑救时灭火效果要视燃烧面积和燃烧条件而定,最好用水冷却罐壁。

具有水溶性的液体(如醇类、酮类等),虽然从理论上讲能用水稀释扑救,但用此法要使液体闪点消失,水必须在溶液中占有很大比例,这不仅需要大量的水,也容易使液体溢出流淌,而普通泡沫又会受到水溶性液体的破坏(如果普通泡沫强度加大,可以减弱火势)。因此,最好用抗溶性泡沫扑救。用干粉或卤代烷扑救时,灭火效果要视燃烧面积和燃烧条件确定,也需用水冷却罐壁。

(4)扑救毒害性、腐蚀性或燃烧产物毒害性较强的易燃液体事故以及扑救热源必须佩戴防护面具,采取防护措施。

(5)扑救原油和重油等具有沸溢和喷溅危险的液体事故。如有条件,可采用搅拌等防止发生沸溢和喷溅的措施,在灭火的同时必须注意计算可能发生沸溢、喷溅的时间和观察是否有沸溢、喷溅的征兆。指挥人员发现危险征兆时应迅速做出准确判断,及时下达撤退命令,避免造成人员伤亡和装备损失。扑救人员看到或听到统一撤退信号后,应立即撤退至安全地带。

(6)遇易燃液体管道或储罐泄漏着火,在把火势限制在一定范围内的同时,对输送管道应设法找到并关闭进、出阀门。例如:先用泡沫、干粉、二氧化碳或雾状水等扑灭地上的流淌火焰,为堵漏扫清障碍;其次再扑灭泄漏口上方火焰,并迅速采取堵漏措施。与气体堵漏不同的是,液体一次堵漏失败可连续堵几次,只要用泡沫覆盖地面并堵住液体流淌和控制好周围的火源,不必点燃泄漏口的液体。

(三)扑救遇湿易燃物品火灾

遇湿易燃物能和水发生化学反应,产生可燃气体和热量,有时即使没有明火也能自动着火或爆炸,如金属钾、钠以及三乙基铝(液态)等。因此,这类物品有一定数量时,绝对禁止用水、泡沫、酸碱灭火器等湿性灭火剂扑救。这类物品的这一特殊性给其事故的扑救带来了很大的困难。

通常情况下,遇湿易燃物品由于发生事故时的灭火措施特殊,在储运时要求分库或隔离分堆单独储存,但在实际操作中有时往往很难做到,尤其是在生产和运输过程中更是难以做到,如铝制品厂往往遍地堆有铝粉。对包装坚固、封口严密、数量又少的遇湿易燃物品,在储存规定上允许同室分堆或同柜分格储存。这就给其事故扑救工作带来了更大的困难,灭火人员在扑救中应谨慎处置。对遇湿易燃物品事故一般采取以下基本对策。

（1）应了解清楚遇湿易燃物品的品名、数量、是否与其他物品混存、燃烧范围、火势蔓延途径等。

（2）如果只有极少量（一般 50 g 以内）遇湿易燃物品，则不管是否与其他物品混存，仍可用大量的水或泡沫扑救。水或泡沫刚接触着火点时，短时间内可能会使火势增大，但少量遇湿易燃物品燃尽后，火势很快就会减小或熄灭。

（3）如果遇湿易燃物品量较多，且未与其他物品混存，则绝对禁止用水或泡沫、酸碱等湿性灭火剂扑救。遇湿易燃物品应用干粉、二氧化碳扑救。固体遇湿易燃物品应用水泥、干砂等覆盖。

（4）如果有较多的遇湿易燃物品与其他物品混存，则应先查明是哪类物品着火以及遇湿易燃物品的包装是否损坏，可先用开关水枪向着火点吊射少量的水进行试探，如未见火势明显增大，证明遇湿易燃物品尚未着火，包装也未损坏，应立即用大量水或泡沫扑救，扑灭火势后立即组织力量将淋过水或仍在潮湿区域的遇湿易燃物品疏散到安全地带分散开来。如射水试探后火势明显增大，则证明遇湿易燃物品已经着火或包装已经损坏，应禁止用水、泡沫、酸碱灭火器扑救。若是液体应用干粉等灭火剂扑救；若是固体应用水泥、干砂等覆盖；如遇钾、钠、铝轻金属发生事故，最好用石墨粉、氯化钠以及专用的轻金属灭火剂扑救。

（5）如果其他物品事故威胁到相邻的较多遇湿易燃物品，应先用油布或塑料膜等其他防水布将遇湿易燃物品遮盖好，然后再在上面盖上棉被并淋水。如果遇湿易燃物品堆放地势不太高，可在其周围用土筑一道防水堤。在用水或泡沫扑救事故时，对相邻的遇湿易燃物品应留有一定的力量监护。

由于遇湿易燃物品性能特殊，又不能用常用的水和泡沫灭火剂扑救，从事这类物品生产、经营、储存、运输、使用的人员平时应经常了解和熟悉其品名和主要危险特性。

【小知识】

灭火器的使用

正确使用灭火器的五字口诀："拔、握、瞄、压、扫"。

"拔"，即拔掉插销；

"握"，即迅速握住瓶把及橡胶软管；

"瞄"，即瞄准火焰根部；

"压"，即用力压下手把；

"扫"，即扫灭火焰部位。

整个灭火过程为：用手握住灭火器的提把，平稳快捷地提往火场，在距离燃烧物 5 m 左右地方，拔出保险销，一手握住开启压把，另一手握住喷射喇叭筒，喷嘴对准火源。喷射时应采取由近而远、由外而里的方法。另外要注意以下几点：

（1）灭火时，人应站在上风处；

（2）不要将灭火器的盖与底对着人体，防止盖、底弹出伤人；

（3）不要与水同时喷射在一起，以免影响灭火效果；

（4）扑灭电器火灾时，应先切断电源，防止人员触电；

（5）持喷筒的手应握在胶质喷管处，防止冻伤。

【案例分析】

乱扔烟头引发火灾事故

1.事故经过

2009年1月12日16时左右，某厂机修车间润滑班当班工人，在临下班前随手将未熄灭的烟头扔到地上，17时多，当电工王某最后锁门路过润滑班休息室窗前时，发现浓烟夹带着烈火在室内猛烈地燃烧着。大火扑灭后，休息室内所有物品全部化为灰烬。

2.事故原因

（1）经现场勘察认定，这起火灾是由于机修车间润滑班利用空闲的厂仪表室改作休息室，原仪表室内为木质地板，墙壁贴有壁纸，天棚用聚乙烯天花板吊顶。润滑班进入后，当班员工防火意识淡薄，用后的油棉纱等废物及吸过的烟头随地乱扔，下班前也不进行防火检查。

（2）企业对职工安全防火知识宣传教育不够，职工防火意识差。

3.事故教训

（1）增强企业安全管理，用后的棉纱等废弃可燃杂物要及时清除，不能随处乱扔。

（2）加强职工的防火意识，工作时禁止吸烟。

【复习思考题】

一、填空题

1.燃烧必须同时具备三个条件，即_____、_____、_____。三者只有同时存在，_____，燃烧才有可能发生，缺少其中任何一个要素，燃烧都不能发生。

2.火灾扑救中，对于固体遇湿易燃物品应用_____、_____、_____、硅藻土和_____等覆盖。_____是扑救固体遇湿易燃物品事故比较容易得到的灭火剂。对遇湿易燃物品中的粉尘如镁粉、铝粉等，切忌喷射_____的灭火剂，以防止将粉尘吹扬起来，与空气形成_____而导致爆炸发生。

3._____、_____、_____、_____四种形式是按照气相燃烧根据可燃物质的聚集状态不同来分类的。

二、问答题

1.遇压缩或液化气体事故一般采取何种基本对策扑救火灾？

2.常用的灭火剂有哪些？各自对应的扑救对象是哪些？

3.灭火的方法有哪些？原理是什么？

第 2 节 防爆与抑爆

爆炸具有破坏力并产生爆炸声和冲击波。这种由于压力急剧上升而对周围物体产生的破坏作用,会造成大量人员伤亡和极大的社会影响。本节将详细讲述爆炸产生的基本知识以及防爆和抑爆的应对措施与应急处置。见图 5-2-1。

图 5-2-1

一、爆炸的基本知识

爆炸发生破坏作用的根本原因是构成爆炸的体系内存有高压气体或在爆炸瞬间生成高温高压气体。爆炸体系和它周围的介质之间发生急剧的压力突变是爆炸的最重要特征,这种压力差的急剧变化是产生爆炸破坏作用的直接原因。

(一)爆炸的分类

1. 按爆炸过程分类

(1)核爆炸:由于原子核裂变或聚变反应,释放出核能所形成的爆炸,如原子弹、氢弹、中子弹的爆炸。见图 5-2-2。

(2)物理爆炸:由于液体变成蒸汽或者气体迅速膨胀,压力急剧增加,并大大超过了容器的极限压力而发生的爆炸,如蒸汽锅炉、液化气瓶等的爆炸。这种爆炸能直接或间接地造成火灾。

图 5-2-2

【案例 5 - 2 - 1】 2001 年 2 月 6 日 11 时 50 分,酒泉钢铁(集团)有限责任公司供气厂制氧一车间球罐阀门室突然发生爆炸燃烧。事故造成 3 人当场死亡。

(3)化学爆炸:因物质本身化学反应产生大量气体和高温而发生的爆炸,如可燃气体、蒸汽、粉尘与空气形成的混合物的爆炸。爆炸产生大量的热能和气态物质,形成很高的温度,产生很大的压力,并产生巨大的声响。这种爆炸能直接造成火灾,因此具有很大的火灾危险性。

【案例 5 - 2 - 2】 2001 年 11 月 2 日凌晨,某修建公司对钢厂连铸机大包回转台更换叉臂轴承的检查工作已经完成。机装队负责叉臂的吊装恢复作业,前半夜进行螺丝紧固和钢结构内部清理,夜餐后准备开始吊装。吊装前,钳工杨某、焦某再次从人孔进入叉臂钢结构内部进行最后一次清理检查工作。在使用胶皮管将高压氧气通入半封闭的钢结构内部进行吹扫时,钢结构突然发生燃爆,瞬间高温烈火将杨、焦二人严重烧伤,经抢救无效死亡。

2. 按爆炸相态分类

（1）气相爆炸：包括可燃气体混合物的爆炸，单一气体的热分解爆炸，压缩气体压力超高引起的过压爆炸，液体被喷成雾状剧烈燃烧引起的雾滴爆炸，飞扬、悬浮于空气中的可燃粉尘引起的粉尘爆炸等。

【案例 5 - 2 - 3】 2001 年 2 月 27 日 16 时 45 分，江苏省盐城市某化肥厂合成车间管道突然破裂，随即氢气大量泄漏。厂领导立即命令操作工关闭主阀、附阀，全厂紧急停车。大约 5 分钟后，正当大家在紧张讨论如何处理事故时，突然发生爆炸，在面积千余平方米的爆炸中心区，合成车间近 10 m 高的厂房被炸成一片废墟，附近厂房数百扇窗户上的玻璃全部震碎，爆炸致使合成车间内 3 人当场死亡，另有 2 人因伤势过重经抢救无效死亡，26 人受伤。

（2）液相爆炸：包括聚合爆炸、蒸汽爆炸和不同危险液体混合引起的爆炸。例如：液化气体钢瓶、储罐破裂后引起的蒸汽爆炸；锅炉的爆炸；硝酸和油脂、高锰酸钾和浓硝酸、无水顺丁二烯二酸和烧碱等氧化性和还原性物质混合后引起的爆炸等。

【案例 5 - 2 - 4】 广东惠城区一家居民住宅发生煤气爆炸事故，室主一家 4 口被炸成重伤，爆炸波及住宅楼下茶庄，造成 3 人轻伤。爆炸原因是因厨房正在使用的煤气瓶泄漏煤气遇明火所致。

（3）固相爆炸：包括爆炸性物质的爆炸，固态物质混合、混熔引起的爆炸，电流过流引起的电爆炸等。

【案例 5 - 2 - 5】 2016 年 1 月 20 日 0 时 30 分左右，江西省上饶市广丰区洋口镇昆山村鸿盛花炮厂发生爆炸，事故导致 3 人遇难、53 名受伤人员住院治疗。爆炸引起旁边 3 家烟花厂的厂房发生爆炸，靠得比较近的房屋基本报废，远一点的房屋主要是玻璃和门受损。

（二）爆炸形式与原因

1. 分解爆炸

在热作用下，爆炸性物质、热敏感性物质、某些单一气体以及化合物可能在极短的时间内发生分解爆炸。凡是热分解过程出现高热，产生大量气体且具有很快的速度时都可能引起爆炸。气体物质在分解过程中产生高热，就会引起分解爆炸，例如乙炔、乙烯、环氧乙烷、丙炔、臭氧等。

【案例 5 - 2 - 6】 2002 年 10 月 16 日，江苏某农药厂在试生产过程中，发生一起蒸馏釜爆炸事故。蒸馏釜内含磷酸二甲酯残液，经减压蒸馏 20 多个小时后，在关闭热蒸汽 1 小时后突然发生爆炸，伴生的白色烟气冲高 20 多米，爆炸导致连接锅盖法兰的螺栓被全部拉断，釜身因爆炸反作用力陷入水泥地面 50 cm 左右，厂房结构局部受到损坏，4 名在现场作业的人员被不同程度地灼伤。

2. 爆炸性混合物的爆炸

在化工生产过程中，发生的爆炸事故大多是爆炸性气体混合物的爆炸。可燃气体或蒸汽与空气或氧气混合物的浓度达到爆炸极限范围，遇火源发生的爆炸称为爆炸性混合物爆炸。可燃性气体或蒸汽从工艺装置、设备管线、阀门等泄漏出来，或者是空气进入可燃气体存在的设备管线内，遇到火源即可发生爆炸事故。见图 5-2-3。

3. 雾滴爆炸

可燃性液体雾滴与助燃性气体形成爆炸性混合系引起的爆炸为喷雾爆炸。喷雾爆炸需要比气体混合系爆炸更大的引燃能量,较小的雾滴只需要较小的引燃能量。

图 5-2-3

4. 粉尘爆炸

凡是遇火源能发生燃烧或爆炸的粉尘,叫作可燃粉尘。一般说来,组成粉尘粒子的粒度越小,化学活性越强,因而火灾危险性越大。很多金属,如铝、镁、锌,在块状时不能燃烧;而呈粉状时,就能燃烧;若悬浮于空气中,则可能爆炸。

【案例 5-2-7】 2016 年 1 月 6 日,陕西省榆林市神木县乾安煤矿在露天采区南部违规爆破,爆破冲击波扬起巷道内煤尘,达到爆炸浓度,爆破火焰引起了煤尘爆炸;爆炸产生的 CO 等有毒有害气体沿巷道涌入相邻刘家峁煤矿违规生产区域,造成 11 人死亡。见图 5-2-4。

图 5-2-4

二、防爆抑爆的基本措施

防爆抑爆基本措施的着眼点应该放在限制和消除燃烧爆炸危险物、助燃物、着火源三者之间的相互作用上,防止同时出现。不同的生产过程,爆炸的控制消除方法也是有差别的。

(一)控制和消除火源

燃烧炉火、反应热、电源、维修用火、机械摩擦热、撞击火星以及吸烟用火等着火源是引起易燃易爆物质着火爆炸的常见原因。控制这类火源的使用范围,严格执行各种规章制度,对于防火防爆是十分重要的。

1. 明火

明火是指生产过程中的加热用火、维修用火及其他火源。加热易燃体时,应尽量避免采用明火,可采用蒸汽或其他热载体替代。如果必须采用明火,设备应严格密闭,燃烧室应与设备分开建筑或隔离。维修用火主要是指焊接、喷灯以及熬制用火等,在有火灾爆炸危险的车间

图 5-2-5

内,应尽量避免焊割作业,最好将需要检修的设备或管段卸至安全地点修理,当需要修理的系统与其他设备连通时,应将相连管道拆下断开或加堵金属盲板隔绝,防止易燃的物料窜入检查系统,在动火时发生燃烧或爆炸;在有爆炸危险的车间使用喷灯,应按动火制度进行,在其他地点使用喷灯,要将操作地点的可燃物清理干净;从事电焊、气焊、气割、砂轮打磨、电钻打眼、喷灯作业、冲击作业等能够产生火花的动火作业时,必须办理动火作业票。见图 5-2-5。

2.摩擦与撞击

机器中轴承转动部件的摩擦、铁器的相互撞击或铁器工具打击混凝土地坪等都可能产生火花,当管道或铁制容器裂开、物料喷出时也可能因摩擦而起火;对轴承要及时添油,保持良好的润滑,并经常清除附着的可燃污垢;另外,不准穿带钉子的鞋进入易燃易爆车间,特别危险的防爆工房内,地面应采用不发生火花的软质材料铺设。见图 5-2-6。

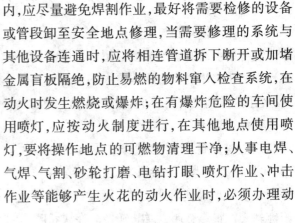

图 5-2-6

3.其他用火

图 5-2-7

高温表面要防止易燃物料与高温的设备、管道表面相接触。可燃物的排口应远离高温表面,高温表面要有隔热保温措施。不能在高温管道和设备上烘烤衣服及其他可燃物件。油抹布、油棉纱等易自燃引起火灾,应装入金属桶、箱内,放置在安全地点并及时处理。吸烟易引起火灾,烟头的温度可达800 ℃,而且往往可以隐藏很长时间。因此,要加强这方面的宣传教育和防火管理,禁止在有火灾爆炸危险的厂房和仓库内吸烟。见图 5-2-7。

4.电火花

电火花是引起可燃气体、可燃蒸气和可燃粉尘与空气爆炸混合物燃烧爆炸的重要着火源。在具有爆炸、易燃危险的场所,如果电气设备不符合防爆规程的要求,则电气设备所产生的火花、电弧和危险温度就可能导致火灾爆炸事故的发生。

(二)控制危险物料

1.按物料的物化特性防护

对于物质本身具有自燃能力的油脂、遇空气能自燃的物质、遇水燃烧爆炸的物质等,应采取隔绝空气、防水防潮或采取通风、散热、降温等措施,以防止物质自燃和发生爆炸。易燃、可燃气体和液体蒸气要根据它们与空气的相对密度,采用相应的方法,根据物质的沸点、饱和蒸气压力,应考虑容器的耐压强度、储存温度、保温降温措施等。液体具有流动性,因此要考虑到容器破裂后液体流散和火灾蔓延的问题,不溶于水的燃烧液体由于能浮于水面燃烧,要防止火灾随水流由高处向低处蔓延,为此应设置必要的防护堤。

2. 系统密闭及负压操作

为了防止易燃气体、蒸气和可燃性粉尘与空气构成爆炸性混合物,应该使设备密闭,对于在负压下生产的设备,应防止空气吸入。为了保证设备的密闭性,对危险物系统应尽量少用法兰连接,但要保证安装维修的方便。输送危险气体、液体的管道应采用无缝管。负压操作可以防止系统中的有毒或爆炸气体向器外逸散。但在负压操作下,要防止设备密闭性差,特别是在打开阀门时,外界空气通过孔隙进入系统。见图 5-2-8。

图 5-2-8

3. 通风置换

采用通风措施时,应当注意生产厂房内的空气,如含有易燃易爆气体则不应循环使用。在有可燃气体的室内,排风设备和送风设备应有独立分开的通风机室,如通风机室设在厂房内,应有隔绝措施。排除或输送温度超过 800 ℃的空气与其他气体的通风设备,应用非燃烧材料制成。排除有燃烧爆炸危险粉尘的排风系统,应采用不产生火花的除尘器。当粉尘与水接触能生成爆炸气体时,不应采用湿式除尘系统。

4. 惰性介质保护

化工生产中常用的惰性气体有氮、二氧化碳、水蒸气及烟道气。惰性气体作为保护性气体常用于:易燃固体物质的粉碎、筛选处理及其粉末输送,采用惰性气体进行覆盖保护;处理可燃易爆的物料系统,在进料前用惰性气体进行置换,以排除系统中原有的空气,防止形成爆炸性混合物;将惰性气体通过管道与有火灾爆炸危险的设备、储槽等连接起来,作为在万一发生危险时备用;易燃液体利用惰性气体进行充压输送;在有爆炸性危险的生产场所,引起火花危险的电器、仪表等采用充氮正压保护;在易燃易爆系统需要动火检修时,用惰性气体进行吹扫和置换;发生跑料事故时,用惰性气体冲淡,在发生火灾时,用惰性气体进行灭火。

(三)控制工艺参数

在生产过程中正确控制各种工艺参数,防止超温、超压和物料跑损是防止火灾和爆炸的根本措施。

1. 温度控制

不同的化学反应都有其自己最适宜的反应温度,正确控制反应温度不但对保证产品质量、降低消耗有重要的意义,而且也是防火防爆所必须的。

2.投料控制

投料过程中投料速度、投料配比、投料顺序、控制原料纯度都有可能引起事故的发生。

3.扩散控制

生产过程中发生跑、冒、滴、漏一般有以下几种情况：操作不精心或误操作，例如收料过程中槽满跑料；分离器液体控制不稳，开错排污阀等；设备管线和机泵的结合面不密封而泄漏。因此，必须加强操作人员和维修人员的责任感和技术培训。为了防止误操作，可对比较重要的各种管线涂以不同颜色以便区别，对重要的阀门采取挂牌、加锁等措施。不同管道上的阀门应相隔一定的间距。

4.紧急停车处理

当发生停电、停气、停水的紧急情况时，装置就要进行紧急停车处理，此时若处理不当，就可以造成事故。

（四）采用自动控制和安全保护装置

1.工艺参数的自动调节

工艺参数的自动调节包括温度自动调节、压力自动调节、流量和液位自动调节等。

图 5-2-9

2.设备防护装置

安装信号报警装置可以在出现危险状况时警告操作者便于及时采取措施消除隐患。发出的信号一般有声、光等。它们通常都和测量仪表相联系，当温度、压力、液位等超过控制指标时，报警系统就会发出信号。保护装置在发生危险时，能自动进行动作，消除不正常状况。所谓联锁，就是利用机械或电气控制依次接通各个仪器设备，并使之彼此发生联系，以达到安全生产的目的。见图 5-2-9。

（五）限制火灾和爆炸的扩散

1.隔离

在生产过程中，对某些危险性较大的设备和装置应采用分区隔离、露天安装和远距离操纵的方法。

2.安全阻火装置

阻火设备包括安全液封、阻火器和止回阀等，其作用是防止外部火焰进入有燃烧爆炸危险的设备、管道、容器，或阻止火焰在设备和管道间的扩展。见图 5-2-10。

图 5-2-10

（六）采用防爆电气设备

防爆型电气设备是按其结构和防爆性能的不同来分类的。应根据环境特点选用适当形式的电气设备。防爆电气设备的类型、级别、组别在外壳上应有明显的标志。旧类型的标志前加"K"表示煤矿用防爆电气设备。新类型的标志有"Ⅱ"者为工厂用防爆电气设备，有"I"者为煤矿用防爆电气设备。使用时要注意其外壳的最高表面温度、所处环境温度、闭锁结构以及外部连接。见图 5-2-11。

图 5-2-11

三、爆炸的应急处置

爆炸物品一般都有专门或临时的储存仓库。这类物品由于内部含有易爆性结构，受摩擦、撞击、振动、高温等外界因素激发，极易发生爆炸，遇明火则更危险。遇爆炸物品事故时，一般应采取以下基本对策。

（1）迅速判断和查明再次发生爆炸的可能性和危险性，紧紧抓住爆炸后和再次发生爆炸之前的有利时机，采取一切可能的措施，全力制止再次爆炸的发生。

（2）切忌用沙土盖压，以免增强爆炸物品爆炸时上方威力。

（3）如果有疏散可能，人身安全也确实有可靠保障，应迅速组织力量及时疏散着火区域周围的爆炸物品，使着火区周围形成一个隔离带。

（4）扑救爆炸物品堆垛时，水流应采用吊射，避免强力水流直接冲击堆垛，以免堆垛倒塌引起再次爆炸。

（5）灭火人员应尽量利用现场现成的掩蔽堤或尽量采用卧姿等低姿射水，尽可能地采取自我保护措施。消防车辆不要依靠离爆炸品太近的水源。

（6）灭火人员发现有发生再次爆炸的危险时，应立即向现场指挥报告，现场指挥应迅速做出准确判断，确有发生爆炸征兆或危险时，应立即下达撤退命令。灭火人员看到或听到撤退信号后，应迅速退至安全地带，来不及时，应就地卧倒。

【小知识】

防爆工具

防爆工具国际统称"安全工具"和"无火花工具"。防爆工具的材质是铜合金，由于铜的良好导热性能及几乎不含碳的特质，使工具和物体摩擦或撞击时，短时间内产生的热量被吸收及

图 5-2-12

传导;由于铜本身相对较软,摩擦和撞击时有很好的退让性,不易产生微小金属颗粒,于是几乎看不到火花。见图 5-2-12。

防爆工具使用时应注意以下几点。

(1)因防爆工具的性能(硬度和强度)远远不及钢制工具,例如防爆手动工具的各类扳手,都具有不同的额定强度,严禁加套管超负荷使用(除敲击扳手外),不得任意敲击,以免引起因超载断裂和变形,影响正常使用。在使用防爆工具过程中,应根据需要合理地选择其品种规格,不得以小代大。

(2)在使用活扳手、管钳、呆扳手时,要注意受力方向的要求,不得任意反向用力。在使用带刃的工具时,首先应测定工件本身的硬度,如其硬度接近工具硬度时,应仔细小心操作,若工件硬度高于工具硬度时则禁止使用。当工件是由机动旋紧的、半永久性固定的或因长久锈蚀而使用手动工具前又不采取其他措施的,应禁止使用,以免损坏工具。

(3)使用防爆工具完毕后,应及时擦拭干净,如长期不用者,应在防爆工具外表涂上一层油或用防腐方法保存并装入包装袋或箱内储存。有的防爆工具使用过后有些磨损和残缺,尤其带刃的防爆工具,或严重损坏,不应再继续使用,应及时打入废品。

(4)防爆介质并不是在所有情况下都是耐腐蚀的,如在潮湿的氨、某些铵盐、乙炔、潮湿的氟、氯、铬铵、某些重铬酸盐、氢化钾等介质中,受腐蚀程度是相当大的。而且有些介质与铜合金接触后还会发生化学反应,生成危险性很高的爆炸物质,如乙炔与铜化合生成的乙炔铜。处于以上情况,使用防爆工具尽可能在干燥环境中使用。如不可避免在潮湿环境中使用防爆工具,应加快操作速度,减少工作时间,以避免造成较大腐蚀而发生危险。工作完成后,应把防爆工具擦拭干净,严禁把防爆工具与有腐蚀性介质同装共储。

【案例分析】

漳州"4·6"PX 项目爆炸事故

2015 年 4 月 6 日 18 时 55 分左右,在福建漳州古雷腾龙芳烃 PX 项目发生了一场安全生产责任爆炸事故。事故是由于二甲苯装置在运行过程当中输料管焊口由于焊接不实而导致断裂,泄漏出来的物料被吸入炉膛,因高温导致燃爆。设施安装过程中就存在重大隐患。

1.事故经过

2015 年 4 月 6 日 18 时 56 分,古雷应急指挥中心视频监控发现福建漳州古雷腾龙芳烃 PX 项目发生爆炸。主要是 33 号腾龙芳烃装置发生漏油着火事故,引发装置附近中间罐区 3 个储罐爆裂燃烧,共计存油 12 000 m^3。2015 年 4 月 8 日 2 时 30 分,火灾事故卷土重来,爆炸危机时刻存在,一线战斗员发现 607# 罐体发生破裂,油品溢出燃烧并迅速形成流淌火,向防火围堰蔓延。经过消防官兵的彻夜奋战,4 月 9 日凌晨才彻底将火扑灭。

2.事故原因

绝大部分的化工生产环境都涉及高温、易燃、有毒、易爆、复杂设备等,一旦疏忽大意就可能产生重大危害。但是经过严格流程的生产是不会出现焊缝轻易开裂闪燃等情况的。这次事故实际上是：

（1）二甲苯装置在运行过程当中输料管焊口由于焊接不实而导致断裂，泄漏出来的物料被吸入炉膛，因高温导致燃爆，说明岗位责任不到位；

（2）设施安装过程中就存在重大隐患，员工缺乏安全生产意识，操作不到位。

3. 事故教训

这起事故暴露出在安全管理上存在的严重问题。

（1）企业的主要负责人重效益、轻安全，在工程建设、设备设施选用上采取了最低价投标的招标方式，埋下了重大隐患。

（2）装置的规划布局不合理、不科学，加热炉跟储罐罐区距离太近，没有考虑到它们之间的风险，加热炉发生爆炸后，冲击波直接把最近的一个大罐撕裂，点燃罐中物料引起着火。

（3）企业的安全管理与地方政府部门的安全监管都存在不到位的问题。

【复习思考题】

一、填空题

1. _____、反应热、_____、维修用火、_____、撞击火星以及_____等着火源是引起易燃易爆物质着火爆炸的常见原因。控制这类火源的使用范围，严格执行各种规章制度，对于防火防爆是十分重要的。

2. 爆炸按过程分为_____、_____、_____。

3. 应对火灾爆炸事故措施中控制工艺参数是指_____、_____、_____。

二、问答题

1. 爆炸后的扑救措施有哪些？

2. 什么是爆炸极限？其在消防中的应用有哪些？

3. 爆炸性混合物爆炸的原因是什么？

4. 为何车间的清扫不能用压缩空气吹扫？

【延伸阅读】

注册消防工程师

"注册消防工程师"是指经考试取得相应级别注册消防工程师资格证书，并依法注册后从事消防设施检测、消防安全监测等消防安全技术工作的专业技术人员。根据《注册消防工程师制度暂行规定》：注册消防工程师分为高级注册消防工程师、一级注册消防工程师和二级注册消防工程师。公安部组织成立注册消防工程师资格考试专家委员会，负责拟定一级和二级注册消防工程师资格考试科目、考试大纲，组织一级注册消防工程师资格考试的命题工作，研究建立并管理考试试题库，提出一级注册消防工程师资格考试合格标准建议。

一级注册消防工程师资格考试合格，由人力资源社会保障部、公安部委托省、自治区、直辖市人力资源社会保障行政主管部门，颁发人力资源社会保障部统一印制、人力资源社会保障部、公安部共同用印的"中华人民共和国一级注册消防工程师资格证书"，该证书在全国范围有效。二级注册消防工程师资格考试合格,由省、自治区、直辖市人力资源社会保障行政主管部门颁发、省级人力资源社会保障行政主管部门和公安机关消防机构共同用印的"中华人民共和国二级注册消防工程师资格证书",该证书在所在行政区域内有效。

考试科目

考试名称	考试科目		
一级注册消防工程师	《消防安全技术实务》	《消防安全技术综合能力》	《消防安全案例分析》
二级注册消防工程师	《消防安全技术综合能力》	《消防安全案例分析》	

执业范围如下。

一级注册消防工程师

(1)消防技术咨询与消防安全评估。

(2)消防安全管理与技术培训。

(3)消防设施检测与维护。

(4)消防安全监测与检查。

(5)火灾事故技术分析。

(6)公安部规定的其他消防安全技术工作。

二级注册消防工程师

(1)除 100 m(含)以上公共建筑、大型的人员密集场所、大型的危险化学品单位外的火灾高危单位消防安全评估。

(2)除 250 m(含)以上高层公共建筑、大型的危险化学品单位外的消防安全管理。

(3)单体建筑面积 4 万 m^2 及以下建筑的消防设施检测与维护。

(4)消防安全监测与检查。

(5)省级公安机关规定的其他消防安全技术工作。

注册消防工程师的权利和义务

注册消防工程师享有下列权利:

(1)使用注册消防工程师称谓;

(2)在规定范围内从事消防安全技术执业活动;

(3)对违反相关法律、法规和技术标准的行为提出劝告,并向本级别注册审批部门或者上级主管部门报告;

(4)接受继续教育;

(5)获得与执业责任相应的劳动报酬;

(6)对侵犯本人权利的行为进行申诉。

注册消防工程师履行下列义务:

(1)遵守法律、法规和有关管理规定,恪守职业道德;

(2)执行消防法律、法规、规章及有关技术标准;

（3）履行岗位职责，保证消防安全技术执业活动质量，并承担相应责任；

（4）保守知悉的国家秘密和聘用单位的商业、技术秘密；

（5）不得允许他人以本人名义执业；

（6）不断更新知识，提高消防安全技术能力；

（7）完成注册管理部门交办的相关工作。

聘任：

根据《注册消防工程师制度暂行规定》：对通过考试取得相应级别注册消防工程师资格证书，且符合《工程技术人员职务试行条例》中工程师、助理工程师技术职务任职条件的人员，用人单位可根据工作需要择优聘任相应级别专业技术职务。其中：取得一级注册消防工程师资格证书可聘任工程师职务；取得二级注册消防工程师资格证书可聘任助理工程师职务。

第6章 职业病防护

据国际劳工组织报告,全世界由于职业事故或与职业相关引发的死亡人数每天达5 000多人,全球每年约有1.6亿人因为工作中存在有害因素而患上疾病,其中三分之一多的人会引起慢性疾病,十分之一左右的人将会终身残废,由此造成的经济损失约相当于全世界GDP总和的4%。发展中国家的职业病危害更加突出,比如我国,职业危害随着经济的快速发展,形势越发严峻。

为预防、控制和消除职业病危害,防治职业病,保护劳动者健康及其相关权益,促进经济发展,《中华人民共和国职业病防治法》经2001年10月27日九届全国人大常委会第24次会议通过并根据2011年12月31日十一届全国人大常委会第24次会议《关于修改中华人民共和国〈职业病防治法〉的决定》修正,自2011年12月31日起施行。《职业病防治法》的正式实施,对规范用人单位、劳动者、职业卫生服务机构以及政府管理部门等在劳动卫生职业病防治上的法律关系,明确有关各方的权利、义务和应承担的法律责任,提高职业卫生水平,完善我国劳动关系和促进经济发展,都具有十分重要的意义。

职业病的防治工作关系到广大劳动者的身体健康和生命安全,关系到经济社会的可持续发展,是落实科学发展观和构建社会主义和谐社会的必然要求。

第1节 职业危害与职业病

职业危害是指在生产劳动过程及其环境中产生或存在的,对职业人群的健康、安全和作业能力可能造成不良影响的一切要素或条件的总称。

职业病是指劳动者在职业活动中,因接触粉尘、放射性物质和其他有毒、有害物质等因素而引起的疾病。

一、我国职业危害的特点

我国职业危害的特点体现在以下五方面。

(1)职业病患病人数居高不下。自新中国成立以来至2014年底,我国职业病共累计报告863 634例。职业病患者的病种也由1957年的14种扩大到2014年的132种,58年增加了近8.43倍。2005年到2014年国家卫生计生委公布的职业病患病情况见表6-1-1。

表6-1-1 2005—2014年职业病患病情况(单位:例)

年份	职业病病例数	尘肺病	急性中毒	慢性中毒
2005	5 247	3 380	494	565
2006	11 519	8 783	467	1 083

续表

年份	职业病病例数	尘肺病	急性中毒	慢性中毒
2007	14 296	10 936	600	1 638
2008	13 744	10 829	760	1 171
2009	18 128	14 495	552	1 912
2010	27 240	23 812	617	1 417
2011	29 879	26 401	590	1 541
2012	27 420	24 206	601	1 040
2013	26 393	23 152	637	904
2014	29 972	26 873	486	795

（2）职业病危害分布行业广，中小企业职业危害问题突出。

（3）新职业、新工艺和新化合物带来更多的职业危害因素。随着以高科技为特征的现代工业和市场经济的高度发展需要，我国每年都有数百种新化合物通过常规毒性鉴定获准上市。其中，半数以上对人体健康和生态环境有害，部分具有致癌、致畸或致突变作用。此外，不断加速的高竞争、快节奏的生产生活方式，也使职业人群的心理性或精神性疾患明显增多，其患病率已经两倍于 20 世纪 70 年代。21 世纪，我国职业卫生工作面临传统产业与现代高科技产业的双重挑战。

（4）职业病具有隐匿性、迟发性特点，易被忽视。职业病是多发病，而且发病方式比较隐匿，会让多数患者误以为是身体上的小毛病，从而拖延了治疗时间。例如尘肺、慢性职业中毒、噪声聋、职业性肿瘤等，从劳动者接触危害因素到发病通常有 10～30 年的潜伏期，一旦发病往往难以治疗且病死率高。

二、职业病及其危害因素

（一）职业病

《职业病防治法》所称职业病是指企业、事业单位和个体经济组织等用人单位的劳动者在职业活动中，因接触粉尘、放射性物质和其他有毒、有害物质等因素而引起的疾病。各国法律都有对于职业病预防方面的规定，一般来说，凡是符合法律规定的疾病才能称为职业病。

中国卫生部 1972 年首次公布职业病为 14 种，1987 年修订为 9 类 99 种。目前，我国的法定职业病有 10 类 115 种，其中：尘肺 13 种，职业性放射性疾病 11 种，职业中毒 56 种，物理因素所致职业病 5 种，生物因素所致职业病 3 种，职业性皮肤病 8 种，职业性眼病 3 种，职业性耳鼻喉口腔疾病 3 种，职业性肿瘤 8 种，其他职业病 5 种。最常见的职业病有尘肺、职业中毒、职业性皮肤病等。

（二）职业病危害因素分类

2002 年 3 月原卫生部印发了《关于印发〈职业病危害因素分类目录〉的通知》（卫法监发〔2002〕63 号），对督促用人单位开展职业病危害因素申报、加强职业病危害评价和定期检测评价、保障劳动者健康权益和预防控制职业病危害起到了积极的作用。

2015 年对《职业病危害因素分类目录》进行了修订，此次修订只按照危害因素性质进行分类,避免了 2002 版各种因素之间的交叉重复。修订后的《职业病危害因素分类目录》中列举了 6 类职业病危害因素。

1. 粉尘

在生产过程中,对固体物料的破碎、研磨、熔融,粉料的装卸、运输、混拌,液态物质的升华、物质的氧化等,如果防护措施不健全,均会有大量粉尘逸散到作业环境空气中。产生粉尘的主要作业有:采矿业的凿岩、爆破、采矿、运输等;基建业的隧道开凿、采石、筑路等;金属冶炼业的原料破碎、筛分、选矿、冶炼等;耐火材料、玻璃、陶瓷、水泥业的原料准备、加工等;机器制造业的铸造、清砂、表面处理等;化工、轻纺业的原料加工、包装等。

生产性粉尘根据其理化特性和作用特点不同,可引起不同疾病。

1)尘肺

尘肺的规范名称为肺尘埃沉着病,是由于在执业活动中长期吸入生产性粉尘(灰尘)并沉积于肺,引起肺组织损伤及纤维化并伴有肺功能损害的疾病。

2)其他呼吸系统疾患

包括粉尘沉着症、有机粉尘所致呼吸系统疾患及粉尘性支气管炎、肺炎、哮喘性鼻炎、支气管哮喘等。

3)局部作用

粉尘对呼吸道黏膜可产生局部刺激作用,引起鼻炎、咽炎、气管炎等;金属磨料粉尘可引起角膜损伤;粉尘堵塞皮肤的毛囊、汗腺开口可引起粉刺、毛囊炎、脓皮病等;沥青粉尘可引起光感性皮炎。

4)中毒作用

吸入铅、砷、锰等粉尘可在呼吸道黏膜很快被溶解和吸收,导致中毒。

5)肿瘤

吸入石棉、放射性矿物质、镍、铬酸盐粉尘等可致肺部肿瘤或其他部位肿瘤。

2. 化学因素

其中共列举了铅及其化合物、正己烷、亚硫酸钠等 374 种具体的化学物质。这些化学物质会引起各类中毒,如铅中毒、汞中毒、氯气中毒、二氧化硫中毒、苯酚中毒等。

3. 物理因素

其主要是生产过程中存在异常气象条件,如高温、高湿、低温等;异常气压,如高气压、低气压等;噪声及振动等引起的职业危害。物理因素可引起中暑、减压病、高原病、手臂振动病及听力损伤等职业病。

4. 放射性因素

放射性因素主要指生产过程中由非电离辐射(如可见光、紫外线、红外线、激光、射频辐射等)及电离辐射(如 X 射线等)产生的放射性。

放射性物质可能导致的职业病有外照射急性放射病、外照射慢性放射病、内照射放射病、放射性皮肤疾病、放射性白内障、放射性肿瘤、放射性骨损伤、放射性甲状腺疾病、放射性性腺疾病及放射复合伤等。

5. 生物因素

由病原体引起,可导致炭疽、森林脑炎、布氏杆菌病等。

6. 其他因素

如金属烟、井下不良作业条件等,可导致金属烟热、职业性哮喘、煤矿井下工人滑囊炎等。

(三)职业危害因素识别方法

常用的职业病危害因素识别方法有类比法、对照经验法、系统工程分析法和检测检验法。

(1)类比法是利用与拟建项目类型相同的现有项目的职业病危害因素资料进行类推的识别方法。

(2)对照经验法是评价人员依据其掌握的相关专业知识和实际工作经验,对照职业卫生有关法律、法规和标准等,借助自身经验和判断能力对拟评价项目中可能存在的职业病危害因素进行识别、分析。

(3)系统工程分析法是采用工程分析的思路和方法,全面、系统地分析建设项目产生的职业病危害因素。

(4)检测检验法是采用仪器对工作场所可能存在的职业病危害因素进行采样分析的方法。

三、职业病危害因素检测与评价

根据《工作场所职业卫生监督管理规定》的第二十条"存在职业病危害的用人单位,应当委托具有相应资质的职业卫生技术服务机构,每年至少进行一次职业病危害因素检测"及《职业病防治法》的第二十七条"用人单位应当实施由专人负责的职业病危害因素日常监测,并确保监测系统处于正常运行状态",要求用人单位需要按照国务院安全生产监督管理部门的规定,定期对工作场所进行职业病危害因素检测、评价。发现工作场所职业病危害因素不符合国家职业卫生标准和卫生要求时,用人单位应当立即采取相应治理措施,仍然达不到国家职业卫生标准和卫生要求的,必须停止存在职业病危害因素的作业;职业病危害因素经治理后,符合国家职业卫生标准和卫生要求的,方可重新作业。

(一)检测类型

1. 按照检测目的分类

1)评价检测

评价检测分为建设项目职业病危害因素预评价、建设项目职业病危害因素控制效果评价和职业病危害因素现状评价等。

2)日常检测

日常检测适用于对工作场所空气中有害物质浓度进行的日常的、定期的检测。

3)监督检测

监督检测是指政府出具检测费用,用于对不明化学品的定性分析、专项监督或应急事件等,适用于职业卫生监督部门对用人单位进行监督时,对工作场所空气中有害物质浓度进行的检测。

4)事故性检测

事故性检测适用于对工作场所发生职业危害事故时进行的紧急采样检测。

2.按照检测方法及仪器类型分类

1）现场检测

现场检测是指利用便携直读式仪器设备在工作场所进行实时检测,快速给出检测结果,适用于对工作场所的职业卫生状况做出迅速判断。例如,事故检测、高毒物质工作场所的日常检测等。常用方法有检气管(气体检测管)法、便携式气体分析仪测定法及物理因素的现场检测等。

2）实验室检测

实验室检测是指在现场采样后,将样品送回实验室,利用更加精确的仪器进行测定分析的方法,这是目前工作场所空气中化学物质检测最常见的检测方法。我国已颁布的职业卫生标准检测方法中就是以实验室检测方法为主。实验室检测常用的方法有称量法、光谱法和色谱法等。

（二）检测机构

根据规定,检测机构必须具备省级主管部门颁发的职业卫生技术服务资质证书,证书的服务项目有三项:职业病危害因素的检测与评价、放射卫生防护检测与评价和建设项目职业病危害评价(乙级)。根据机构具备的资质可针对其中一项、两项或三项的服务项目进行检测与评价。

【小知识】

职业危害告知卡

职业危害告知卡是根据国家标准 GBZ 158—2003《工作场所职业病危害警示标识》及GBZ/T 203—2007《高毒物品作业岗位职业病危害告知规范》所要求的规格和样式开发的产品,完全符合以上两个标准的要求。其适用于生产型企业易产生职业危害的工作场所及入口处悬挂。

我国《职业病防治法》发布以来,国家在职业病防治方面取得了很大的进展,已经陆续出台很多针对职业病防治方面的法律、法规和要求。为了保护劳动者的权益,凡是有职业危害的场所必须悬挂职业危害告知卡,明确告知劳动者可能遭受的职业危害。

职业危害告知卡示例

作业场所产生粉尘,对人体有损害,请注意防护		
粉尘	健康危害	理化特性
	长期接触生产性粉尘的作业人员,当吸入的粉尘量达到一定数量即可引发尘肺病,还可以引发鼻炎、咽炎、支气管炎、皮疹、眼结膜损害等	无机性粉尘、有机性粉尘、混合性粉尘
注意防尘	应急处理	
	发现身体状况异常时要及时去医院进行检查治疗	
	注意防护	
	必须佩戴个人防护用品,按时、按规定对身体状况进行定期检查,对除尘设施定期维护和检修,确保除尘设施运转正常,作业场所禁止饮食、吸烟	
急救电话:120	消防电话:119	职业卫生咨询电话:

【案例分析】

实习期间汞中毒终获赔偿

1. 案情介绍

2004 年 2 月 16 日,甲经学校推荐到某药业公司实习,从事药品包装工作。上岗前单位未告知甲此项工作要接触有毒物质,也未让工人们采取任何防护措施。时至 2004 年 5 月初,甲工作两个月后,突然感到浑身疼,腰部疼痛尤为厉害。经某省职业病医院诊断,确诊为汞中毒。甲因要求实习公司支付医疗费用遭到拒绝而将该药业公司告上法庭。

人民法院依法取证,认定甲患法定职业病,构成工伤。

2. 案情分析

本案争议的焦点有两个:一是甲中毒是否构成工伤;二是实习生是否属于《工伤保险条例》中的赔偿对象。

第一,甲中毒是否构成工伤?

受诉法院在审理过程中,依据《最高人民法院关于民事诉讼证据的若干规定》,办案法官亲自调查取证。他们对甲的多名同学进行调查,走访了有关医院的医生,证实了甲及其同学在被告方某药业公司实习时,该药业公司确实未告知此项工作要接触有毒物质,也未让他们采取任何防护措施。同时,还了解到该药业公司内部职工在此之前也曾有两人同样因汞中毒到医院治疗。以上大量的证据确实可以证明甲的病情是由该药业公司的过错造成,甲在生产活动中因接触有毒、有害物质而引起汞中毒,根据《中华人民共和国职业病防治法》和《工伤保险条例》的规定,属于法定职业病,构成工伤。

第二,实习生究竟属不属于《工伤保险条例》中规定的赔偿主体呢?

根据《最高人民法院关于审理人身损害赔偿案件适用法律若干问题的解释》第 11 条第 3 款的规定,属于《工伤保险条例》调整的劳动关系和工伤保险范围的工伤,应适用《工伤保险条例》的规定来处理。而《工伤保险条例》虽然没有明文规定实习生为"工伤赔偿主体",但该条例中有关解释性条款已将这种主体包容了进去,该条例第 61 条讲:"本条例所称职工,是指与用人单位存在劳动关系(包括事实劳动关系)的各种用工形式、各种用工期限的劳动者。"这里所说的职工或各种用工形式、各种用工期限的劳动者,讲的就是《工伤保险条例》规定中的主体,实习生自然包括在其中,如果他们在工作中遭到了伤害,就可以依法认定为"工伤赔偿主体"。

【复习思考题】

1. 什么是职业病?
2. 常用的职业病危害因素识别方法有哪些?
3. 何谓尘肺?
4. 职业病危害因素分为哪六类?
5. 用检气管法进行职业病危害检测的特点是什么?

第2节　职业病防护

职业病的危害日益突出,一旦患病很难治愈,致死、致残率高。职业病防治已经引起国家的高度重视,随着《国家职业病防治规划(2009—2015年)》以及《职业病诊断与鉴定管理办法》等一系列规章制度的相继实施,由政府部门统一领导协调、用人单位重点负责、行业管理规范、职工合理监督的职业病防治体制逐步建立,以保护劳动者健康及其相关权益,并促进经济发展。

一、职业病的三级预防

一级预防:又称病因预防,通过采用有效的控制措施,如改革工艺、改进生产过程、配置完善的防护设施,消除职业性有害因素或将其减少到最低限度,使生产过程达到安全、卫生标准。在一级预防中,做好职业性有害因素的监测至关重要。一级预防是最主动、最理想的预防,是从根本上杜绝危害因素对人的作用,应积极促其实现,但由于难度大,常达不到完全安全、卫生的标准。对人群中处于高危状态的个体,可依据职业禁忌证进行检查,凡有职业禁忌证者,不应参加该工作。

二级预防:又称发病预防,是通过定期进行环境中职业病危害因素的监测和对接触者的职业健康检查,以早期发现健康损害,及时处理,防止进一步发展。二级预防也是较主动的预防,容易实现,可弥补一级预防的不足。

三级预防:是在患病之后进行合理的康复处理或防止病情发展。三级预防虽属被动,但对促进已患职业病者恢复健康有其现实意义。

二、个人防护用品

个人防护用品(又称劳保用品)是指劳动者在劳动中为防御物理、化学、生物等外界因素伤害人体而穿戴和配备的各种物品的总称。

个人防护用品的作用是使用一定的屏蔽体或系带、浮体,采取隔离、封闭、吸收、分散、悬浮等手段,保护机体或全身免受外界危害因素的侵害。护品供劳动者个人随身使用,是保护劳动者不受职业危害的最后一道防线。当劳动安全卫生技术措施尚不能消除生产劳动过程中的危险及有害因素,达不到国家标准、行业标准及有关规定,也暂时无法进行技术改进时,使用护品就成为既能完成生产劳动任务、又能保障劳动者安全与健康的唯一手段。

个人防护用品质量的优劣直接关系到职工的安全与健康,其基本要求是:具备相应的生产许可证(编号)、产品合格证和安全鉴定证;符合国家标准、行业标准或地方标准。

(一)个人防护用品分类

1.按照用途分类

(1)以防止伤亡事故为目的的安全护品,主要包括如下几种。

①防坠落用品,如高处作业时需配置的安全带、安全网等。

②防冲击用品,如安全帽、防冲击护目镜等。安全帽适用于大部分场所,如建筑工地、工厂、电厂、交通运输等;护目镜适用于金属切削、碾碎物料的作业场所。

③防触电用品,如绝缘服、绝缘鞋、等电位工作服等。主要用于带电作业时的身体防护。

④防机械外伤用品,如防刺、割、绞碾、磨损用的防护服、鞋、手套等。适用于机械制造类企业的生产线等。

⑤防酸碱用品,如耐酸碱手套、防护服和靴等。生产酸碱制品及生产过程中用到酸碱的场合一定要注意使用防酸碱用品。

⑥耐油用品,如耐油防护服、鞋和靴等。

⑦防水用品,如胶制工作服、雨衣、雨鞋和雨靴、防水保险手套等。

⑧防寒用品,如防寒服、鞋、帽、手套等。

(2)以预防职业病为目的的劳动卫生护品,主要包括如下几种。

①防尘用品,如防尘口罩、防尘服等。

②防毒用品,如防毒面具、防毒服等。

③防放射性用品,如防放射性服、铅玻璃眼镜等。在放射性工作场所如医院的 CT 室、放射性药物生产线、放射性废物处理场等使用。

④防热辐射用品,如隔热防火服、防辐射隔热面罩、电焊手套、有机防护眼镜等。

⑤防噪声用品,如耳塞、耳罩、耳帽等。长期在 90 dB(A)以上或短时在 115 dB(A)以上环境中工作时应使用防噪声用品。

2. 以人体防护部位分类

(1)头部防护用品,如防护帽、安全帽、防寒帽、防昆虫帽等。

(2)呼吸器官防护用品,如防尘口罩(面罩)、防毒口罩(面罩)等。

(3)眼面部防护用品,如焊接护目镜、炉窑护目镜、防冲击护目镜等。

(4)手部防护用品,如一般防护手套、各种特殊防护(防水、防寒、防高温、防振)手套、绝缘手套等。

(5)足部防护用品,如防尘、防水、防油、防滑、防高温、防酸碱、防震鞋(靴)及电绝缘鞋(靴)等。

(6)躯干防护用品,通常称为防护服,如一般防护服、防水服、防寒服、防油服、防电磁辐射服、隔热服、防酸碱服等。

(7)护肤用品,用于防毒、防腐、防酸碱、防射线等的相应保护剂。

(二)劳动者个人防护

(1)注意职业病危害作业岗位的警示标识和中文警示说明。

(2)严格遵守生产操作规程。

(3)注意职业卫生防护设施是否正常运行。

(4)坚持佩戴个人防护用品。

(5)工间就餐时脱去工作服、工作帽、工作鞋;注意个人卫生,勤洗澡、勤换衣服,保持皮肤清洁,养成良好卫生习惯。

三、常见职业危害的防护措施

(一)生产性粉尘的防护措施

十几年前,安徽省六安市裕安区西河口等乡镇的 2 000 多名农民结伴到海南打工。2005年 5 月,经安徽省疾病控制中心鉴定,这批打工者有 65 人被确诊患上尘肺病,其中三期 16 人、二期32人、一期17人。目前,已有19人死亡,有待确诊的疑似患者有40多人。西河口人在金矿大多从事井下风钻、破碎等接触粉尘的工作。矿主采取国家禁止的干风钻掘进方式,未向他们提供任何有效的防尘护具,加之没有通风设备,工作时坑道内粉尘弥漫,环境十分恶劣。

生产性粉尘是指在生产中形成的、能较长时间漂浮在作业场所空气中的固体微粒,其粒径多在 $0.1 \sim 10~\mu m$,它是污染环境、影响劳动者健康的重要因素。所有不溶或难溶的粉尘对身体都是有害的,生产性粉尘根据其理化特性和作用特点不同,可引起不同疾病。主要防护措施如下。

(1)改革工艺过程,革新生产设备。

(2)生产设备密闭化。密闭是防止尘、毒外泄的有效措施,投料、粉碎、搅拌、出料、输送、包装等应尽可能密闭。

(3)隔离操作和自动控制。隔离操作就是把操作工与生产设备隔离开,如使用遥控操纵、计算机控制、隔离室监控等措施避免工人接触粉尘。新近投产的企业多数已实现了远程自动程序控制,减少了有害因素的危害。

(4)改善作业环境。通过洒水、喷雾、注水、水幕等湿式作业或通风除尘。

(5)配备必要的劳动保护用品,如防尘口罩、面罩等。

(二)生产性毒物的防护措施

1994年2月2日,郊县某联营厂铸造车间,当班工人周某在冲天炉加料处进行加料作业时,突然感到头晕、乏力和气急等不适。同车间的工人见状,立即将其送往通风处,休息片刻后又将其送入医院诊疗,医院诊断为一氧化碳中毒。1998年2月28日15时左右,某机械厂铸造车间,当班工人王某在三楼新建的化铁炉投料处作业,作业4小时后,王某感到头昏、乏力,最后昏倒在地,被同班工人送至医院抢救,医院诊断为一氧化碳中毒。铸造车间的炉台加料作业会接触有毒气体,因此炉台加料作业场所应设置有效的卫生防护设施,加强局部通风,密闭一氧化碳发生源,配备一氧化碳报警装置等。以上两起事故的发生,均起因于作业场所无有效的卫生防护设施,导致一氧化碳滞留;同时,由于投料工没有有效的个人防护措施,现场未配备一氧化碳报警装置,以致作业工人在不知情的情况下,吸入过量一氧化碳而中毒。

生产性毒物是指生产过程中产生或使用的、存在于工作环境空气中的毒物。生产性毒物主要经呼吸道吸收进入人体,如有毒有害气体、蒸气、烟、雾等;亦可经皮肤和消化道进入人体,如酸液、碱液、甲苯、TDI等。生产性毒物的防护措施如下。

(1)尽量采用环保、低毒或无毒的材料。在封闭环境下作业,应装设通风设备进行通风,以降低有害气体浓度。

(2)采用局部通风装置,改善整体通风换气系统。

(3)改善工艺或设备设计,减少有害物散发。

(4)为作业人员配备必要的防护用品。

(5)完善事故应急救援设施。在有毒有害气体工作场所,由于误操作、违章作业、生产设备破损或其他意外因素等,引起有毒有害气体大量逸出,为避免发生急性职业中毒或控制事故危害程度而设的个人防护、通风、紧急停机、防火、防爆等急救设施。

(6)尽量减少在有毒环境或场所的作业时间,并定期体检。

（三）高温作业的防护措施

某铸造企业采用电炉熔炼，造型、浇铸工作由两班人员分别进行作业，因受市场影响，产量下降，企业决定将造型班、浇铸班合并，造型人员既要造型又要浇铸。某日天气预报报告气温37 ℃，当第三炉熔炼结束，浇铸完成后，有数名造型工人出现头昏、心慌、恶心等中暑前兆，经送医院紧急医治后恢复正常。

高温作业是指在高气温或在高气温合并高湿度或在强热辐射的不良气象条件下进行的生产劳动。高温作业时，人体可出现一系列生理功能的改变，主要表现为：体温调节、水盐代谢、循环系统、消化系统、神经系统、泌尿系统等方面的适应性变化。但如超过一定限度，则可引起正常生理功能的紊乱从而导致中暑。其合理的防护措施如下。

（1）控制并减少连续工作时间，合理安排休息。

（2）配备必要的防护用品。夏季做好防暑降温工作，采取遮阳避暑措施，发放使用防暑降温食品、饮品、保健药品，保证充足的饮用水，配置透气性好的工作服或防热服等。

（3）改善工作条件，加强对高温管道、容器的保温工作，尽量减少其对环境温度的影响；加强高温季节作业室内的通风工作。

（四）噪声聋的防护措施

某机械制造公司的吕某从事铆焊工作30年，工作环境长期接触较高强度的噪声，导致耳鸣、听力下降。至职业病防治机构体检发现听力受损，并诊断为"职业性轻度噪声聋"，获得相应职业病工伤待遇。

噪声聋是指人们在工作过程中长期接触生产机械发出的噪声，引起渐进性听力损失且不能恢复的一种职业性耳科疾病，故又称职业性噪声聋。其防护措施如下。

（1）在锅炉、汽轮机、发电机、大型电机等区域进行噪声监测，在已确定的职业危害作业场所的醒目位置，设置职业病危害告知警示标志。

（2）配备合格的个人防护用品，如戴防声耳塞、耳罩或防声帽等。

（3）控制噪声源。使用低噪声生产设备，对高噪声设备采取防噪降噪措施，消除声源，降低声强，限制声音传播。

（4）对在高噪声附近工作的作业人员应减少连续工作时间，合理安排休息。

（五）面部防护措施

职业性眼面伤害约占整个工业伤害的5%，而占眼科医院外伤的50%。使用眼面部防护用品是为了防止异物、化学液体、电离辐射、微波、激光、热辐射对眼面部的伤害，可以避免90%的眼部受伤害事故。主要以防护眼镜、防护面罩为主。

1. 防护眼镜

材质一般是聚碳酸酯（PC），其特点是可有效地预防铁屑、灰沙、碎石等物体引起的眼击伤，适用场所为工厂、矿山及其他作业场所。

2. 防护面罩

材质一般为钢化玻璃、有机玻璃、金属丝网等。其类型分为安全型和遮光型两种。安全型是防御固态的或液态的有害物体伤害眼面部的产品，如钢化玻璃面罩、有机玻璃面罩、金属丝网面罩等。遮光型则是防御有害辐射线伤害眼面部的产品，如电焊面罩、炉窑面罩等。防护面罩可与防毒口罩、防尘口罩、安全帽配合使用,达到全面防护的目的。

使用面部防护用具注意事项:护目镜要选用经产品检验机构检验合格的产品;护目镜的宽窄和大小要适合使用者的脸型;镜片磨损粗糙、镜架损坏会影响操作人员的视力,应及时调换;护目镜要专人使用,防止传染眼病;焊接护目镜的滤光片和保护片要按规定作业需要选用和更换;防止重摔重压,防止坚硬的物体磨损镜片和面罩。

【小知识】

职业病维权流程

1. 劳动关系确认

劳动关系是指用人单位招用劳动者为其成员,劳动者在用人单位的管理下提供有报酬的劳动而产生的权利义务关系。

劳动关系确认最有利的证据就是劳动者与用人单位签订的劳动合同,但实际上在许多职业病纠纷案例中,很多劳动者未与用人单位签订劳动合同。根据《劳动法》中相关规定:用人单位招用劳动者未订立书面劳动合同,但同时具备下列情形的,劳动关系成立:

(1)用人单位和劳动者符合法律、法规规定的主体资格;

(2)用人单位依法制定的各项劳动规章制度适用于劳动者,劳动者受用人单位的劳动管理,从事用人单位安排的有报酬的劳动;

(3)劳动者提供的劳动是用人单位业务的组成部分。

用人单位未与劳动者签订劳动合同,认定双方存在劳动关系时可参照下列凭证:

(1)工资支付凭证或记录(职工工资发放花名册)、缴纳各项社会保险费的记录;

(2)用人单位向劳动者发放的"工作证"、"服务证"等能够证明身份的证件;

(3)劳动者填写的用人单位招工招聘"登记表"、"报名表"等招用记录;

(4)考勤记录;

(5)其他劳动者的证言等。

其中,(1)、(3)、(4)项的有关凭证由用人单位负举证责任。

2. 职业病诊断与鉴定

申请职业病诊断时应当提供下列材料:

(1)职业史、既往史;

(2)职业健康监护档案复印件;

(3)职业健康检查结果;

(4)工作场所历年职业病危害因素检测、评价资料;

(5)诊断机构要求提供的其他必需的有关材料,用人单位和有关机构应当按照诊断机构的要求,如实提供必要的资料。

职业病诊断机构做出职业病诊断后,应当向当事人出具职业病诊断证明书。职业病诊断证明书应当明确是否患有职业病,对患有职业病的,还应当载明所患职业病的名称、程度(期别)、处理意见和复查时间。

职业病诊断证明书应当一式三份,劳动者、用人单位各执一份,诊断机构存档一份。

当事人对职业病诊断有异议的,自接到职业病诊断证明书之日起 30 日内,可以向做出诊断的医疗卫生机构所在地设区的市级卫生行政部门申请鉴定。

当事人对设区的市级职业病诊断鉴定委员会的鉴定结论不服的,自接到职业病诊断鉴定书之日起 15 日内,可以向原鉴定机构所在地省级卫生行政部门申请再鉴定。

省级职业病诊断鉴定委员会的鉴定为最终鉴定。

当事人申请职业病诊断鉴定时,应当提供以下材料:

(1)职业病诊断鉴定申请书;

(2)职业病诊断证明书;

(3)职业史、既往史,职业健康监护档案复印件,职业健康检查结果,工作场所历年职业病危害因素检测、评价资料;

(4)其他有关资料。

职业病诊断鉴定办事机构应当自收到申请资料之日起 10 日内完成材料审核。对材料齐全的,发给受理通知书;材料不全的,通知当事人补充。

职业病诊断鉴定办事机构应当在受理鉴定之日起 60 日内组织鉴定。

3. 工伤认定

《工伤保险条例》第十三条规定,职业病应当被认定为工伤。

职工发生事故伤害或者按照《职业病防治法》规定被诊断、鉴定为职业病,所在单位应当自事故伤害发生之日或者被诊断、鉴定为职业病之日起 30 日内,向统筹地区劳动保障行政部门提出工伤认定申请。遇有特殊情况,经报劳动保障行政部门同意,申请时限可以适当延长。

用人单位未按规定提出工伤认定申请的,工伤职工或者其直系亲属、工会组织在事故伤害发生之日或者被诊断、鉴定为职业病之日起 1 年内,可以直接向用人单位所在地统筹地区劳动保障行政部门提出工伤认定申请。

按照《工伤保险条例》规定,应当由省级劳动保障行政部门进行工伤认定的事项,根据属地原则由用人单位所在地设区的市级劳动保障行政部门办理。

用人单位未在规定的时限内提交工伤认定申请,在此期间发生符合《工伤保险条例》规定的工伤待遇等有关费用由该用人单位负担。

提出工伤认定申请应当提交下列材料:

(1)工伤认定申请表;

(2)与用人单位存在劳动关系(包括事实劳动关系)的证明材料;

(3)医疗诊断证明或者职业病诊断证明书(或者职业病诊断鉴定书)。

劳动保障行政部门受理工伤认定申请后,根据审核需要可以对事故伤害进行调查核实,用人单位、职工、工会组织、医疗机构以及有关部门应当予以协助。职业病诊断和诊断争议的鉴定,依照职业病防治法的有关规定执行。对依法取得职业病诊断证明书或者职业病诊断鉴定书的,劳动保障行政部门不再进行调查核实。

劳动保障行政部门应当自受理工伤认定申请之日起 60 日内做出工伤认定的决定,并书面通知申请工伤认定的职工或者其直系亲属和该职工所在单位。

4. 劳动能力鉴定

劳动能力鉴定由用人单位、工伤职工或者其直系亲属向设区的市级劳动能力鉴定委员会提出申请,并提供工伤认定决定和职工工伤医疗的有关资料。

设区的市级劳动能力鉴定委员会应当自收到劳动能力鉴定申请之日起60日内做出劳动能力鉴定结论,必要时,做出劳动能力鉴定结论的期限可以延长30日。劳动能力鉴定结论应当及时送达申请鉴定的单位和个人。

申请鉴定的单位或者个人对设区的市级劳动能力鉴定委员会做出的鉴定结论不服的,可以在收到该鉴定结论之日起15日内向省、自治区、直辖市劳动能力鉴定委员会提出再次鉴定申请。省、自治区、直辖市劳动能力鉴定委员会做出的劳动能力鉴定结论为最终结论。

自劳动能力鉴定结论做出之日起1年后,工伤职工或者其直系亲属、所在单位或者经办机构认为伤残情况发生变化的,可以申请劳动能力复查鉴定。

【案例分析】

职业病防护用品不符合标准

1. 案例介绍

2003年6月3日,某市卫生监督机构检查发现××家具有限公司厂区醒目位置未见职业病危害公告栏,喷漆工序工人作业现场未能出示职业健康检查证明,且只戴着普通纱布口罩正在作业。监督机构委托市疾病预防控制中心对该公司生产车间职业病危害因素进行检测、评价,结果显示该作业场所存在苯、甲苯、二甲苯等职业病危害因素,且喷漆工序有一个作业点的苯浓度超过国家职业卫生标准(PC-STEL,10 mg/m³),达到30.89 mg/m³。卫生监督员责令该公司限期改正。而2004年1月再次检查时,仍未改正。

市卫生局做出行政处罚决定:××家具有限公司未提供个人使用的职业病防护用品,或者提供的个人使用的职业病防护用品不符合卫生要求;未按照规定公布有关职业病防治的规章制度、操作规程、职业病危害事故应急救援措施;未按照规定组织从事使用有毒物品作业的劳动者进行上岗前职业健康检查,安排未经上岗前职业健康检查的劳动者从事使用有毒物品作业。三项并处,罚款85 000元。

2. 案例分析

普通纱布口罩不能防护有毒有害气体,但在本案中,有毒有害作业工人在工作过程中均佩戴普通纱布口罩,这其中既有工人自己不愿意佩戴防毒面具的因素,也有用人单位平时宣传教育不到位、对作业场所疏于管理的责任。

要解决这个问题:首先,卫生行政部门应加强对企业负责人的培训,企业应加强对有毒有害作业工人的培训,使企业负责人、有毒有害作业工人了解职业病危害因素进入人体的主要途径,认识佩戴个人防护用品对身体健康的重要性;其次,企业应当建立健全职业病防治管理制度,采取适当的奖惩措施,专人负责督促工人正确使用个人防护用品。行政处罚可以有效地提高企业对职业病防治工作的重视程度,但这仅是一种手段,而不是目的。应该通过行政处罚,规范用人单位的行为,使之符合《职业病防治法》的有关要求。

【复习思考题】

1. 简述职业病三级预防的内容。

2. 何谓个人防护用品?

3. 简述生产性粉尘的主要防护措施。

4. 什么是生产性毒物?

5. 何谓噪声聋?

第 3 节 职业健康监护

职业健康监护是指以预防为目的,对接触职业病危害因素人员的健康状况进行系统的检查和分析,从而发现早期健康损害的重要措施。职业健康监护包括职业健康检查、职业健康监护档案管理等内容。

一、职业健康监护的目的

职业健康监护的目的如下:

(1)早期发现职业病及职业健康损害和职业禁忌证;

(2)监视职业病及职业健康损害的发生、发展规律及分布情况;

(3)评价作业环境与职业危害的关系和危害程度;

(4)识别新的职业危害和高危人群;

(5)进行目标干预,包括改善作业环境条件、改革生产工艺、采取更为适当的个人防护、对职业病患者及疑似职业病和有职业禁忌人员的处理与安置等;

(6)评价预防和干预措施的效果;

(7)为制定或修订卫生政策和职业病防治对策服务。

二、职业健康监护的种类和周期

(一)职业健康监护分类

职业健康监护分为上岗前健康检查、在岗期间定期健康检查、离岗时健康检查、离岗后医学随访检查和应急健康检查五类。

1.上岗前健康检查

上岗前健康检查的主要目的是发现有无职业禁忌证,建立接触职业病危害因素人员的基础健康档案。上岗前健康检查均为强制性职业健康检查,应在开始从事有害作业前完成。下列人员应进行上岗前健康检查:

(1)拟从事接触职业病危害因素作业的新录用人员,包括转岗到该作业岗位的人员;

(2)拟从事有特殊健康要求作业的人员,如高处作业、电工作业、驾驶作业等。

2.在岗期间定期健康检查

长期从事规定的需要开展健康监护的职业病危害因素作业的劳动者,应进行在岗期间的定期健康检查。定期健康检查的目的主要是早期发现职业病患者或疑似职业病患者或劳动者的其他健康异常改变;及时发现有职业禁忌证的劳动者;通过动态观察劳动者群体健康变化,评价工作场所职业病危害因素的控制效果。

定期健康检查的周期根据不同职业病危害因素的性质、工作场所有害因素的浓度或强度、目标疾病的潜伏期和防护措施等因素决定。

3. 离岗时健康检查

(1)劳动者在准备调离或脱离所从事的具有职业病危害的作业或岗位前,应进行离岗时健康检查,主要目的是确定其在停止接触职业病危害因素时的健康状况。

(2)如最后一次在岗期间的健康检查是在离岗前的90日内,可视为离岗时检查。

4. 离岗后医学随访检查

(1)如接触的职业病危害因素具有慢性健康影响,或发病有较长的潜伏期,在脱离接触后仍有可能发生职业病,需进行医学随访检查。

(2)尘肺病患者在离岗后需进行医学随访检查。

(3)随访时间的长短应根据有害因素致病的流行病学及临床特点、劳动者从事该作业的时间长短、工作场所有害因素的浓度等因素综合考虑确定。

5. 应急健康检查

(1)当发生急性职业病危害事故时,对遭受或者可能遭受急性职业病危害的劳动者,应及时组织健康检查。依据检查结果和现场劳动卫生学调查,确定危害因素,为急救和治疗提供依据,控制职业病危害的继续蔓延和发展。应急健康检查应在事故发生后立即开始。

(2)从事可能产生职业性传染病作业的劳动者,在疫情流行期或近期密切接触传染源者,应及时开展应急健康检查,随时监测疫情动态。

(二)职业健康检查的主要工作要求

职业健康检查的主要工作要求如下:

(1)职业健康检查机构开展职业健康检查,应当经省级卫生计生行政部门批准,并由省级卫生计生行政部门向社会公布相关信息;

(2)职业健康检查机构应在批准的职业健康检查类别和项目范围内依法开展职业健康检查工作,并出具职业健康检查报告;

(3)职业健康检查机构应当依据相关技术规范,结合用人单位提交的资料,明确用人单位应当检查的项目和周期;

(4)用人单位应当按照国务院安全生产监管部门、卫生计生行政部门的规定,组织从事接触职业病危害作业的劳动者进行职业健康检查,并将检查结果书面告知劳动者;

(5)职业健康检查机构及相关工作人员应当尊重、关心、爱护劳动者,保护劳动者的知情权及个人隐私;

(6)职业健康检查机构发现疑似职业病的,应当及时书面告知劳动者本人和用人单位,同时向所在地卫生计生行政部门和安全生产监督管理部门报告,发现职业禁忌的应及时告知用人单位和劳动者。

(三)职业健康检查分类

职业健康检查按照作业人员接触的职业病危害因素分为接触粉尘类、接触化学因素类、接触物理因素类、接触生物因素类、接触放射因素类及特殊作业等六类。

职业健康检查的项目、周期按照《职业健康监护技术规范》(GBZ 188—2014)执行,放射工作人员职业健康检查按照《放射工作人员职业健康监护技术规范》(GBZ 235—2011)等规定执行。

(四)职业健康检查结果的处理

职业健康检查机构应当在职业健康检查结束之日起 30 个工作日内将职业健康检查结果,包括劳动者个人职业健康检查报告和用人单位职业健康检查总结报告,书面告知用人单位,由用人单位将劳动者个人职业健康检查结果及职业健康检查机构的建议等以书面形式如实告知劳动者。

三、用人单位在职业健康监护方面的职责

用人单位应当组织劳动者进行职业健康检查,并承担职业健康检查费用。劳动者接受职业健康检查应当视同正常出勤。

用人单位应当选择由省级以上人民政府卫生行政部门批准的医疗卫生机构承担职业健康检查工作,并确保参加职业健康检查的劳动者身份的真实性。

用人单位在委托职业健康检查机构对从事接触职业病危害作业的劳动者进行职业健康检查时,应当如实提供下列文件、资料:

(1)用人单位的基本情况;

(2)工作场所职业病危害因素种类及其接触人员名册;

(3)职业病危害因素定期检测、评价结果。

用人单位不得安排未成年工人从事接触职业病危害的作业,不得安排孕期、哺乳期的女职工从事对本人和胎儿、婴儿有危害的作业。

用人单位应当根据劳动者所接触的职业病危害因素,定期安排劳动者进行在岗期间的职业健康检查。

对准备脱离所从事的具有职业病危害作业或者岗位的劳动者,用人单位应当在劳动者离岗前 30 日内组织劳动者进行离岗时的职业健康检查。劳动者离岗前 90 日内的在岗期间的职业健康检查可以视为离岗时的职业健康检查。用人单位对未进行离岗时职业健康检查的劳动者,不得解除或者终止与其订立的劳动合同。

用人单位应当及时将职业健康检查结果及职业健康检查机构的建议以书面形式如实告知劳动者。

用人单位应当根据职业健康检查报告,采取下列措施:

(1)对有职业禁忌的劳动者,调离或者暂时脱离原工作岗位;

(2)对健康损害可能与所从事的职业相关的劳动者,进行妥善安置;

(3)对需要复查的劳动者,按照职业健康检查机构要求的时间安排复查和医学观察;

(4)对疑似职业病患者,按照职业健康检查机构的建议安排其进行医学观察或者职业病诊断;

(5)对存在职业病危害的岗位,立即改善劳动条件,完善职业病防护设施,为劳动者配备符合国家标准的职业病危害防护用品;

(6)职业健康监护中出现新发生职业病(职业中毒)或者两例以上疑似职业病(职业中

毒)的,用人单位应当及时向所在地安全生产监督管理部门报告。

四、职业健康监护档案的建立与管理

为了保护职工健康和维护企业权益,用人单位须为劳动者建立职业健康监护档案,并妥善保存。劳动者的健康监护档案是劳动者健康变化与职业病危害因素关系的客观记录,是职业病诊断鉴定的重要依据。

(一)职业健康监护档案内容

1.企业(用人单位)职业健康监护管理档案

企业(用人单位)职业健康监护管理档案包括如下内容:

(1)职业健康监护委托书;

(2)职业健康检查结果报告和评价报告;

(3)职业病报告卡;

(4)企业对职业病患者、职业禁忌证者和已出现职业相关健康损害劳动者的处置记录;

(5)企业在职业健康监护中提供的其他资料和职业健康检查机构记录整理的相关资料;

(6)卫生行政部门要求的其他资料。

2.劳动者个人健康监护档案

劳动者个人健康监护档案包括如下内容:

(1)劳动者职业史、既往史和职业病危害接触史;

(2)相应工作场所职业病危害因素监测结果;

(3)职业健康检查结果及处理情况;

(4)职业病诊疗等健康资料。

(二)职业病诊断档案内容

职业病诊断档案内容如下:

(1)职业病诊断证明书;

(2)职业病诊断过程记录;

(3)用人单位和劳动者提供的诊断用所有资料;

(4)临床检查与实验室检验等结果报告单;

(5)现场调查笔录及分析评价报告。

【小知识】

职业健康检查与一般健康体检的区别

一般性质的健康体检,体检项目基本上是针对身体总体健康状况而言,检查项目主要包括内科、外科、五官科、泌尿科、妇科等以及血常规、血脂等化验项目,通常是以提供健康咨询、发现常见病并在早期实施治疗、达到保护健康为目的。职业健康检查与一般健康体检具有以下不同。

(1)职业健康检查是具有法律效力的体检行为,实施体检的单位必须是政府卫生行政部门审定批准的医疗机构,其出具的体检结果承担相应的法律责任。

(2)职业健康检查针对性强,比如就业前的健康检查就是针对劳动者即将从事的有害工

种的职业禁忌进行的。

（3）职业健康检查特殊性强，不同的职业病危害因素造成的健康损害不同，各有其特点，比如粉尘作业，主要是呼吸系统的损伤，所以除了常规体检项目，还必须要做 X 线胸部拍片和肺功能检查等。

（4）职业健康检查政策性强。《中华人民共和国职业病防治法》规定，用人单位必须为劳动者做上岗前、在岗期间和离岗时的职业健康检查，并将体检结果如实告知劳动者，同时还要承担体检费用。其目的是为了掌握劳动者健康状况，分清健康损害的法律责任。

所以，劳动者如果是针对职业病危害因素而进行的体检，就应该选择职业健康检查，这样不仅达到了健康体检的目的，也使体检结果具有法律效力，维护了"人人享有职业健康"的权利。

【案例分析】

离岗前未进行职业健康体检引纠纷

1. 案例介绍

何某，男，46 岁，2001—2011 年期间，在甲煤矿公司上班，从事采煤工作。2011 年 5 月 21 日起何某离开了甲煤矿公司，到乙煤矿公司上班，仍然从事采煤工作。2011 年 6 月 1 日，某市疾病预防控制中心诊断何某为煤工尘肺Ⅰ期。2012 年 4 月至 2013 年 8 月，分别认定其为工伤和七级伤残。何某因七级工伤与乙煤矿公司协商处理待遇无果，遂向当地劳动人事争议仲裁委员会申请仲裁，请求裁决乙煤矿公司向其支付工伤待遇约 18 万元。乙煤矿公司认为：何某在本公司的工作时间仅有 11 天，按照最基本的医学常识，11 天工作时间不可能形成职业病，更不可能达到煤工尘肺Ⅰ期，且用工才 11 天赔偿 18 万元，想不通。劳动仲裁委依法审理此案后，查明乙煤矿公司未依法对何某进行上岗前的职业病体检和未给其参加工伤保险，依法裁决乙煤矿公司支付何某各项工伤待遇 12 万余元。

2. 案例分析

本案例中，如果乙煤矿公司在招用员工时依法对员工进行"岗前"职业健康体检和审查该员工的工作简历，杜绝员工"带病"入职，把好入口关，那么就不用承担相应的责任，而是由先前的用工单位买单。

职业健康监护不仅牵扯到职工的自身利益，更是与企业的切身利益密切相关。只有做好职业健康监护工作，按照法规要求组织职工进行"三岗"（岗前、岗中、离岗）体检与建立职业健康档案，才能杜绝职业病伤害事故的发生，才能让职工、企业在职业健康的环境下平稳前行。

【复习思考题】

1. 何谓职业健康监护？
2. 职业健康监护分为哪五类？
3. 职业健康检查结果应如何处理？
4. 职业病诊断档案包括哪些内容？

【延伸阅读】

国际先进健康监护体系

职业卫生服务的可及性、公平性不足是一个全球性的问题,世界各国职业健康监护(OHS)水平差别很大。在最发达的工业化国家中,OHS覆盖了70%～90%的劳动力人群,且在发达国家中绝大多数严重的职业病危害已经被控制在很低水平。发展中国家OHS覆盖率只有10%～30%,且仅限于少数的大型工业企业,而占劳动人口70%～80%的高风险行业、中小企业、流动人群、非正式作坊的劳动者仍得不到职业卫生服务。所以,有必要借鉴世界发达工业化国家职业卫生服务健康监护体系的优点,以此改进我国的职业健康监护体系。

1. **欧美代表国家:美国、丹麦**

在职业病监护体系中,美国和欧洲均将职业病的诊断纳入工伤赔偿或保险系统。

美国是工业发达国家,是世界上最早建立《职业安全和卫生法》的国家之一。基于该法,美国确立以职业安全卫生监察局(OSHA)为执法机构、职业安全卫生复审委员会(OSHRC)为监督机构的职业卫生监管体系;同时,以劳工统计局(BLS)为统计主管机构,建立以"1904规范"为基础的企业雇主对其作业场所职业卫生记录和报告制度,并辅以2种形式的政府主动调查,形成了自下至上和自上至下相结合的调查统计体系。

欧洲的体系与美国基本相似,但略有不同,以丹麦为例。丹麦的国家工伤委员会是劳工部下属的一个机构,直接负责工伤事故和职业病的判定,每年处理约6万起工伤和职业病案例,约有1/5获得赔偿。丹麦对工伤事故和职业病有时间上的界定,即5天之内短期接触引起的伤害属于事故,5天以上接触引起的伤害列入职业病的判定程序。职业病申请者必须提供工作场所、医生和其他有关部门的信息,经初审通过后才能立案。

2. **亚洲代表国家:日本**

日本职业健康监护的独特之处在于对职业卫生技术机构的系统分类和职权明晰。日本职业卫生技术支持机构主要包括:①工业健康推进中心,它是以支援医生等工业健康工作人员、地域工业健康中心工作等成立的机构,负责进行培训和教育、专业咨询、现场指导等;②地域工业健康中心,它是以工人数量低于50的小型企业为对象,将地域工业健康业务委托给郡、市医师会,通过开设健康咨询窗口、实施个别访问的工业健康指导等,完善对小型企业的工业健康服务;③其他机构和专业人员,包括劳动安全卫生综合研究所、职业卫生指导医生(厚生劳动大臣任命,为政府服务)、劳动安全卫生顾问(有资质要求,为企业服务,约有2 500人)。

第7章 事故应急救援

自英国工业革命后,手工生产逐渐被大规模的机器所代替,安全生产事故和人员伤亡事故也随着增加且越来越严重,特别是石油、化工行业,重特大安全生产事故给企业乃至社会带来的危害更大。建立事故应急救援体系、组织有效的应急救援行动已成为抵御事故或控制灾害蔓延、降低危害后果的关键甚至是唯一手段。本章内容包括事故应急救援体系、事故应急救援预案以及事故应急救援演练。下图为常见的一些应急救援标识。

第1节 应急救援体系

对于事故灾难的应急处理,曾长期停留在事发后,即只从结果展开分析,没有就事前、事中、事后建立一个全过程的闭环运行系统,不能进行系统全面的危险源辨识与评估,导致许多应急资源、响应举措出现"空白"。在对国内外经验的借鉴与实践中,人们日益认识到,只有建立完备的应急救援体系,才能使应急救援在思想上有准备,操作上有预案,人员、装备、物资、技术等有保障的情况下进行,才能确保应急救援行动的成功。

据国际劳工组织统计,全球每年发生伤亡事故灾难约2.5亿起,大约造成110万人死亡,造成经济损失相当于全球GDP的4%。加强应急管理,保障应急机构、队伍、人员、预案、装备等的建立、配备、编制、应用到位,不断提高应急救援能力,才能保障在突发险情、事故灾难之时,按照既定应急预案,成功救援抢险,最大限度地避免、减少人员伤亡、财产损失、生态破坏和对社会的不良影响。

一、应急救援的任务与特点

(一)应急救援的任务

事故应急救援的总目标是通过有效的应急救援行动,尽可能地降低事故的后果,包括人员伤亡、财产损失和环境破坏等。事故应急救援的基本任务包括下述几个方面:救助与有序撤离;及时控制危险源;消除危害后果,做好现场恢复;查清事故原因;评估危害程度。见图 7-1-1。

图 7-1-1

(二)应急救援的特点

1. 突发性

事故爆发前基本没有明显征兆,往往是突发和难以预料的;而且一旦发生,会迅速发展,不易控制。因此,要求应急救援行动必须在事故现场,且非常短的时间内做出有效决策。

【案例 7-1-1】 2011 年 11 月 21 日,重庆福安药业有限公司溶剂回收装置发生燃爆事故,中石化川维危化品专业应急救援大队闻警出动,迅捷组织施救,对事故进行了成功处置,有效地控制了灾害的进一步恶化,极大地减轻了事故造成的损失和影响,赢得了地方政府和人民群众的高度评价。

2. 群体性

事故多发生于公共场所,来源于同一污染源、爆炸源等,因此容易出现大批同样症状的"伤员"需要同时救护的局面,按常规医疗办法,无法完成任务。这时应采用军事医学原则,根据伤情,对伤病员进行鉴别分类,实行分级救护后送医疗,紧急疏散事故区内人员。

【案例 7-1-2】 2003 年 12 月,重庆市开县发生天然气井喷事故,一夜间造成硫化氢中毒死亡 243 人。市政府接到报告后,立即展开行动:一是以最快的速度组织群众向安全地带疏散转移;二是迅速电告附近的正坝镇、麻柳乡,从人力、车辆等方面进行支援;三是先遣抢险队伍立即赶往事故现场;四是继续做好县政府的值班工作,及时收集情况,向县政府主要领导、分管领导汇报,确保信息畅通;五是做好启动应急救援系统的各项准备工作。

3. 复杂性

应急救援的复杂性表现在以下一些方面:事故灾难、灾害或事件影响因素与演变规律的不确定性和不可预见的多变性;众多来自不同部门参与应急救援活动的单位,在信息沟通、行动协调与指挥、授权与职责、通信等方面的有效组织和管理;应急响应过程中公众的反应、恐慌心理、公众过急等突发行为的复杂性等。这些复杂因素的影响,给现场应急救援工作带来了严峻的挑战,应对应急救援工作中各种复杂的情况做出足够的估计,制订出随时应对各种复杂变化的相应方案。

【案例7-1-3】 2012年8月25日凌晨1点11分,位于委内瑞拉法尔孔州的帕拉瓜纳半岛的委内瑞拉最大的阿穆艾(Amuay)炼油厂储油区,由于天气原因,外泄的丙烷气体在该区域不断聚集,遇到火种后发生爆炸。事故造成48人死亡,超过80人受伤。爆炸发生后,委内瑞拉政府调集222名消防队员前往救援,消防队员和大批国家石油公司的志愿者一起全力控制火势。

二、应急救援体系的基本构成

(一)应急救援体系的组成

一个完整的应急救援体系由四个部分组成,分别是:组织体制、运作机制、法律基础和应急保障系统,见图7-1-2。

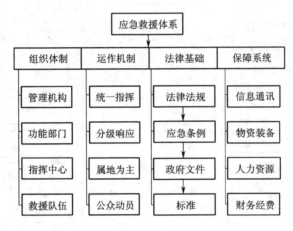

图 7-1-2

(二)应急救援体系的响应机制

重大事故应急救援体系根据事故灾难的性质、严重程度、事态发展趋势和控制能力实行分级响应机制,对不同的响应级别,相应地明确事故灾难的通报范围,应急中心的启动程度,应急力量的出动和设备、物资的调集规模,疏散的范围,应急总指挥的职位等。典型的响应级别通常可分为3级。

(三)应急救援体系的响应程序

事故灾难应急救援系统的应急响应程序按过程可分为接警、响应级别确定、应急启动、救援行动、应急恢复和应急结束等。

(1)接警与响应级别确定。接到事故灾难报警后,按照工作程序,对警情做出判断,初步确定相应的响应级别。如果事故灾难不足以启动应急救援体系的最低响应级别,响应关闭。

(2)应急启动。应急响应级别确定后,按所确定的响应级别启动应急程序,如通知应急中心有关人员到位、开通通信网络、通知调配救援所需的应急资源(包括应急队伍和物资、装备等)、成立现场指挥部等。

（3）救援行动。有关应急队伍进入事故灾难现场后,迅速开展事故灾难侦测、警戒、疏散、人员救助、工程抢险等有关应急救援工作,专家组为救援决策提供建议和技术支持。当事态超出响应级别无法得到有效控制时,向应急中心请求实施更高级别的应急响应。

（4）应急恢复。救援行动结束后,进入临时应急恢复阶段。该阶段主要包括现场清理、人员清点和撤离、警戒解除、善后处理和事故灾难调查等。

（5）应急结束。执行应急关闭程序,由事故灾难总指挥宣布应急结束。

应急救援体系的响应机制见图 7-1-3。

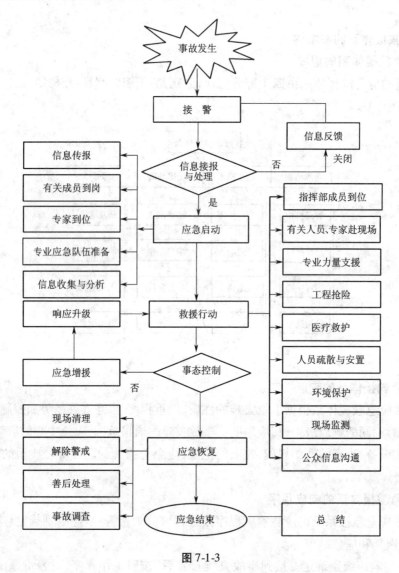

图 7-1-3

（四）指挥系统（ICS）的构建

重大事故现场情况往往十分复杂,且汇集了各方面的应急力量与大量的资源,应急救援行动的组织、指挥和管理成为重大事故灾难应急工作所面临的一个严峻挑战。

应急救援过程中存在的主要问题有:

（1）太多的人员向事故灾难指挥官汇报；

（2）应急响应的组织结构各异，机构间缺乏协调机制，且术语不同；

（3）缺乏可靠的事故灾难相关信息和决策机制，应急救援的整体目标不清或不明；

（4）通信不兼容或不畅；

（5）授权不清或机构对自身现场的任务、目标不清。

为保证现场应急救援工作的有效实施，必须对事故现场的所有应急救援工作实施统一的指挥和管理，即建立事故灾难指挥系统（ICS），形成清晰的指挥链，以便及时获取事故灾难信息、分析和评估势态，确定救援的优先目标，决定如何实施快速、有效的救援行动和保护生命的安全措施，指挥和协调各方应急力量的行动，高效利用可获取的资源，确保应急决策的正确性和应急行动的整体性和有效性。事故灾难指挥系统见图7-1-4。

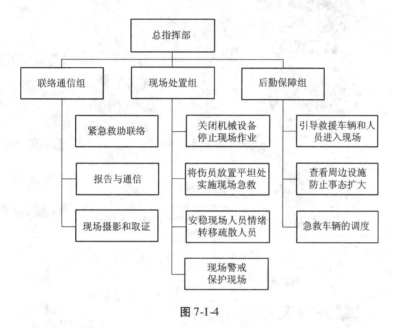

图 7-1-4

现场应急指挥系统的结构应当在紧急事件发生前就已建立，预先对指挥结构达成一致意见，将有助于保证应急各方明确各自的职责，并在应急救援过程中更好地履行职责。现场指挥由指挥、行动、后勤保障等应急响应职能组成。

【小知识】

应急包

应急包又称逃生包，是用来应对各种灾难的工具集合，一般是把应对灾难的小工具装进一个包里。它是在灾害发生后，让受灾人们能够积极自救互救，并且为他们争取等待救援时间的一系列物品。

应急包里面除了必备的救生水和应急食品（体积小、重量轻、能量高的食品，如压缩饼干）外，也储备了急救用品，以及一些生活和自救互救的必需品，例如能有效保持体温的防寒保温毯、帮助受困者挖掘瓦砾和攀爬绳索的带胶手套、能了解外界信息的收音机、高频口哨（必须是经过测试的 3 000 Hz 才有作用)、开罐器、多功能工具、手电筒、备用电池、酒精棉片、纱布、创可贴、消炎药等等。应急包的物品配置并没有统一的标准,主要根据所在地应对灾难风险的特点来进行配置,自己可以根据需要配置单品。应急包使用概率非常低,低到一生都可能派不上用场,但只要用上一次,就能救自己或救别人一生。应急包见图 7-1-5。

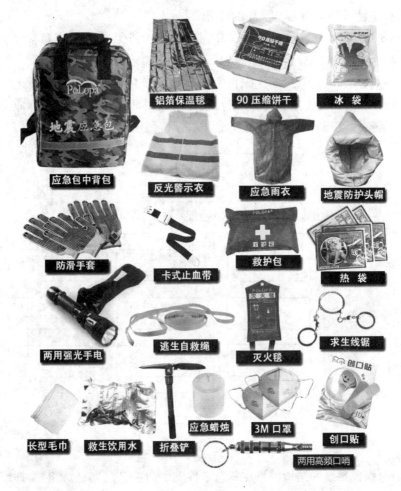

铝箔保温毯　90 压缩饼干　冰　袋
应急包中背包　反光警示衣　应急雨衣　地震防护头帽
防滑手套　卡式止血带　救护包　热　袋
两用强光手电　逃生自救绳　灭火毯　求生线锯
长型毛巾　救生饮用水　折叠铲　应急蜡烛　3M 口罩　创口贴
两用高频口哨

图 7-1-5

【案例分析】

河北克尔化工"2·28"爆炸事故应急救援

2012 年 2 月 28 日,位于石家庄市赵县境内的河北克尔化工有限公司发生重大爆炸事故,造成 25 人死亡、4 人失踪、46 人受伤,直接经济损失 4 459 万元。

1. 事故经过

2012 年 2 月 28 日 11 时 42 分,克尔公司从业人员擅自将导热油加热器出口温度设定高限由 215 ℃提高至 255 ℃,使反应釜内物料温度接近了硝酸胍的爆燃点(270 ℃)。当 1 号反应釜底部伴热导热油软管连接处发生泄漏着火后,当班人员处置不当,造成釜内反应产物硝酸胍和未反应的硝酸铵急剧分解爆炸。1号反应釜爆炸产生的高强度冲击波以及高温、高速飞行的金属碎片瞬间引爆堆放在1号反应釜附近的硝酸胍,引发次生爆炸,从而引发强烈爆炸。

2.事故原因

(1)安全生产责任不落实。企业负责人对危险化学品的危险性认识严重不足,技术、生产、设备、安全分管负责人严重失职,对违规拆除反应釜温度计、擅自提高导热油温度等违规行为,听之任之,不予以制止和纠正。

(2)企业管理混乱,生产组织严重失控。车间班组未配备专职管理人员,有章不循,管理失控。

(3)车间管理人员、操作人员专业知识低。公司车间主任和重要岗位员工缺乏化工生产必备的专业知识和技能,未经有效安全教育培训即上岗作业,对突发异常情况,缺乏有效应对的知识和能力。

(4)企业隐患排查走过场。

(5)政府相关部门监管不力。县乡政府对化工生产的危险性认识不足,安监、质监、工信、发改等部门以及企业所在生物产业园管委会监管力量不足。

3.事故教训

事故发生后,省、市、县三级政府紧急成立了现场应急救援指挥部,组织协调有关救援队伍开展现场搜救和清理工作。调动安全监管、公安、武警、特警、消防、医疗救护、电力、商务、民政等各种救援人员1 000余人次,动用各种特种机械及救援车辆200余台次,历经80多小时的连续奋战,清理倒塌厂房建筑垃圾1 000多立方米,清运危险爆炸品3余吨,清理出21具尸体和144块尸块。至3月3日12时,现场搜救工作全部结束。

现场搜救工作结束后,现场应急救援指挥部研究制定了《厂区危险化学品处置方案》,对该公司尚存的34种共计710吨硝基胍、硝酸铵、硫酸等危险化学品以及二车间和十车间29釜约17吨未放料的液态硝基胍进行妥善处置。至3月13日,将公司厂区及库房内具有易燃、易爆或腐蚀性的危险化学品全部运出厂区;二车间和十车间未放完料的液态硝基胍处置完毕;将其他剩余危险化学品就地封存。

【复习思考题】

一、判断题

1.一个完整的应急体系由四个部分组成,分别是:_____、____、_____和_____。

2.事故灾难应急救援系统的应急响应程序按过程可分为_____、_____、_____和_____、_____、_____等几个过程。

3.行动工作组的应急行动包括_____、_____、医疗救治、_____等。所有的行动都依据事故灾难行动计划来完成。

二、问答题

1.应急救援过程中存在的主要问题有哪些?

2.事故应急救援的总目标是什么?

3.事故应急救援的基本任务有哪些?

第2节 应急救援预案

事故应急救援预案也称事故应急计划,是针对各种可能发生的事故所需的应急行动而制定的指导性文件,是事故预防系统的重要组成部分。预防为主是安全生产的原则,事故的发生也并不是偶然的。海因里希理论认为:一起重大事故背后意味着29起未遂事故,意味着300次的事件,意味着无数的隐患、不安全状态及不安全行为的发生,如图7-2-1所示,故一切应以预防为主。

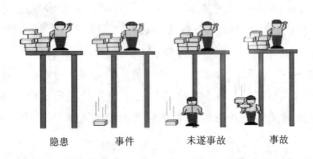

图 7-2-1

一、概述

从国外来看,西方发达国家对事故应急救援预案非常重视,早在20世纪80年代就以法律法规的形式对事故灾难应急救援预案进行了规定,如:美国1986年的《应急计划与社区知情法》,英国1984年制定的《重大工业事故灾难预防控制规程》,加拿大1991年制定的《工业应急计划标准》与《应急计划指南》,欧盟1982年发布的《重大工业事故灾难危险法令》,国际劳工组织1993年通过的《预防重大工业事故灾难公约》等。现在西方发达国家都建立了比较完善的事故灾难应急救援体系;我国的应急救援体系正处在建立阶段,还不完善,特别是在乡镇、企业基层的事故灾难应急救援预案体系及编制还存在许多问题,需要不断改进。

(一)编制应急救援预案的目的

虽然人们对生产过程中出现的危险有了一定的应对经验,但事故发生的概率有时还比较高。依据预测提前制订重大事故应急救援预案,组织、培训抢险队伍和配备救助器材,以便事故发生时能及时应对,救援并有效控制事态。所以编制事故应急救援预案有三方面的目的。

1.事故预防

通过危险辨识、事故后果分析,采用技术和管理手段降低事故发生的可能性且使可能发生的事故控制在局部,防止事故蔓延。

2.应急处理

万一发生事故(或故障),有应急处理程序和方法,能快速反应处理故障或将事故消除在萌芽状态。

3.抢险救援

采用预定现场抢险和抢救方式,控制或减少事故造成的损失。

（二）应急救援预案的分级

国际上一般将应急救援预案分为四级。现在我国将应急救援预案分为五级：国家级（Ⅴ），省级（Ⅳ），市/地州级（Ⅲ），县、市（区）级（Ⅱ），乡镇、企业级（Ⅰ）。也有研究人员将其分为四级。但不论分为几级，乡镇、企业级的预案都是最基本的，在实际工作中也是最能发挥实效性的。

（三）应急救援预案的分类

1. 综合预案

综合预案相当于总体预案，从总体上阐述预案的应急方针、政策，应急组织结构及相应的职责，应急行动的总体思路等。它可以作为应急救援工作的基础和"底线"，对那些没有预料的紧急情况也能起到一般的应急指导作用。

2. 专项预案

专项预案是针对某种具体的、特定类型的紧急情况（如危险物质泄漏、火灾等）的应急而制定的预案。专项预案是在综合预案的基础上，充分考虑了某种特定危险的特点，对应急的形势、组织机构、应急活动等进行更具体的阐述，具有较强的针对性。

3. 现场预案

现场预案具有更强的针对性和现场具体救援活动的指导性。现场预案的另一特殊形式为单项预案。随着这些活动的结束，这些临时性应急行动方案的有效性也随之终结。单项预案主要是针对临时活动中可能出现的紧急情况，预先对相关应急机构的职责、任务和预防性措施做出的安排。

二、应急救援预案

（一）应急救援预案的编制

1. 编写组的成立

成立由各有关部门组成的预案编制小组，指定负责人。

2. 危险分析和应急能力评估

辨识可能发生的重大事故灾难风险，并进行影响范围和后果分析（即危险识别、脆弱性分析和风险分析）；分析应急资源需求，评估现有的应急能力。

3. 编制应急预案

根据危险分析和应急能力评估的结果，确定最佳的应急策略。

4. 应急预案的评审与发布

预案编制后应组织开展预案的评审工作，包括内部评审和外部评审，以确保应急预案的科学性、合理性以及与实际情况的符合性。预案经评审完善后，由主要负责人签署发布，并按规定报送上级有关部门备案。

5. 应急预案的实施

预案经批准发布后，应组织落实预案中的各项工作，如开展应急预案宣传、教育和培训，落实应急资源并定期检查，组织开展应急演习和训练，建立电子化的应急预案，对应急预案实施动态管理与更新，并不断完善。

（二）应急预案核心要素及编制要求

一个完善的应急预案按相应的过程,可分为方针与原则、应急策划、应急准备、应急响应、现场恢复、预案管理与评审改进6个一级关键要素。根据一级要素中所包括的任务和功能,其中应急策划、应急准备和应急响应3个一级关键要素可进一步划分成若干个二级小要素。所有这些要素即构成了重大事故灾难应急预案的核心要素。

1. 方针与原则

应急救援体系首先应有一个明确的方针和原则来作为指导应急救援工作的纲领。方针与原则反映了应急救援工作的优先方向、政策、范围和总体目标,如保护人员安全优先,防止和控制事故灾难蔓延优先,保护环境优先。

2. 应急策划

应急预案是有针对性的,具有明确的对象,其对象可能是某一类或多类重大事故灾难类型。在进行应急策划时,应当列出国家、地方相关的法律法规,以作为预案制定和应急工作的依据和授权。应急策划包括危险分析、资源分析以及法律法规要求3个二级要素。

3. 应急准备

应急准备应当依据应急策划的结果开展,包括各应急组织及其职责权限的明确、应急资源的准备、公众教育、应急人员培训、预案演练和互助协议的签署等。

4. 应急响应

应急响应的核心功能和任务包括:接警与通知、指挥与控制、警报和紧急公告、通信、事态监测与评估、警戒与治安、人群疏散与安置、医疗与卫生、公共关系、应急人员安全、消防和抢险、泄漏物控制。

5. 现场恢复

大量的经验教训表明,在现场恢复的过程中仍存在潜在的危险,如余烬复燃、受损建筑倒塌等,所以应充分考虑现场恢复过程中可能的危险。该部分主要内容应包括:宣布应急结束的程序、撤离和交接程序、恢复正常状态的程序、现场清理和受影响区域的连续检测、事故灾难调查与后果评价等。

6. 预案管理与评审改进

应急预案是应急救援工作的指导文件,具有法规权威性,所以应当对预案的制定、修改、更新、批准和发布做出明确的管理规定,并保证定期或在应急演习、应急救援后对应急预案进行评审,针对实际情况以及预案中所暴露出的缺陷,不断地更新、完善和改进。

【小知识】

应急救援预案的配套要求

1. 相应的规章制度

(1)值班制度:建立24小时值班制度,夜班由行政值班和生产调度负责,如有问题及时处理。

(2)检查制度:每月由公司应急救援指挥部结合生产安全工作,检查应急救援工作情况,发现问题及时整改。

（3）例会制度：每季度由事故应急救援指挥部组织召开一次指挥小组成员和各专业队负责人会议，检查上季度工作，并针对存在问题，积极采取有效措施，加以改进。

（4）总结评比制度：每次训练和演习结束后应进行总结评比奖励和表彰先进。建立总结评比办法和对于事故处理中有功和有过人员的奖罚措施。

2. 培训和演练

（1）对操作人员的培训内容：鉴别异常情况并及时上报的能力与意识，对待各种事故如何处理；自救和互相救护的能力。

（2）对专业队的培训：各种器材、工具的技能与知识，任务的目的和如何完成任务，与上下级联系的方法和各种信号的含义。

（3）对企业一般员工的培训：危险隐患类型识别，各种信号的含义识别，防护用具的使用和自制简单防护用具，紧急状态下如何行动。

（4）定期举行训练和演习。

【案例分析】

中石化东黄输油管道泄漏爆炸事故应急救援

1. 事故经过

2013 年 11 月 22 日 10 时 25 分，位于山东省青岛经济技术开发区的中国石油化工股份有限公司管道储运分公司东黄输油管道泄漏原油进入市政排水暗渠，在形成密闭空间的暗渠内油气积聚遇火花发生爆炸，造成 62 人死亡、136 人受伤，直接经济损失 75 172 万元。

2. 事故原因

（1）输油管道与排水暗渠交汇处管道腐蚀减薄，管道破裂，原油泄漏，流入排水暗渠并反冲到路面。原油泄漏后，现场处置人员采用液压破碎锤在暗渠盖板上打孔破碎，产生撞击火花，引发暗渠内油气爆炸。

（2）中石化集团公司及下属企业安全生产主体责任不落实，隐患排查治理不彻底，现场应急处置措施不当；管道保护工作主管部门履行职责不力，安全隐患排查治理不深入。

（3）青岛市人民政府及开发区管委会贯彻落实国家安全生产法律法规不力；履行职责不到位，事故发生地段规划建设混乱；对事故风险研判失误，导致应急响应不力。

3. 事故教训

（1）加强安全预防管理，避免违规违章作业。现场处置人员没有对暗渠内的油气进行检测就冒险作业，而且采用非防爆的工具进行施工，从而导致油气爆炸。

（2）完善油气管道应急管理，全面提高应急处置水平。原油泄漏到爆炸 8 个多小时，期间从企业到政府的有关部门未按应急预案要求进行研判，对事故风险评估出现严重错误，没有及时下达启动应急预案的指令，也没有及时通知疏散周边的群众。现场处置人员没有对泄漏区域实施有效警戒和围挡；抢修现场未进行可燃气体检测，盲目动用非防爆设备进行作业，严重违规违章。

（3）深入开展隐患排查治理，企业和政府监管部门都有责任。本次事故就是对输油管道与排水暗渠交汇处存在的重大隐患没有进行彻底的排查和整改，隐患排查时不认真、不负责导致。

【复习思考题】

一、填空题

1. _____和_____是事故预防的两个关键点,而_____和_____是事故损失控制的两个关键点。综上所述,制定事故应急救援预案的原则是_____。

2. 一个完善的应急预案按相应的过程,可分为_____、_____、_____、_____、_____、预案管理与评审改进6个一级关键要素。

二、问答题

1. 应急预案的核心内容包括哪些?

2. 事故应急救援预案的编制目的是什么?

第3节　应急预案的演练

　　预案演练是对应急能力的综合检验。应组织由应急各方参加的预案训练和演练,使应急人员进入"实战"状态,熟悉各类应急处理和整个应急行动的程序,明确自身的职责,提高协同

图 7-3-1

作战的能力。同时,应对演练的结果进行评估,分析应急预案存在的不足,并予以改进和完善。对于某些不可抗因素导致的事故,虽然无法准确预测其发生,但可以通过建立事故应急救援预案,平日里进行事故应急救援的演练,待到事故真正发生时,可有序指导群众防护和组织撤离,抢救受害人员,消除危害后果,将事故的危害降到最低。预案演练见图 7-3-1。

一、演练的参与人员

　　应急演练的参与人员包括参演人员、控制人员、模拟人员、评价人员和观摩人员。这5类人员在演练过程中都有着重要的作用,并且在演练过程中都应佩戴能表明其身份的识别符。

（一）参演人员

　　相对于通常所说的演员,参演人员所承担的具体任务主要包括救助伤员或被困人员、保护财产或公众健康、获取并管理各类应急资源、与其他应急人员协同处理重大事故灾难或紧急事件。

（二）控制人员

　　控制人员根据演练方案及演练计划的要求,引导参演人员按响应程序行动,并不断给出情况或消息,供参演的指挥人员进行判断、提出对策。

（三）模拟人员

　　模拟人员是指演练过程中扮演、代替某些应急组织和服务部门或模拟紧急事件、事态发展的人员,如释放烟雾、模拟气象条件、模拟泄漏、模拟受害或受影响人员等。

（四）评价人员

　　评价人员是指负责观察演练进展情况并予以记录的人员。在不干扰参演人员工作的情况

下,协助控制人员确保演练按计划进行。

(五)观察人员

观察人员是指来自有关部门、外部机构以及旁观演练过程的观众。

二、演练实施的基本过程

应急演练是由许多机构和组织共同参与的一系列活动,应包括消防、公安、医疗急救、应急管理、气象以及新闻媒体、企业、交通运输等单位,必要时部队也应参加。一般而言,综合性应急演练的过程应包括演练准备、演练实施和演练总结3个阶段。

【案例7-3-1】 2015年8月14日下午,美国得州一家石油工业供应公司发生火灾爆炸后,在应急救援的同时,政府的紧急通知体系启动运行,通知火灾现场两英里内的居民关闭空调待在室内。消防局局长告诉媒体和电视台,官方决定先让火燃尽,以防止其中有危险化学品,现场有超过50名消防员以及一支危化品处理小组待命。下午6点左右,查明起火原因后,开始使用泡沫灭火,事故并未造成任何人员伤亡。

(一)演练准备阶段

主要任务有确定演练日期、演练目标和演示范围,编写演练方案,讲解演练方案与演练活动,综合协调各参演单位,落实责任和任务,踏勘演练现场,安排后勤工作等。

(二)演练实施阶段

主要任务有组织实施演练,记录参演组织的演练表现等。见图7-3-2。

(三)演练总结阶段

主要任务有编写演练总结报告、通报不足项、汇报与协调、评价和报告补救措施、追踪整改等。

图7-3-2

三、演练结果的评价

演练活动结束后进行演练总结与讲评,可以采取访谈、汇报、协商、自我评价、公开会议和通报等形式。主要是针对应急演练所达到的效果以及在应急演练过程发现的问题进行评估、评价,并对存在问题(如报告程序不对、预警接警判断失误、应急处置缓慢、部门衔接不上或存在盲区、应急响应不及时等)进行总结,督促有关方面进行整改。

(一)不足项

演练过程中发现的问题确定为不足项时,策划小组负责人应对该不足项进行详细说明,并给出应采取的纠正措施和完成时限。最有可能导致不足项的应急预案编制要素包括:职责分配,应急资源,警报、通报方法与程序,通信,事态评估,公众教育与公共信息,保护措施,应急人员安全和紧急医疗服务等。

(二)整改项

整改项应在下次演练前予以纠正。在以下两种情况下,整改项可列为不足项:一是某个应急组织中存在2个以上整改项,共同作用可影响保护公众安全与健康能力的;二是某个应急组织在多次演练过程中,反复出现前次演练发现的整改项问题的。

(三)改进项

改进项指应急准备过程中应予改善的问题。它不会对人员安全与健康产生严重的影响,视情况予以改进,不必一定要求予以纠正。

【小知识】

应急救援仿真演练系统

应急救援仿真演练系统是建立在虚拟现实和灾害仿真技术基础之上的。为了满足应急演练和各种预案落实和考核的需要,计算机人员研发了通过对各类灾害数值模拟和人员行为数值模拟的仿真系统。系统通过对灾害现场和灾害过程的模拟仿真,为参训者在计算机系统上提供执行各项应急救援任务的虚拟环境。参训者在此环境中按照职能和任务的不同,模拟不同的角色,各角色相互合作、协同训练,完成所设定的任务。

该系统可以用来训练各级决策与指挥人员、事故处置人员,发现应急处置过程中存在的问题,检验和评估应急预案的可操作性和实用性,提高应急能力。系统可以使企事业单位能够运用现代化手段,加强协调能力和应急能力,使应急演练科学化、智能化、虚拟化。

仿真演练系统可以广泛应用于石油、电力、钢铁、冶金、煤矿、化工、航空、机场、运动场馆、地下管道、地铁、公路、自然灾害、反恐等需要三维可视化用于决策和分析的领域。

【案例分析】

沧州大化"5·11"爆炸事故应急救援

1. 事故经过

2007 年 5 月 11 日 13 点 27 分左右,中国化工集团沧州大化 TDI 有限责任公司突然发生爆炸,中心爆炸点位于沧州大化 TDI 有限责任公司 TDI 车间的一处硝化工段,并随后引发甲苯供料槽的大火。

2. 事故原因

硝化系统在处理系统异常中,过硝化反应放出大量的热无法移出,致使一硝化静态分离器和一硝基甲苯储槽温度快速上升,硝化物在高温下发生爆炸。另外,生产、技术管理混乱,工艺参数控制不严,异常工况处理时没有严格执行工艺操作规程;在生产装置长时间处于异常状态、工艺参数出现明显异常的情况下,未能及时采取正确的技术措施,导致事故发生。人员技术培训不够,技术人员不能对装置的异常现象综合分析、做出正确的判断;操作人员对异常工况处理缺乏经验。此外,这次事故还暴露出工厂布局不合理、消防水泵设计不合理等问题。

3. 事故教训

(1)加强安全预防管理工作,消除企业员工麻痹思想。事故发生前,硝化系统部分工艺技术环节缺少自动化连锁控制,使得生产运行缺少了一道安全保障,也为这次爆炸的发生埋下了隐患。

(2)应急准备和应急救援器材还需要进一步充实。在应急准备方面,这次爆炸事故中暴露出了大功率消防车的不足。

(3)政府应急处置中社会动员能力相对偏弱,农村基层自治组织的积极作用还有待发挥。

【复习思考题】

一、填空题

1. 应急演练的参与人员包括_____、控制人员、模拟人员、_____和观摩人员。这5类人员在演练过程中都有着重要的作用,并且在演练过程中都应佩戴_____。

2. 最有可能导致不足项的应急预案编制要素包括:_____,应急资源,_____、通报方法与程序,通信,_____,公众教育与公共信息,_____,应急人员安全和紧急医疗服务等。

二、问答题

演练实施的基本过程包括哪些阶段?

【延伸阅读】

应急救援预案发展史

美国是使用应急预案较早的国家之一。在20世纪50年代之前,应急救援还被看做是受灾人的邻居、宗教团体及居民社区的一种道德责任,而不是政府的责任。1967年,美国开始统一使用"911"报警救助电话号码。20世纪60—70年代,美国地方政府、企业、社区等开始大量编制应急预案,不过尽管如此,大约20%的地方政府到1982年还没有正式的应急预案。1992年,美国发布《联邦应急预案》(Federal Response Plan)。"9·11"之后的2002年,将FEMA包括在内的美国国土安全部(Department of Homeland Security,DHS)成立。2004年,美国发布了更为完备的《国家应急预案》(National Response Plan)。

我国1949年以后,开始经历了单项应急预案阶段,直到2001年才开始进入综合性应急预案的编制使用阶段。

在我国的煤矿、化工厂等高危行业,一般会有相应的《事故应急救援预案》和《灾害预防及处理计划》;公安、消防、急救等负责日常突发事件应急处置的部门,都已制定了各类日常突发事件应急处置预案;20世纪80年代末,国家地震局在重点危险区开展了地震应急预案的编制工作,1991年完成了《国内破坏性地震应急反应预案》编制,1996年,国务院颁布实施《国家破坏性地震应急预案》;大约在同一个时期,我国核电企业编制了《核电厂应急计划》,1996年,国防科工委牵头制定了《国家核应急计划》。

2001年开始,上海市编制了《上海市灾害事故紧急处置总体预案》;2003年9月,由于SARS的影响,北京市发布了《北京防治传染性非典型肺炎应急预案》;同年7月,国务院办公厅建立了突发公共事件应急预案工作小组,开始全面布置政府应急预案编制工作。

我国于2006年1月8日颁布了《国家突发公共事件总体应急预案》,同时还编制了若干专项预案和部门预案,以及若干法律法规。截至2007年初,全国各地区、各部门、各基层单位共制定各类应急预案超过150万件。

随着2006年1月8日国务院发布的《国家突发公共事件总体应急预案》出台,我国应急预案框架体系初步形成。是否已制定应急能力及防灾减灾应急预案,标志着社会、企业、社区、家庭安全文化的基本素质的程度。作为公众中的一员,我们每个人都应具备一定的安全减灾文化素养及良好的心理素质和应急管理知识。

下篇　紧急避险

　　随着我国经济的不断发展,传统校园的概念不论从形式上还是思想上,都逐渐融入整个社会。但学生在象牙塔内及从象牙塔进入社会的过程中,却由于涉世未深、阅历不足、防范意识欠缺等原因,表现出日益增多的安全问题,意外伤害事件时有发生,不断威胁着学生的身心健康和学校的安全发展。

　　本篇针对学生在校内外日常生活中经常遇到的安全问题,基于生命高于一切的理念,从基本的自我防护意识出发,普及常用的自我防护技能,学习校园安全知识和火灾逃生、触电急救、交通出行等安全常识。若遇人身及财产侵害、爆恐事件、传染性疾病与动(宠)物伤害,或其他公共卫生突发事件,做到冷静应对、科学防范、有效避险,保护自我身心安全、保护国家和人民生命财产安全。人人掌握心肺复苏和现场急救术并加以练习,在事故灾难面前,做到临危不乱,有序地进行自救与互救,减少事故损失,避免扩大伤害,创造生命奇迹。

第8章 高校校园安全

良好的校园秩序是高校师生在校园正常学习、工作和生活的重要保障。在高校发展中,安全是高校各项工作得以进展的先决条件,且高校及其周边环境的安全与稳定关系到整个社会的稳定。由于受到多种因素的影响,高校校园及周边环境日趋复杂化,安全隐患随处可见,高校安全工作面临严峻的考验。

第1节 高校校园安全

高等院校是培养高级专业人才的摇篮,也是社会组成的一部分。随着我国高等教育的迅速发展,高校办学规模不断扩大,校园社会化现象日趋明显,一些校园事故如火灾、人身伤害、盗窃事故及诈骗事故等时有发生,不时成为社会各界所关注的热点问题。

一、消防安全与对策

(一)校园常见的火灾类型

1. 生活火灾

学生生活用火造成火灾的现象屡见不鲜,主要原因有:在宿舍内违章乱设燃气、燃油、电器火源;火源位置接近可燃物;乱拉电源线路,电线穿梭于可燃物中间;使用大功率照明设备等。见图8-1-1。

图 8-1-1

有统计表明,生活火灾已占校园火灾事故总数的70%以上。安全使用生活火源必须引起学生的高度重视,学生必须学会自防自救。

2. 电器火灾

【案例8-1-1】 2008年5月5日某大学28号楼6层S0601女生宿舍发生火灾,着火后楼内到处弥漫着浓烟,楼层能见度不足10 m。着火的宿舍楼可容纳学生3 000余人。火灾发生时大部分学生都在楼内,所幸消防员及时赶到将学生紧急疏散,才没有造成人员伤亡。

图 8-1-2

事故原因:宿舍最初起火部位为物品摆放架上的接线板,当时该接线板插着两台可充电台灯及引出的另一接线板。该接线板因用电器插头连接不规范,且长时间充电造成电器线路发生短路,火花引燃该接线板附近的布帘等可燃物蔓延向上造成火灾。事发后校方在该宿舍楼进行检查,发现1 300余件违规使用的电器,其中最易引发火灾的"热得快"有30件。见图8-1-2。

目前学生拥有大量的电器设备,大到电视机、电脑、录音机,小到台灯、充电器、电吹风,还有违规购置的电热毯、"热得快"等电热器具。学生宿舍由于所设电源插座较少,学生违章乱拉电源线路现象普遍,不合安全规范的安装操作致使电源短路、断路、接点接触电阻过大、负荷增大等引起电气火灾的隐患增多。电器设备如果是不合格产品,也是致灾因素。尤其是电热器的大量不规范使用,极易引发火灾。

3. 实验室火灾

实验室内,尤其是化学实验室易燃易爆物品多,学生的不合理操作,或者教师、学生等的误操作,容易导致禁忌药品发生相互作用,引起火灾。特别是在有机化学实验中,经常进行的蒸馏、萃取等操作,具有较大的火灾危险性。

【**案例8-1-2**】 2004年3月某高校化学实验室王某将1 L工业乙醇倒入放在水槽中的塑料盆,然后将金属钠用剪刀剪成小块,放入盆中。开始时反应较慢,不久盆内温度升高,反应激烈。当事人即拉下通风柜,把剪刀随手放在水槽边。这时水槽边的废溶剂桶外壳突然着火,并迅速引燃了水槽中的乙醇。当事人立刻将燃烧的废溶剂桶拿到走廊上,同时用灭火器扑救水槽中燃烧的乙醇。此时走廊上火势也逐渐扩大,直至引燃了四扇门框。

分析:发生事故的原因是反应时放出氢气和大量的热量,氢气被点燃并引燃了旁边的废溶剂造成事故。

措施:处理金属钠时必须清理周围易燃物品;一次处理量不宜过多;注意通风效果,及时排除氢气;或与安全部门联系,在空旷的地方处理。

(二)校园发生火灾的原因

1. 客观原因

学生人数多,居住密度高,宿舍、教室及实验室内都存在一定的火灾危险性,有些老旧房屋建筑耐火等级低,电气线路老化,极易引起火灾。

2. 主观原因

1)消防安全意识淡薄

少数学生心存侥幸认为火灾离自己很远,忽视学校举行的消防安全知识教育和培训,认为是多此一举,没有必要。面对一些火灾案例,只是觉得很凄惨,却没有从思想深处引起重视。也有很多学生认为消防工作是领导和学校有关部门的事情,与自己关系不大,漠视消防安全。

2)违反学校管理制度

很多大学生为图方便而违反学校管理制度,结果却引发火灾。2001年11月3日,某高校一学生公寓504宿舍发生一起火灾事故,致使配置给该宿舍使用的照明、床板、物品柜等设施因火灾被损,另有价值10 000余元的学生个人财物被烧毁。经查,这起火灾事故是某学院01级两名女学生违反学生公寓管理制度,将烧水的"热得快"插在暖壶里烧水,人走时忘记关断电源以致酿成火灾。

3)消防基本知识贫乏

许多学生对基本的消防知识不了解,由于无知而造成的火灾时有发生,如充电器长时间充电等。且一旦发生火灾,多数学生不懂得灭火基本常识,在发现火险火情后,不知如何处理,失去了最好的灭火时机,以致火势发展蔓延成灾。

(三)校园防火对策

增强消防意识,时刻留意身边的火患,把预防火灾放在首位,保持高度警惕。学生要主动学习消防知识,积极参加消防演练,掌握火灾防范措施和逃生方法,避免火灾事故的发生,减少火灾伤亡程度。

校园内教室、寝室、实验室、图书馆较容易发生火灾。任何部位发现火灾,都要立即拨打"119"电话报警,报警时要讲清着火的具体地点及报警人姓名,尽可能到路口迎候消防车。

若不幸陷入火场,一定要保持镇定,及时开展自救与互救。逃生过程中不可出现盲目和慌乱的情绪,以免做出错误的判断和选择,受到不应有的伤害。

火灾逃生方法详见本书第9章相关内容。

1. 实验室防火

1)掌握安全知识

实验前应做好充分准备,熟悉实验内容,了解物品性质,牢记实验步骤,掌握应急程序。

2)遵守实验规程

整个实验过程都要做好个人防护,在教师的指导下严格按实验规程操作。没有指导教师在场,禁止学生私自实验,防止因不规范操作造成火灾。

3)严格实验纪律

根据实验室药品管理制度,执行实验前后药品清点程序,尤其是易燃易爆等危害性大的药品,严禁带出实验室。实验室内严禁吸烟或焚烧物品,禁止在实验室内玩耍、打闹,不得在实验室内做与实验无关的事情。

2. 图书馆防火

图书馆内的藏书等纸制品是火灾易燃品,且有人员密集的特点,是消防重点区。高校图书馆一旦发生火灾,会造成非常大的损失,给师生的学习工作带来诸多不便。例如,2014年4月26日某大学独立学院图书馆起火,从二楼一直烧到四楼,幸亏是周末又为辅楼,没有人员伤亡,但造成较大的财产损失。

防止图书馆火灾,首先要提高消防意识,遵守图书馆管理制度,服从管理人员指挥,不随意进出图书馆,严禁带入火种等危险物品,确保消防安全。

另外,要特别注意电气设备和线路的火灾隐患,发现起火苗头及时报告并积极处置,以免引起大火,酿成不可挽回的损失。

二、人身安全与对策

校园生活中的违法犯罪行为,可能会对学生的人身安全造成一定的威胁,必须加以预防和戒备,将之消灭在萌芽状态。学习和了解安全防范知识,是维护学生自身安全和学校正常学习秩序的基础。

(一)人身和财产安全

学生的人身和财产安全,除校内以学生为主体的自身因素引发外,校园外部力量导致的人身和财产安全也时有发生,如校外人员入室盗窃、行凶抢劫等。

1)遵守学校安全纪律

为营造一个安全的学习环境,学校有关部门都制定了相关的管理制度来规范大家的日常行为,但有些同学常常为了个人的一时之便,置校规校纪于不顾,作息随意,行为随意,给犯罪分子以可乘之机,威胁到自己和大家的人身和财产安全,这是非常错误的行为。

2)提高自我防范意识

(1)大额现金不要随意放在身边,应就近存入银行,同时办理加密业务,将存折和身份证分开存放,最好不将自己的生日、手机或家庭电话号码、学号作为自己的存折或信用卡的密码,防止被他人发现盗取,甚至引发人身伤害。

(2)对贵重物品如手机、手提电脑等,不用时要放到安全的地方,并养成随手关窗锁门的好习惯,不给不法分子以可乘之机。

(3)对陌生人要勤查勤问,积极参与安全值班,共同维护集体利益,杜绝人身伤害,确保财产安全。

3)同学之间互帮互学

就校园内而言,学生具有不同生活习惯与成长个性,在平时的学习与生活中难免会产生矛盾,若相互之间不能及时调和,就可能引起冲突甚至升级为暴力。对于沉迷网络的、心理亚健康的、有困难或生理缺陷的以及其他各种类型的特殊学生群体,要互帮互学,避免他们因心理、生理等因素造成自虐、攻击他人、轻生自杀等问题。

(二)饮食安全

国家卫生和计划生育委员会公布的数据显示,2015 年卫计委共收到 28 个省(自治区、直辖市)食物中毒类突发公共卫生事件(以下简称食物中毒事件)报告 169 起,中毒 5 926 人,死亡 121 人。而学生食物中毒事件的报告起数、中毒人数和死亡人数分别占全年食物中毒事件总报告起数、总中毒人数和总死亡人数的 18.3%、28.7% 和 0.8%,其中,27 起中毒事件发生在集体食堂,中毒 1 605 人,无死亡。饮食安全事故见图 8-1-3。

图 8-1-3

为保证学生的饮食安全,学校食堂会严把进货质量关,发生饮食问题的概率较低。但即使在学校食堂用餐,饮食安全也不能掉以轻心,严防病从口入。

(1)讲究个人卫生,养成饭前便后洗手的良好习惯。

(2)尽量吃煮沸的食品,不吃凉菜、生菜,不吃腐烂变质的食品。

(3)不到校外用餐,不在流动人口较多并易传染流行性疾病的地方用餐,不在无证摊位上用餐,不饮用生水。

(4)用餐后若出现头晕、头痛发烧、肚子痛、腹泄、呕吐等症状时,要及时到医院观察、就诊,并报告老师。

(5)购买各种包装食品时要注意,不买"四无"食品、饮品。"四无"产品指的是:无生产厂家、无生产日期、无保质期、无绿色食品"QS"标志。要去规范的市场购买食品。

(三)体育运动人身安全

在高校体育课、运动及竞赛中,经常会出现一些运动损伤,需要积极采取措施,做好预防工作,最大限度地减少或避免运动损伤的发生。

【案例8-1-3】 2001年3月4日,某学院学生于某和张某参加了"黄河杯"大学生足球比赛。比赛中,于某带球突破,张某作为对方防守队员进行拦截,致使于某摔倒受伤。后经医院诊断,于某右胫骨粉碎性骨折,后伤情经郑州市中级人民法院鉴定,构成十级伤残。

1.运动伤害事故产生的原因

1)学生自身原因

由于练习时准备活动不够充分、对动作要领没有掌握、用力过猛、身体过于疲劳、服装不当、对场地器材的检查和使用不当,或不遵守纪律、不按教师布置的任务进行练习等均可能造成运动伤害。

此外,学生也常因为注意力不集中而无意间伤了别人或被别人所伤。

2)学校体育运动场地设施器材的设置与使用原因

在进行体育教学时,必须使用学校体育运动设施及器材。因此,学校体育运动设施的规划和建筑,可能是影响运动安全的首要因素。体育设施普遍存在的问题包括:场地不平坦导致的扭伤、跌伤;单杠、沙坑周边空间不够,环境不符合要求导致的跌伤、撞伤;单杠、双杠、爬绳、爬竿等质量低劣,或超期服役,或受日晒雨淋后生锈、霉烂,发生断裂导致的摔伤等。

2.体育课堂教学中常见运动伤害事故的预防

1)田径项目运动伤害事故的预防

对于跑的项目,要先检查跑道地面是否平整,没有杂物、障碍物等,跑前要做好准备活动。

对于跳跃项目,先检查设施是否牢固,且要等第一人离开后第二人才能开始助跑。

而在进行投掷项目时,不要相对投掷或对着阳光,要明确器械掷出后取回器材的方法,禁止在投掷场地穿行。

2)球类项目运动伤害事故的预防

球类项目中易出现脚踝扭伤、手指戳伤、膝盖关节水肿及半月板损伤等。针对这些运动伤害事故,要充分做好相应关节的准备活动,注意强化该部位肌肉力量的训练。若不幸扭伤,要先将患处冷敷,再施加适当的压力。教学和训练中及时纠正错误动作,加强运动的正确性练习。如发生严重的戳伤、骨折,则应及时送医院治疗。

总之,作为学生而言,一定要从思想上重视体育安全、增强防范意识,预防或减少运动伤害的发生。

(四)网络信息安全

作为一种人为因素,网络攻击手段繁多,目标明确,且趋利特点突出。攻击者往往通过安装木马等手段,窃取用户身份与口令,进而达到窃取机密、盗取财物、威胁人身安全等不法目的。

【案例 8 - 1 - 4】 武汉男生李某在某电脑学校学习软件开发时,制作并传播"熊猫烧香"病毒,该病毒及其变种于 2006 年底在我国互联网上大规模爆发,其通过多种方式进行传播,并将感染的所有程序文件改成熊猫举着三根香的模样,同时该病毒还具有盗取用户游戏账号、QQ 账号等功能。该病毒传播速度快,危害范围广,截至案发,已有上百万个人用户、网吧及企业局域网用户遭受感染和破坏,引起社会各界高度关注。

网络空间与传统的社交空间相比,是看不见的虚拟空间,现实生活中的法律规范和道德规则在这一虚拟空间很难发挥有效的作用。虽然我国已经在不断加快网络监管的道德建设与立法步伐,但目前的网络环境缺乏全面有效的监管仍是共识。对学生来说,一方面不可在网络环境下突破现实生活中的道德底线或法律规范,利用网络攻击他人、制造网络谣言,危害社会;另一方面要主动进行自我保护,发挥网络正能量和积极有用的一面,开阔眼界,健康成长。

【小知识】

伪劣食品的判别

伪劣食品判别"七字法",即防"艳、白、长、反、小、低、散"。

一防"艳"。对颜色过分艳丽的食品要提防,如咸菜梗亮黄诱人、瓶装的蕨菜鲜绿不褪色等,有可能在添加色素上有问题。

二防"白"。凡是食品呈现不正常、不自然的白色,多半会有漂白剂、增白剂、面粉处理剂等化学品的危害。

三防"长"。尽量少吃保质期过长的食品,3 ℃储藏的包装熟肉禽类产品采用巴氏杀菌的,保质期一般为 7 ~ 30 天。

四防"反"。就是防反自然生长的食物,如果食用过多可能对身体产生影响。

五防"小"。要提防小作坊式加工企业的产品,这类企业的食品平均抽样合格率最低,触目惊心的食品安全事件往往在这些企业出现。

六防"低"。"低"是指在价格上明显低于一般价格水平的食品,价格太低的食品大多有"猫腻"。

七防"散"。散就是散装食品,有些集贸市场销售的散装豆制品、散装熟食、酱菜等可能来自地下加工厂。

【案例分析】

大一女生钱被骗

8月23日,正是新生报到的时候,某高校大一新生张某遇到3个学生模样的男子,3人自称是来看同学的,分别来自北京大学等三所高校。3人告诉她,几人住在喜来登饭店,因钱花光了,所以面临被赶出来的境地,其中一"男生"李某说,想和叔叔联系打钱过来,希望能借用张某的银行卡。张某想,遇到有困难的人理应帮助对方。于是张某告诉对方:"我卡里有5 100多元钱,你们打在我卡里吧。"李某当即便与叔叔联系,在电话里,李某把对张某说的话说了一遍,然后说打3万块钱到卡里,并将张某的卡号在电话里说了。随后,李某3人让张某陪同一起去提款机上看钱到了没有。但是查询了数次都发现钱没到账上。李某等人提出拿卡在学校对面提款机上查询。张某又和3人到校外提款机上查询,钱还是没到。李某顺手拿过卡说:"奇怪,怎么还没到账?"随后又将卡还给了张某,之后3人借故离开了。3人离开后,张某觉得这几个人有点奇怪,于是拿出银行卡检查,却发现这张卡并非自己的那张,急忙到银行查询,发现这是张废卡,而自己卡上的钱早已不翼而飞。她这才明白自己被骗了,立即向派出所报了案。

分析:一些高校发生的诈骗案,很多是以"借用银行卡打钱"等名义进行诈骗。不法分子多选择入校新生尤其是女生为目标,先是以学生身份取得受害人的信任,再取得对方的同情,然后实施诈骗。还有一类,是利用交通、通信不便利对学生家长进行诈骗,不法分子利用掌握到的信息,与受害人家长联系,称其是对方孩子的同学,并以"你孩子出车祸了现在医院,需要钱"这类方式骗取受害人家人的信任,诈骗钱财。

预防诈骗措施:一要不贪钱财,不图便宜;二要保守自我信息秘密;三要慎重交友,不感情用事。尤其是结交校外朋友时,一定要慎重,不要轻易将自己的家庭情况、电话等信息透露给对方,也不要轻易施舍自己的同情心,当对方提出需要帮助时,你可找自己的班主任或到学生处寻求帮助。另外,同学们晚自习后尽量不要到偏僻的树林或校外偏僻的地方去,以免发生意外。

【复习思考题】

1. 校园常见的火灾类型有哪些?
2. 火灾预防的主要措施有哪些?
3. 简述宿舍用电应该注意的事项。

第2节　求职择业与心理社交安全

近年来,随着大学毕业生数量的增加,高校毕业生就业安全问题随之而来,一些不法分子设计的职业陷阱让许多求职学生蒙受精神打击和经济损失,严重者甚至失去了生命。

一、求职择业安全

作为大学毕业生,在由学生转变为职业人的过程中,更要学会独立生活,自我防范,确保人身财产的安全,实现平安就业。

(一)求职过程中的主要安全问题

1.人身安全

1)传销诈骗

【案例 8 - 2 - 1】 小林是某高校的应届毕业生,转眼就 7 月了还没有找到工作。6 月 28 日他接到同班同学的电话,说在安徽蚌埠有个好工作,做质检员,工资高,待遇好。小林心动就赶了过去。到了地点后,那个朋友把他领到了一个很偏僻的宿舍,里面还住着男男女女十来个"同事"。其中几个同事特别热情冲小林打招呼,当她们把小林东西放好之后,就对小林说:"借你的手机玩一下嘛",就这样,对方要走了小林的手机,然后直言不讳地告诉他,新工作不是什么质检员,而是传销。产品是 2 800 元一套,小林身上没有这么多钱,他们就要求小林以在这边学驾照为名,从家里骗钱,或者骗同学或朋友过来。

近年来,大学生参与传销的案例层出不穷。传销组织往往利用大学生急于求职、挣钱自立的心理,先以招聘、实习、创业等名义获取学生信任,再一步步通过威逼利诱,对学生进行洗脑。尤其是近来的新型传销披上了电子商务、金融投资等外衣,其活动愈发隐蔽化、信息化,缺乏相应防范知识的大学生极易落入传销分子陷阱。

2)女大学生安全

大学生就业时,许多用人单位有意或无意地对女大学生进行职业上的分流、隔离或封锁,导致女大学生就业空间相对狭小,使得很多女大学生只能集中在办公室内勤、小公司秘书、餐饮美容行业、市场销售等传统型的与专业不对口的职业上。一些不法单位乘虚而入,以高薪、高位诱骗女大学生从事非法活动。

3)上岗生产安全

毕业生上岗生产安全情况令人担忧。主要有两方面的原因:一是刚刚走上工作岗位的大学生,在安全生产的意识、知识和经验上都有所欠缺;二是许多民营、私营企业自身安全生产方面的规范性和操作性存在不少薄弱环节。

2.财产安全

1)收费陷阱

【案例 8 - 2 - 2】 大学毕业生小刘在一家电器贸易公司面试通过后,被要求交 360 元服装费,然后才能签合同、培训,再开始工作。交费后,她同该公司签了劳动合同,上面还特别注明:如因个人原因辞职或自动离职,公司不予退还,服装费由自己承担。上班后,小刘因一直未被安排工作就要求辞职并退还服装费,被对方以签有协议为由拒绝。

向涉世不深的大学生收取所谓的服装费、资料费、手续费、培训费等费用后,却迟迟不给安排工作,迫使求职者自动辞职。

招聘过程中,学生经常遇到被招聘单位要求缴纳各种费用,如报名费、资料费、培训费、保证金、押金等,随后就音讯全无,追讨无门。凡应聘时,招聘单位提出收取服装费、押金,或以其他方式变相收钱的,都是非法的,很可能是个骗局,求职者可向劳动监察部门举报。另外,遭遇诈骗后要及时报案,否则不仅本人的损失难以挽回,还会让更多人上当。

2）协议陷阱

大学毕业生按要求需与用人单位签订三方就业协议,任何一方违约都要承担违约责任。有的用人单位在签协议前许诺的各种福利待遇在签订劳动合同时却违背承诺,使毕业生陷入两难境地,因为要离开的话就得承担违反就业协议的责任。

3）培训陷阱

学生就业环节,常常会看到一些培训机构混迹其中,承诺大学生参加培训,"保证就业"甚至"高薪就业",实际上是重重陷阱。其一,收了培训费仍然无工作。其二,培训机构与用人单位联手坑害大学生。有些用人单位要求新进大学生必须经过某某机构培训,考核合格才能录用。花费不少的大学生经过培训,考核过关者却寥寥无几。

4）试用期陷阱

许多单位利用学生求职心切又缺少必要的维权知识,在试用期上玩起了陷阱。主要有:试用期合格再签合同,试用期与合同期限不符,擅自延长试用期或多次试用,试用期工资低于最低工资,不缴纳社会保险,随意辞退劳动者。

3. 劳动合同安全

择业的过程中,由于就业形势比较严峻,大学生在求职过程中往往处于弱势地位,很多用人单位都提出了一些明显的不合理条款,如违约金、服务期等。对于毕业生来讲,虽然知道这些附加条款是显失公平的,但也不敢明确表示异议,结果造成各种损失,以后寻求仲裁机构维权也相当被动。

4. 个人信息安全

毕业生的个人信息在招聘现场和网络上随手可得,这给不法分子实施违法犯罪行为提供了可乘之机,大学生个人信息的随意泄露可能会给求职者带来意想不到的麻烦。

（二）就业安全对策

在大学生就业过程中,许多大学生因不熟悉劳动法及相关的法律法规,在遇到不公平待遇时,由于缺乏法律意识,没有拿起法律武器维护自身合法权益,导致自身权益受到损害。因此,毕业生一定要加强对我国劳动法律法规的学习,增强法律观念和维权意识,权利受到侵害时要勇敢依靠法律武器与违法现象作斗争,维护自身的合法权益。

二、心理社交安全

（一）大学毕业生的一般心理问题

1. 就业焦虑心理

就业焦虑是指毕业生在落实工作单位之前表现出来的焦虑不安。个体对多种生活环境的担忧或对现实危险性的错误认识直接导致了焦虑。

2. 自卑保守心理

自卑是一个人对自己的不满、鄙视等否定的情感,是对个体的得失、荣辱过于强烈的一种心理体验。自卑的学生面对用人单位提出的各种苛刻条件和问题,不是以积极的态度去争取,而是悲观地认为自己不如人,以消极态度面对,在求职择业过程中缺少必要的主动性,往往与许多适当的机会失之交臂。久而久之就形成自卑保守型心理,不敢正面对待就业问题,在激烈的竞争面前不战而败。

3. 抑郁压抑心理

抑郁是指在长期持续的精神刺激因素作用下产生的一种以情绪低沉、忧郁、沮丧、自责、压抑为主要表现的精神状态。这类大学毕业生频频向其向往的单位投递求职材料,但往往很少接到回音,在漫长的回音等待中,在希望与失落之间,他们的情绪很低落,心情紧张而压抑,有的甚至对求职失去了信心。此类心理问题更增加了他们就业的难度。

4. 浮躁盲目心理

在求职择业过程中,这类大学毕业生面对社会上各种各样的人才招聘会和求职择业过程中千头万绪的事情,心情浮躁不安,没有主见、盲目从众,最终不会顺利升学或就业。

(二)大学毕业生就业心理的自我调适

就业本身就是毕业生认识和适应社会的一个过程,在求职过程中遇到困难,甚至经过几次挫折才最后成功是正常的;在就业中遇到许多心理冲突、困惑,产生一些不良情绪也是正常的。要教育大学毕业生在遇到就业问题时及时调整心态,从容、冷静地面对就业这一人生重大课题,并做出正确、理智的选择。

1. 适当调整就业期望值

经过对就业市场、就业形势的客观了解和深刻体验后,大学毕业生必须面对现实、接受现实,不能怨天尤人。在择业时要看得长远一些,学会规划自己整个人生的职业生涯。

2. 建立合理的职业价值观

对于当代大学生来说,职业对个体发展、社会进步都起到重要作用,而不仅仅是满足生存的需要。因此,大学毕业生在择业时更要考虑职业对毕业生自我一生发展的影响与作用,应看重职业能否帮助实现自我价值。

3. 正确认识社会,正确认识自我,主动寻找机遇

大学毕业生择业要知己知彼。知彼就是要了解择业的社会环境和工作单位,正确认识面临的就业形势,了解用人单位的需要。知己就是实事求是地评价自己,对自己有正确的认识。多参加招聘会,主动寻找机遇,并根据已定的择业标准进行选择。还要注意机遇的时效性,在发现就业机会时要主动出击,及时把握。

4. 坦然面对就业挫折,提高心理承受能力

大学毕业生在求职中应该用冷静和坦然的态度对待应聘失败的事情,客观分析自己失败的原因,进行正确的归因。要把就业过程看作是一个很好的认识社会、认识职业生活、适应社会的机会,通过求职活动来了解自己、认识自己、发展自己,促进自我成熟。

5. 积极调整心态,促进人格完善

在求职择业过程中,大学毕业生应当自觉提高自我心理调适的主动性,当自身心理平衡难以维持、即将产生或已经产生心理障碍时,应当根据自己心态的实际情况,选择各种诸如自我静思法、自我转化法、自我适度宣泄法及理性情绪法等自我心理调适方法来调节自身心态,重新建立心理平衡。

【小知识】

有效劳动合同的构成要件

有效劳动合同应具备以下要件。

(1)当事人双方主体合格。作为劳动者应年满十六周岁才具有劳动行为能力,禁止用人单位招用未满十六周岁的未成年人。对于文艺、体育和特种工艺单位招用未满十六周岁的未成年人,必须依照国家有关规定,履行审批手续,并保障其接受义务教育的权利。作为用人单位签订合同的人必须是法定代表人或其授权委托的人,用人单位的党组织或工会组织无权代表用人单位签订合同。

(2)合同内容合法。双方当事人在劳动合同中约定的劳动权利和义务必须符合国家法律和有关行政法规的规定。有的劳动者为了找到工作,尤其是农村出来打工的,即使他们自愿干不符合劳保条件的工作或低于最低工资,也不能作为合同条款规定在合同中。因为这是违反法律的,合同中规定了这样的条款,也不受法律的保护。

(3)意思表示真实自愿。双方当事人确立劳动关系是自愿的,劳动合同约定的权利和义务不是虚假的意思表示,特别是用人单位在劳动合同上许诺的条款是将来要付诸实施的,而不是用来欺骗劳动者的。

(4)符合法定形式。劳动合同应当以书面形式订立。需要注意,《劳动法》并未将劳动合同的鉴证或公证作为劳动合同有效的条件,除非合同约定需公证或鉴证的,才需要公证或鉴证。

【案例分析】

受高职诱惑而上当

一天,某高校毕业生小薛同学接到××人寿保险公司的电话,被告知她已被该公司录取为"储备经理人"。小薛在兴奋之余不免纳闷,自己从未向该公司投送过简历呀,他们怎么会知道自己的电话?但小薛还是兴冲冲地来到该公司,可去过方知,原来是该公司从某网站上的公开资料里"选"中了自己。而所谓的预先被录取的职位"储备经理人"则被换成了"理财专员",实际就是做保险业务员。小薛所学的专业是"网络编辑",与保险业没有任何关系,而不善言谈的小薛竟然被业务经理夸成了"他见过的最适合做保险的毕业生,不做保险将是终身遗憾",真是令人哭笑不得。

据了解,目前很多公司业务员都是到各网站搜集应届毕业生的资料,以高职加以诱惑。对于诸如此类"挂羊头卖狗肉"的伎俩,毕业生一定要警惕,清楚自身实力,从基础做起,逐渐展现自己的才华,不要轻信高职诱惑。

【复习思考题】

1.试用期陷阱主要包括哪六类?

2.大学毕业生常见的心理问题有哪些?

3.大学生应如何建立合理的职业价值观?

【延伸阅读】

判断正常心理和异常心理的三原则

判断正常心理和异常心理是个比较复杂的问题,因为正常心理和异常心理并没有一个明确的界限,正常人在某个时期也会有异常心理活动,精神病患者哪怕是最严重时也有正常心理活动。近年来国内外不少心理学家为正确地区分正常心理和异常心理,制定了不少测验工具和量表,并应用现代化的仪器去处理数据,使心理测量有了很大进步。但是,由于人的心理活动极其复杂,简单的量表测得的结果只能是起参考作用,判断一个人心理是否异常及异常的程度,主要还靠认真观察。

1.主客观是否相一致。主要是观察其心理活动与外界环境的协调性。一个人正常的心理及受它支配的情感和行为,应与外界相协调,而不应发生矛盾和冲突,他们的言谈和举止行为,应该受到正常人的理解。比如说,一个同学在班级里唱一支一般化的歌曲,可引起大家的掌声,但如果在一个会议上突然引吭高歌,就会引起人们的惊讶。我们说前者为正常心理,后者为心理异常,因为和外界环境不协调。

2.知、情、意是否相统一。就是观察其心理活动与情感和行为的一致性。一个人的心理活动应与受它支配的情感和行为是一致的,人们常说:人逢喜事精神爽,闷来肠愁瞌睡多;酒逢知己千杯少,话不投机半句多。这都说明了这种一致性。比如一个同学面带笑容地讲述他的不幸遭遇,我们说他对痛苦的事件缺乏相应的内心体验。知觉、情感、意向不协调,也是一种异常心理。

3.人格是否相对稳定。即观察当事人心理活动的相对稳定性。一个人受遗传素质、家庭教育、环境影响,使他们对现实有比较稳定的态度和习惯的行为模式,这就是人的性格特点。它相对稳定,如果一个人几年来一直寡言少语,不明原因突然变得话多而爱交往,给人一种判若两人之感,这就说明心理异常了。

第9章 自然灾害防护

自然灾害是指给人类生存带来危害或损害人类生活环境的自然现象,它们之中既有地震、火山爆发、海啸、龙卷风等突发性灾害,也有地面沉降、土地沙漠化、干旱、海岸线变化等在较长时间中才能逐渐显现的渐变性灾害,还有臭氧层变化、水体污染、水土流失、酸雨等人类活动导致的环境灾害。从科学的意义上认识这些灾害的发生、发展以及尽可能减小它们所造成的危害,是国际社会面对的一个共同主题。

第1节 气象灾害防护

一、雷电

在雷雨季节里,常会出现强烈的光和声,这就是人们常见的雷电。带有电荷的雷云与地面的突起物接近时,它们之间就发生激烈的放电。由于雷云电压高、电量多,并且放电时间很短,放电电流大,因此雷击电能很大,能把附近空气加热至 2 000 ℃以上。空气受热急剧膨胀,产生爆炸冲击波并以 5 000 m/s 的速度在空气中传播,最后衰减为音波。虽然放电作用时间短,但对建筑群中高耸的建筑物及尖形物、空旷区内孤立物体以及特别潮湿的建筑物、屋顶内金属结构的建筑物及露天放置的金属设备等有很大威胁,可能引起倒塌、起火等事故。

(一)雷电的危害

雷电灾害可能导致建筑物、供配电系统、通信设备、民用电器的损坏,引起森林火灾,仓储、炼油厂、油田等燃烧甚至爆炸,造成重大的经济损失和不良社会影响。如某数据中心全体技术人员历时三年的研究成果和宝贵数据因一次雷灾而化为乌有。航空航天是汇集了人类最新高科技的尖端领域,液氢燃料的加注过程、火箭的发射升空都不能在有雷电的情况下执行。雷电除对航天飞行器、发射塔等造成直接破坏外,还可引爆火箭的点火装置,使火箭自行升空,或使发射过程中的火箭爆炸。

【案例 9 - 1 - 1】 2010 年 6 月 4 日,美国一名男子和 25 岁的女友冒雨登上北卡罗来纳州阿什维尔附近一座山峰,准备在山顶求婚,不料遭遇雷击。他回忆:伴随着巨响,自己翻转 180 度,向后抛出几米远,鞋子在冒烟,脚底烧灼般疼痛。回头看到女友,在几米外躺着。男子爬过去,为她做了 15 分钟心肺复苏,由于没有拨通电话,他赶紧下山,找到一对父子帮忙。20 分钟后,救援人员赶到,但女友已经死亡,他自己遭受三级烧伤。

雷电灾害经常导致人员伤亡,给很多家庭和受害者带来不可挽回的伤害和损失。统计表明,我国每年有上千人遭雷击伤亡,广东省、云南省损失最为惨重。雷电灾害具有较大的社会影响,经常引起社会的震动和关注。

【案例 9 - 1 - 2】 2004 年 6 月 26 日,浙江省台州市临海市杜桥镇杜前村有 30 人在 5 棵大树下避雨,遭雷击,造成 17 人死、13 人伤。而 2007 年 5 月 23 日 16 时 34 分,重庆市开县义和镇兴业村小学教室遭遇雷电袭击,造成四、六年级学生 7 人死亡、44 人受伤。

（二）雷电防护

1. 雷击防护

中国雷电灾害的时空分布具有明显的区域性和行业性,主要分布在华东和华南等经济发达的地区。因雷击造成的人身伤亡事故的主要原因是防雷意识淡薄,缺少防雷知识,在雷暴来临前不能采取积极主动且正确有效的方法措施,从而造成人员的伤亡。

1）雷电防护技术

（1）避雷针技术:通过在建筑物的顶端安装有尖端的金属棒,使电荷从地面经金属尖端向天空放电,这样伸向地面的闪击避免了通过建筑物,而是通过避雷针。

（2）雷电定位技术:通过提供雷击点的精确地理位置和时间演变特征,使电站、电网和通信网络的设计尽可能避开雷击发生处,同时可通过避开雷电发生的时间使飞机起落获得安全。另外,它还可以及时发现森林的雷击处,及时采取措施进行防火、灭火,最大限度减少雷击危害。

（3）人工引雷技术:在雷暴强电场作用下,火箭和细导线尖端处上电荷激发和传播导致云中电荷对地释放,此过程与一般目标物受雷击的物理过程相同。

（4）消雷装置:大大减少建筑物或电信设备遭雷击的危害,如我国的半导体长针消雷器。

2）个人应急防雷措施

拨打电话 12121 或向当地气象台咨询,或通过电视、广播、报纸、互联网、手机短信等及时获得雷电预警信息。面对雷电威胁时,没有绝对安全的地方,只能选择相对较安全的地方。

（1）大型封闭式建筑往往比小型建筑或开放式建筑安全得多。在建筑物内,要关好门窗,尽量远离门窗、阳台和外墙壁;不要靠近、更不要触摸任何金属管线;在无防雷设施的房间里尽量不要使用家用电器,如有线电话、电视机、收音机等。建议拔掉所有的电源插头。

（2）一般来说,全封闭的金属车辆,如汽车、卡车、公共汽车、货车、农用车等,它们的车窗关上时可以有效地避免雷击伤害。雷电期间最好不要骑马、骑自行车、骑摩托车和开敞篷拖拉机。

（3）在室外时,人员要避免位于或接近高处和开阔处,远离树木、电线杆、烟囱等尖耸、孤立的物体。

如果身处树木、楼房等高大物体下,就应该马上离开。如果来不及离开高大的物体,应该找些干燥的绝缘物放在地下,坐在上面,采用下蹲的避雷姿势,注意双脚并拢,双手切勿放在地面上,千万不可躺下,这时虽然高度降低了,却增大了"跨步电压"的危险。

图 9-1-1

不要与人拉在一起,相互之间要保持一定的距离,避免在遭受直接雷击后传导给他人。最好使用塑料雨具、雨衣等。个人野外避雷姿态见图 9-1-1。

（4）在雷电交加时,若感到皮肤刺痛或头发竖起,是雷电将至的先兆,应立即躲避。躲避不及,要立即贴近地面。受到雷击的人可能被烧伤或出现严重休克,但身上并不带电,可以安全地加以处理。

(5)不要在山洞口、大石下或悬崖下躲避雷雨,因为这些地方会成为火花隙,电流通过时产生电弧可以伤人。但深邃的山洞很安全,应尽量往里面走。尽量躲到山洞深处,你的两脚也要并拢,身体也不可接触洞壁,同时要把身上带金属的物件,如手表、戒指、耳环、项链等物品摘下来,金属工具也要离开身体,把它们放到一边。

(6)远离铁栏及其他金属物体。闪电击中导电体后,电能是在瞬间释放出来的,向两旁射出的电弧远达好几米。炽热的电光会使四周空气急剧膨胀,产生冲击波。强大的声波可能震伤肺部,严重时可把人震死。

(7)应该避开空旷地带和山顶上的孤树和孤立草棚等,因为它们易遭雷击。这时如果在其中避雨是非常危险的,尤其是站在向两旁伸展很远的低枝下面。这时不要站在树林边缘,最好选择林中空地,双脚合拢,与四周树木保持差不多的距离就行了。

(8)原则上,雷电期间应尽量回避未安装避雷设备的高大物体,如高塔、大吊车、开阔地的干草堆和帐篷等,也不要到山顶或山梁等制高点去。不要靠近避雷设备的任何部分。对于铁路、延伸很长的金属栏杆和其他庞大的金属物体等也应回避。

(9)如果在江、河、湖泊或游泳池中游泳时,遇上雷雨则要赶快上岸离开。因为水面易遭雷击,况且在水中若受到雷击伤害,还增加溺水的危险。另外,尽可能不要待在没有避雷设备的船只上,特别是高桅杆的木帆船。

2. 施救常识

(1)雷击昏迷人员要进行口对口人工呼吸。雷击后进行人工呼吸的时间越早,对伤者的身体恢复越好,因为人脑缺氧时间超过十几分钟就会有致命危险。如果能在4分钟内以心肺复苏法进行抢救,让心脏恢复跳动,可能还来得及救活。

(2)对伤者进行心脏按摩,并迅速通知医院进行抢救处理。如果遇到一群人被闪电击中,那些可以发出呻吟的人伤势较轻,应先抢救那些已无法发出声息的人。

(3)如果伤者衣服着火,马上让他躺下,使火焰不致烧及面部。不然,伤者可能死于缺氧或烧伤。也可往伤者身上泼水,或者用厚外衣、毯子把伤者裹住以扑灭火焰。伤者切勿因惊慌而奔跑,这样会使火越烧越旺,可在地上翻滚以扑灭火焰,或趴在有水的洼地、池中熄灭火焰。用冷水冷却伤处,然后盖上敷料,例如,用折好的手帕清洁的一面盖在伤口上,再用干净布块包扎。

二、洪水

洪水灾害是暴雨、急剧融冰化雪、风暴潮等自然因素引起的江河湖泊水量迅速增加或者水位迅猛上涨的一种自然现象。人类的历史上,洪水灾害每年都会发生,导致人身、财物的损失不计其数。例如1998年长江发生了自1954年以来的又一次全流域性大洪水,引发的灾难和造成的损失十分惨重。

(一)洪水来临前的准备

(1)根据当地广播、电视等媒体提供的洪水信息,结合自己所处的位置和条件,冷静地选择最佳路线撤离,避免出现"人未走水先到"的被动局面。

（2）备足速食食品或蒸煮够食用几天的食品或救生口粮，准备足够的饮用水和日用品。

（3）扎制木排、竹排，搜集木盆、木材、大件泡沫塑料等适合漂浮的材料，加工成救生装置以备急需。

（4）将不便携带的贵重物品作防水捆扎后埋入地下或放到高处，票款、首饰等小件贵重物品可缝在衣服内随身携带。

（5）保存好尚能使用的通信设备。

（二）洪水来临时的应对

（1）洪水到来时，来不及转移的人员，要就近迅速向山坡、高地、楼房、避洪台等地转移，或者立即爬上屋顶、楼房高层、大树、高墙等高的地方暂避。如果洪水继续上涨，暂避的地方已难自保，则要充分利用准备好的救生器材逃生，或者迅速找一些门板、桌椅、木床、大块的泡沫塑料等能漂浮的材料扎成筏逃生。洪水逃生见图9-1-2。

图 9-1-2

（2）如果已被洪水包围，要设法尽快与当地政府防汛部门取得联系，报告自己的方位和险情，积极寻求救援。千万不要单身游水转移，不可攀爬带电的电线杆、铁塔，也不要爬到泥坯房的屋顶。

（3）发现高压线铁塔倾斜或者电线断头下垂时，一定要迅速远避，防止直接触电或因地面"跨步电压"触电。

（4）在山区，如果连降大雨，容易引发山洪。遇到这种情况，应该注意避免渡河。防止被山洪冲走，还要注意防止山体滑坡、泥石流等次生灾害。

（5）洪水过后，要服用预防流行病的药物并做好卫生防疫工作，避免发生传染病。

（6）驾车时遭遇洪水，在水中要非常小心地驾驶，观察道路情况，如果在洪水中出现熄火现象，应立即弃车。在不断上涨的洪水中，试图驱动一辆抛锚的车是十分危险的。不要企图穿越被洪水淹没的公路，这样做的结果往往会被上涨的水困住。

（7）围困在建筑物上时，要注意房屋是否有经过洪水浸泡而坍塌的可能。如果有可能坍塌，马上向安全处转移。饥饿口渴时，要挑选水性好、身体健康的青壮年，返回住所取回食物及洁净的饮水。保管好通信工具，及时与救援部门联系，以取得帮助。利用燃火、放烟、呼喊及挥动鲜艳衣物等求救方法，以便让搜救人员发现，得到援助。

三、台风

台风灾害是指热带或副热带海洋上发生的气旋性涡旋大范围活动，伴随大风、巨浪、暴雨、风暴潮等，对人类生产生活具较强破坏力的灾害。我国气象部门将热带气旋按中心附近地面最大风速从大到小分成六个等级，即超强台风、强台风、台风、强热带风暴、热带风暴、热带低压。为便于统计，实际工作中一般将各等级热带气旋造成的灾害统称为台风灾害。台风逃生见图9-1-3。

图 9-1-3

（一）预防台风

（1）单位和公众应注意收听、收看气象预警信号，密切关注台风发展动向。

（2）应预备各种社会公用救援电话号码，以备发生意外时及时联络求救。

（3）准备好手电筒、哨子、食物、饮用水及常用药品等生活必需用品，以备急需。同时检查电路，注意炉火、煤气等设施，防范火灾。

（4）高层住宅居民应将置于阳台外隔墙上的花盆、杂物等转移至安全地带，以免因台风侵袭坠落造成伤人事件。检查门窗、室外空调、太阳能热水器的安全，及时进行加固，切断霓虹灯招牌等室外装饰物的电源，在窗玻璃上用胶布贴成米字图形，以防窗玻璃破碎。

（5）儿童、老人应留在家中，在家应有专人陪护，以免发生意外伤害事件。

（6）居住在临时工棚、窝棚、危房等危险地带的人员和居无定所者，应及时到民政部门开放的临时避险场所暂避，如果在撤离之前灾情发生，则应在救援人员的统一指挥下安全撤离。

（7）户外、高空、港口码头及海上作业人员应停止作业。

（8）如果台风加上打雷，则要采取防雷措施。

（二）台风应对

（1）如果在外面，千万不要在临时建筑物、广告牌、铁塔、大树等附近避风避雨。如果开车的话，则应立即将车开到地下停车场或隐蔽处。

（2）要避免走不坚固的桥，不要开车进入洪水暴发区域，应留在地面坚固的地方。还要注意那些静止的水域，很有可能因地下电缆裸露或者是垂落下来的电线而带有致命的电力。

（3）台风之后，要仔细检查煤气、水、电线线路的安全性。在不确定自来水是否被污染之前，不要喝自来水或者用它做饭。要避免在房间内使用蜡烛或者有火焰的燃具，而要使用手电筒。

四、沙尘暴

沙尘暴是沙暴和尘暴两者兼有的总称，是大量沙尘物质被强风吹到空中，使空气很浑浊（水平能见度小于1 km）的严重风沙现象。沙暴是指8级以上的大风把大量沙粒吹入近地面气层所形成的携沙风暴，按发生时的地面水平能见度，可分为沙尘暴、强沙尘暴和特强沙尘暴等。尘暴则是指大风把大量尘埃及其他细粒物质卷入高空所形成的风暴。

沙尘暴是干旱区常见的一种自然现象，是影响我国北方广大地区的一种灾害性天气。每到春季，我国沙尘暴频繁发生，不仅影响经济与社会可持续发展，而且威胁广大人民群众生命财产安全。

（一）预防沙尘暴

（1）沙尘暴即将或已经发生时，居民应尽量减少外出，未成年人不宜外出，如果因特殊情况需要外出的，应由成年人陪同。

（2）接到沙尘暴后做好善后工作。学校、幼儿园要推迟上学或者放学，直到沙尘暴结束；如果沙尘暴持续时间长，学生应由家长亲自接送或教师护送回家。

（3）发生沙尘暴时，不宜在室外进行体育运动和休闲活动，应立即停止一切露天集体活动，并将人员疏散到安全的地方躲避。

（4）沙尘天气发生时，行人骑车要谨慎，应减速慢行。若能见度差、视线不好，应靠路边推行。行人过马路要注意安全,不要贸然横穿马路。

(5)发生沙尘暴时,行人特别是小孩要远离水渠、水沟、水库等,避免落水发生溺水事故。

(6)沙尘暴如果伴有大风,行人要远离高层建筑、工地广告牌、老树、枯树等,以免被高空坠落物砸伤。

(7)发生沙尘暴时,行人要在牢固、没有下落物的背风处躲避。行人在途中突然遭遇强沙尘暴,应寻找安全地点就地躲避。

(8)发生沙尘天气时,不要将机动车辆停靠在高楼、大树下方,以免玻璃、树枝等坠落物损坏车辆,或防止车辆被倒伏的大树砸坏。

(9)风沙天气结束后,要及时清理机动车表面沉积的尘沙,保护好车体漆面。同时,注意清除发动机舱盖内沉积的细小颗粒,防止发动机零件损伤。

(二)沙尘暴应对

(1)沙尘暴天气若需要外出,应戴好口罩或纱巾等防尘用品,以避免风沙对呼吸道和眼睛造成损伤。沙尘暴健康防护见图9-1-4。

图 9-1-4

(2)沙尘暴已经发生时,应及时关闭好门窗,以防止沙尘进入室内。室内应使用加湿器、洒水或用湿墩布拖地等方法清理灰尘,保持空气湿度适宜,以免尘土飞扬。

(3)人们从风沙天气的户外进入室内,应及时清洗面部,用清水漱口,清理鼻腔,有条件的应该洗浴,并及时更换衣服,保持身体洁净舒适。

(4)风沙天气发生时,呼吸道疾病患者、对风沙比较敏感人员不要到室外活动。近视患者不宜佩戴隐形眼镜,以免引起眼部炎症。

(5)沙尘天气一旦有沙尘吹入眼内,不要用脏手揉搓,应尽快用清水冲洗或滴眼药水,保持眼睛湿润易于尘沙流出。如果仍有不适,应及时就医。

(6)沙尘天气空气比较干燥,应多喝水,多吃水果。沙尘天气结束后,如果感到呼吸系统不适,应及时到医院就诊。

五、高温天气

世界气象组织建议高温热浪的标准为:日最高气温高于 32 ℃,且持续 3 天以上。中国气象学上一般把日最高气温达到或超过 35 ℃时称为高温。

一般来说,高温通常有两种情况:一种是气温高而湿度小的干热性高温;另一种是气温高而且湿度大的闷热性高温,称为"桑拿天"。

高温预警信号分为三级,分别以黄色、橙色、红色表示。其中,高温黄色预警信号的标准是连续三天日最高气温在 35 ℃以上;高温橙色预警信号的标准是 24 小时内最高气温升至 37 ℃以上;高温红色预警信号的标准是 24 小时内最高气温升至 40 ℃以上。

(一)高温天气的危害

高温天气对人体健康的主要影响是产生中暑以及诱发心、脑血管疾病导致死亡。人体在过高环境温度作用下,体温调节机制暂时发生障碍而发生体内热蓄积,导致中暑。中暑按发病症状与程度,可分为:热虚脱,是中暑最轻度表现,也最常见;热辐射,是长期在高温环境中工作,导致下肢血管扩张,血液淤积,而发生昏倒;日射病是由于长时间暴晒,导致排汗功能障碍所致。

对于患有高血压、心脑血管疾病,在高温潮湿无风低气压的环境里,人体排汗受到抑制,体内蓄热量不断增加,心肌耗氧量增加,使心血管处于紧张状态,闷热还可导致人体血管扩张,血液黏稠度增加,易发生脑出血、脑梗死、心肌梗死等症状,严重的可能导致死亡。

高温对人们日常生活和健康以及国民经济各部门都有一定的影响。高温天气使人体感到不适,工作效率降低,中暑、患肠道疾病和心脑血管等病症的发病率增多;因用于防暑降温的水电需求量猛增,造成水电供应紧张,故障频发;旅游、交通、建筑等行业也会受到不同程度的影响。

(二)高温天气的应对

(1)在户外工作时,采取有效防护措施,切忌在太阳下长时间裸晒皮肤,最好带冰凉的饮料。

(2)不要在阳光下疾走,也不要到人聚集的地方。从外面回到室内后,切勿立即开空调。

(3)尽量避开在10时至16时这一时段出行,应在口渴之前就补充水分。

(4)要注意高温天气饮食卫生,防止胃肠不适。

(5)要保持充足睡眠,有规律地生活和工作,增强免疫力。

(6)要注意对特殊人群的关照,特别是老人和小孩,高温天气容易诱发老年人心脑血管疾病和小儿不良症状。

(7)要预防日光照晒后,日光性皮炎的发病。如果皮肤出现红肿等症状,应用凉水冲洗,严重者应到医院治疗。

(8)如果出现头晕、恶心、口干、迷糊、胸闷气短等症状时,应怀疑是中暑早期症状,应立即休息,喝一些凉水降温,病情严重的应立即到医院治疗。

【小知识】

预防中暑

1. 中暑的症状

中暑起病急骤,大多数患者有头晕、眼花、头痛、恶心、胸闷、烦躁等前驱症状。按病情的程度和表现特点,中暑一般可分为以下三类。

一是先兆中暑,表现为大量出汗、口渴、头晕、耳鸣、胸闷、心悸、恶心、四肢无力等症状。体温正常或略有升高,一般不超过37.5 ℃,如果能及时离开高热环境,经短时间休息后症状即可消失。

二是轻度中暑,既有先兆中暑症状,同时通常表现为体温在38.5 ℃以上,有面色潮红、胸闷、皮肤灼热等现象,并有呼吸及循环衰竭的早期症状,如面色苍白、恶心、呕吐、大量出汗、皮肤湿冷、血压下降和脉搏细弱而快等。轻度中暑者经治疗后,一般4～5小时内可恢复正常。

三是重度中暑,大多数患者是在高温环境中以突然昏迷起病。此前患者常有头痛、麻木与刺痛、眩晕不安或精神错乱、定向力障碍、肢体不随意运动等,皮肤出汗停止、干燥、灼热而绯红,体温常在40 ℃以上。当人在高温(一般指室温超过35 ℃)环境中,或烈日曝晒下从事一定时间的劳动,且无足够的防暑降温措施,体内积蓄的热量不能向外散发,以致体温调节发生障碍,如果过多出汗,身体失去大量水分和盐分,这时就很容易引起中暑。在同样的气温条件下,如果伴有高湿度和气流静止,更容易引起中暑。此外,带病工作、过度疲劳、睡眠不足、精神紧张也是高温中暑的常见诱因。

2. 中暑的预防

（1）多喝水。夏季缺水会使体温升高,体温太高则容易中暑,饮用碳酸饮料作用不大。预防中暑多喝水见图9-1-5。

（2）穿柔软宽松的衣服。夏天穿柔软宽松的衣服有助于排汗、散热。

（3）防晒。最好待在舒适的环境里,防止温度太高。

（4）身体降温。可以用冰毛巾擦身体,进行物理降温。

夏天人们特别容易口渴,需要随时喝水。如何喝水才是科

图9-1-5

学的呢?

①饮水莫待口渴时,口渴时表明人体水分已失去平衡,细胞开始脱水,此时喝水为时已晚。

②大渴忌过饮,这样喝水会使胃难以适应,造成不良后果。前人主张:"不欲极渴而饮,饮不过多",这是防止渴不择饮的科学方法。

③用餐前和用餐时不宜喝水,因为进餐前和进餐时喝水,会冲淡消化液,不利于食物的消化吸收,长期如此对身体不利。

④早晨起床时先喝一些水,可以补充一夜所消耗的水分,降低血液浓度,促进血液循环,维持体液的正常水平。

3. 中暑的急救

首先应将患者迅速搬离高温环境到通风良好且阴凉的地方,解开患者衣服,用冷水擦拭其面部和全身,尤其是分布有大血管的部位,如颈部、腋下及腹股沟,可以加置冰袋。给患者补充淡盐水或含盐的清凉饮料,或用电扇向患者吹风,或将患者放置在空调房间(温度不宜太低,保持在22 ℃~25 ℃)。同时,用力按摩患者的四肢,以防止血液循环停滞。当患者清醒后,给患者喝些凉开水,同时服用人丹等防暑药品。对于重度中暑者,除立即把其从高温环境中转移到阴凉通风处外,应将患者迅速送往医院进行抢救,以免发生生命危险。在高温季节,并且大量出汗的情况下,适当饮用淡盐水或盐茶水,可以补充体内失掉的盐分,从而防暑。另外,高温作业者要进行体检,凡是患有心血管病、持续性高血压、活动性肺结核、溃疡病等疾病的人,应脱离高温环境工作岗位。

【案例分析】

雷雨天气接打电话造成事故

2007 年1 月,马来西亚一名女大学生在雨伞下接听手机电话时,突遭雷电劈中,她随即被送医院急救,无奈最终回天乏术。此事发生在周四15 时,当时天空行雷闪电,就读马来西亚沙捞越大学的23 岁女学生蔡某下课后徒步返回宿舍,与两个朋友共享一把雨伞挡雨,此时其手机响起,她拿起手机接听时竟被雷电劈个正着,她们三人均仆倒在地上,蔡某的胸部被严重烧

伤,送往医院后伤重不治。事故发生的直接原因就是没有意识到雷雨天气不能接打电话。

【复习思考题】

一、填空题

1.中国气象学上一般把日最高气温达到或超过 35 ℃时称为_____。

2.一般来说,高温通常有两种情况:一种是气温高而湿度小的高温;另一种是气温高而且湿度大的高温,称为_____。

3.高温预警信号分为三级,分别以_____、_____、_____表示。

4.发现高压线铁塔倾斜或者电线断头下垂时,一定要迅速远避,防止直接触电或因_____触电。

5.台风灾害是指热带或副热带海洋上发生的气旋性涡旋大范围活动,伴随_____,对人类生产生活具较强破坏力的灾害。

二、判断题

1.可以在山洞口、大石下或悬崖下躲避雷雨。(　　　)

2.当在户外看见闪电几秒钟内就听见雷声时,说明正处于近雷暴的危险环境,应停止行走,两脚并拢并立即下蹲。(　　　)

3.沙尘暴天气若需要外出,应戴好口罩或纱巾等防尘用品,以避免风沙对呼吸道和眼睛造成损伤。(　　　)

三、简答题

1.什么是自然灾害?自然灾害包括哪些类型?

2.雷电的防护措施主要有哪几种?

3.中暑时的急救措施有哪些?

第 2 节　地质灾害防护

地质灾害是指在自然或者人为因素的作用下形成的,对人类生命财产、环境造成破坏和损失的地质作用(现象),如滑坡、泥石流、崩塌、地震、火山、地热害、地裂缝、水土流失、土地沙漠化及沼泽化、土壤盐碱化等。

近年来,泥石流、滑坡、地震等突发性地质灾害频繁发生,让人措手不及,给人类的生命财产造成巨大的威胁。不过,所谓突发性,也是相对而言的。事实上,这些灾害都或多或少、或显或隐地有一些前兆显示,如果能及时捕捉,就为我们防灾、避灾赢得了宝贵时间。

一、地震

地震是指由地震引起的强烈地面振动及伴生的地面裂缝和变形,使各类建(构)筑物倒塌和损坏,设备和设施损坏,交通、通信中断和其他生命线工程设施等被破坏,以及由此引起的火灾、爆炸、瘟疫、有毒物质泄漏、放射性污染、场地破坏等造成人畜伤亡和财产损失的灾害。按震级大小可分为七类:超微震(震级小于 1 级)、弱震(震级小于 3 级,人们一般不易觉察)、有感地震(震级大于等于 3 级、小于 4.5 级,人们能够感觉到,但一般不会造成破坏)、中强震(震级大于等于 4.5 级、小于 6 级,可造成破坏的地震)、强震(震级大于等于 6 级、小于 7 级)、大地震(震级大于等于 7 级)和巨大地震(震级大于等于 8 级)。

地震灾害具有突发性和不可预测性,以及频度较高并产生严重次生灾害,对社会也会产生很大影响等特点。地震灾害包括自然因素和社会因素,其中有震级、震中距、震源深度、发震时间、发震地点、地震类型、地质条件、建筑物抗震性能、地区人口密度、经济发展程度和社会文明程度等。

地球上每天都在发生地震,一年约有 500 万次,其中约 5 万次人们可以感觉到;可能造成破坏的约有 10 00 次;7 级以上的大地震,平均每年有十几次。

【案例 9-2-1】 2008 年 5 月 12 日(星期一)14 时 28 分 04 秒,汶川地震,震中位于我国四川省阿坝藏族羌族自治州汶川县映秀镇与漩口镇交界处,地震烈度达到 9 度。本次地震波及大半个中国及亚洲多个国家和地区,北至辽宁,东至上海,南至香港、澳门、泰国、越南,西至巴基斯坦均有震感;是中华人民共和国成立以来破坏力最大的地震,是唐山大地震后伤亡最严重的一次。

(一)地震预兆

人的感官能直接觉察到的地震异常现象称为地震的宏观异常,也称地震预兆。当发生以下异常时,要及时做好人员疏散。

(1)生物异常。动物异常有大牲畜、家禽、穴居动物、冬眠动物、鱼类等。"牛羊骡马不进厩,猪不吃食狗乱咬。鸭不下水岸上闹,鸡飞上树高声叫。冰天雪地蛇出洞,大鼠叼着小鼠跑。兔子竖耳蹦又撞,鱼跃水面惶惶跳。蜜蜂群迁闹轰轰,鸽子惊飞不回巢。"有些植物在震前也有异常反应,如不适季节的发芽、开花、结果,或大面积枯萎与异常繁茂等。

(2)地下水异常。包括井水、泉水等发浑、冒泡、翻花、升温、变色、变味、突升、突降、井孔变形、泉源突然枯竭或涌出等。

(3)气象异常。主要有震前闷热,人焦灼烦躁,久旱不雨或阴雨绵绵,黄雾四塞,日光晦暗,怪风狂起,六月冰雹等。

(4)地声异常。地震前来自地下的声音有如炮响雷鸣,也有如重车行驶、大风鼓荡等多种多样,有相当大部分地声是临震征兆。

(5)地气异常。地震前来自地下的雾气,又称地气雾或地雾。这种雾气,具有白、黑、黄等多种颜色,有时无色,常在震前几天至几分钟内出现,常伴随怪味,有时伴有声响或带有高温。

(6)地光异常。地震前来自地下的光亮,其颜色多种多样,可见到日常生活中罕见的混合色,如银蓝色、白紫色等,但以红色与白色为主;其形态也各异,有带状、球状、柱状、弥漫状等。一般地光出现的范围较大,多在震前几小时到几分钟内出现,持续几秒钟。

(7)地动异常。地震前地面出现的晃动,科学上将它称为前震。前震的定义是:所有先于最大震级的震动都称作前震。有些前震人可以感觉到。

(8)地鼓异常。地震前地面上出现鼓包。1973 年 2 月 6 日四川炉霍 7.9 级地震前约半年,甘孜县拖坝区一草坪上出现一地鼓,形状如倒扣的铁锅,高 20 cm 左右,四周断续出现裂缝,鼓起几天后消失,反复多次,直到发生地震。

(9)电磁异常。地震前家用电器如收音机、电视机、日光灯等出现的异常。最为常见的电磁异常是收音机失灵,在北方地区日光灯在震前自明也较为常见。1976 年 7 月 28 日唐山 7.8 级地震前几天,唐山及其邻区很多收音机失灵,声音忽大忽小、时有时无,调频不准,有时连续出现噪音。同样是唐山地震前,市内有人见到关闭的荧光灯夜间先发红后亮起来,北京有人睡前关闭了日光灯,但灯仍亮着不息。电磁异常还包括一些电机设备工作不正常,如微波站异常、无线电厂受干扰、电子闹钟失灵等。

（二）地震自救

在震区中,从地震发生到房屋倒塌,来不及跑时可迅速躲到坚固的墙体,塌下来时可以承受住形成空间的地方。趴在地下,闭目,用鼻子呼吸,保护要害,并用毛巾或衣物捂住口鼻,以隔挡呛人的灰尘。

正在用火时,应随手关掉煤气开关或电开关,然后迅速躲避。在楼房里时,应迅速远离外墙及门窗,可选择厨房、浴室、厕所、楼梯间等小而不易塌落的空间避震,千万不要外逃或从楼上跳下,也不能使用电梯。在户外要避开高大建筑物,要远离高压线及石化、化学、煤气等有毒的工厂或设施。

震时就近躲避、震后迅速撤离到安全的地方是应急防护的较好方法。所谓就近躲避,就是因地制宜地根据不同的情况做出不同的对策。

图 9-2-1

（1）学校人员如何避震？在学校中,地震时最需要的是学校领导和教师的冷静与果断。有中长期地震预报的地区,平时要结合教学活动,向学生们讲述地震和避震知识。震前要安排好学生转移、撤离的路线和场地;震后沉着地指挥学生有秩序地撤离。在比较坚固、安全的房屋里,可以躲避在课桌下、讲台旁,教学楼内的学生可以到开间小、有管道支撑的房间里,决不可让学生们乱跑或跳楼。地震避险见图 9-2-1。

（2）地震时在街上行走时如何避震？地震发生时,高层建筑物的玻璃碎片和大楼外侧混凝土碎块,以及广告招牌、马口铁板、霓红灯架等,可能掉下伤人,因此在街上走时,最好将身边的皮包或柔软的物品顶在头上,无物品时也可用手护在头上,尽可能做好自我防御的准备,要镇静,应该迅速离开电线杆和围墙,跑向比较开阔的地区躲避。

（3）车间工人如何避震？车间工人可以躲在车床、机床及较高大设备下,不可惊慌乱跑,特殊岗位上的工人要首先关闭易燃易爆、有毒气体阀门,及时降低高温、高压管道的温度和压力,关闭运转设备。大部分人员可撤离工作现场,在有安全防护的前提下,少部分人员留在现场随时监视险情,及时处理可能发生的意外事件,防止次生灾害的发生。

（4）地震发生时行驶的车辆应如何应急？司机应尽快减速,逐步刹闸;乘客（特别在火车上）应用手牢牢抓住拉手、柱子或座席等,并注意防止行李从架上掉下伤人,面朝行车方向的人,要将胳膊靠在前坐席的椅垫上,护住面部,身体倾向通道,两手护住头部;背朝行车方向的人,要两手护住后脑部,并抬膝护腹紧缩身体,做好防御姿势。

（5）楼房内人员地震时如何应急？地震一旦发生,首先,要保持清醒、冷静的头脑,及时判断震动状况,千万不可在慌乱中跳楼,这一点极为重要;其次,可躲避在坚实的家具下或墙角处,也可转移到承重墙较多、开间小的厨房、厕所去暂避一时。因为这些地方结合力强,尤其是管道经过处理,具有较好的支撑力,抗震系数较大。总之,震时可根据建筑物布局和室内状况,审时度势,寻找安全空间和通道进行躲避,以减少人员伤亡。

(6)在商店遇震时如何应急?在百货公司遇到地震时,要保持镇静。由于人员慌乱、商品下落,可能使避难通道阻塞。此时,应躲在近处的大柱子和大商品旁边(避开商品陈列橱),或朝着没有障碍的通道躲避,然后屈身蹲下,等待地震平息。处于楼上位置,原则上向底层转移为好。但楼梯往往是建筑物抗震的薄弱部位。因此,要看准脱险的合适时机。服务员要组织群众就近躲避,震后安全撤离。

二、泥石流

泥石流是在山区沟谷中,由暴雨、大量冰雪融水或江湖、水库溃决后急速地表径流激发的含有大量泥砂、石块等固体碎屑物质,并具有强大冲击力和破坏作用的特殊洪流造成的灾害,是山区特有的一种自然现象。泥石流灾害见图9-2-2。

图9-2-2

(一)泥石流前兆

除了根据当地降雨情况来估测泥石流暴发的可能性外,我们还可通过一些特有现象来判断泥石流的发生。

泥石流发生前兆,沟内有似火车轰鸣声或闷雷式的声音,主河流水上涨并夹有较多的柴草、树木和正常流水突然中断。动植物异常,如猪、狗、牛、羊、鸡惊恐不安,不入睡,老鼠乱窜,植物形态发生变化,树林枯萎或歪斜。

如果发现上述的一些征兆,尤其是发现山体出现裂缝,则可能存在发生崩塌、滑坡的隐患,长期降雨或暴雨则可能诱发泥石流。

(二)泥石流预防

(1)泥石流多发区居民要注意自己的生活环境,熟悉逃生路线。注意政府部门的预警和泥石流的发生前兆,在灾害发生前互相通知、及时准备。

(2)去山地游玩的游客要注意收听当地天气预报,不在暴雨之后或持续阴雨天气去山区。

(3)宿营时,要选择平整的高地作为营地,不要在沟道处或沟内的低平处搭建宿营棚。

(4)在沟谷遭遇暴雨、大雨,要迅速转移到安全的高地,不要在谷地或陡峭的山坡下避雨。

(三)泥石流应对

(1)发生泥石流时,要采取正确的逃逸方法。要立即选择与泥石流垂直的方向沿两侧山坡往上跑,要抛弃重物,离开沟道、河谷地带,但注意不要在土质松软、土体不稳定的斜坡停留,以免斜坡失稳下滑。应选择基底稳固又较为平缓的地方。

(2)不要上树躲避。泥石流不同于滑坡、山崩和地震,它是流动的,冲击和搬运能力很大,其流动中可沿途切除一切障碍,所以上树逃生不可取。

(3)应避开河(沟)道弯曲的凹岸或地方狭小高度又低的凸岸,因泥石流有很强的掏刷能力及直进性,这些地方很危险。

(4)泥石流非常危险,一旦陷入其中很难摆脱。万一不幸陷入其中,不要慌张。要大声呼救并及时向后边的人发出警告,然后将身体后倾,轻轻躺在沼泽地里,同时张开双臂,十指张大,平贴在地面上慢慢将陷入泥潭的双脚抽出来。切忌用力过猛、过大,避免陷得更深。然后采取仰泳般的姿势向安全地带"游"过去,尽量以轻柔缓慢的动作进行,千万不要惊慌挣扎。

(5)长时间降雨或暴雨渐小后或刚停,不应马上返回危险区。

(6)不要躲在有滚石和大量堆积物的山坡下面。

三、崩塌和滑坡

崩塌(崩落、垮塌或塌方)是较陡斜坡上的岩土体在重力作用下突然脱离母体崩落、滚动、堆积在坡脚(或沟谷)的地质现象。崩塌是岩土体的突然垂直下落运动,经常发生在陡峭的山壁。崩塌过程表现为岩块顺山坡猛烈翻滚、跳跃,相互撞击,最后堆积在坡脚,形成倒石堆。降雨、融雪、河流、洪水、地震、海啸、风暴潮等自然因素,以及开挖坡脚、爆破、修筑水库、开矿泄洪等人为因素,都有可能诱发崩塌。

滑坡是指斜坡上的土体或者岩体,受河流冲刷、地下水活动、地震及人工切坡等因素影响,在重力作用下,沿着一定的软弱面或者软弱带,整体地或者分散地顺坡向下滑动的自然现象。运动的岩(土)体称为变位体或滑移体,未移动的下伏岩(土)体称为滑床。

(一)崩塌和滑坡的前兆

(1)断流泉水复活,或泉水、井水忽然干涸。

(2)滑坡前缘出现横向及纵向裂缝,前缘土体出现隆起现象;滑体后缘裂缝急剧加宽加长,新裂缝不断产生,有冷气或热气冒出,滑坡体后部快速下座,四周岩土体出现松动和小型塌滑现象。

(3)有岩石开裂或被挤压的声音。

(4)动物出现惊恐异常现象;房屋倾斜、开裂和出现醉汉林、马刀树等。

(二)崩塌和滑坡的防护

(1)前期预防。不在危岩下避雨、休息和穿行,不攀登危岩。夏汛时节去山区峡谷郊游,要事先收听天气预报,不在大雨后、连阴雨天进入山区沟谷。

(2)危机救助。行人应立即离开岩土滑行道,向两边稳定区逃离。切记不可沿着岩土体向上方或下方奔跑。驾车者应迅速离开有斜坡的路段。

(3)当处在滑坡体上时,首先应保持冷静,不能慌乱。要迅速环顾四周,向较安全的地段撤离。一般除高速滑坡外,只要行动迅速,都有可能逃离危险区段。跑离时,向两侧跑为最佳方向。在向下滑动的山坡中,向上或向下跑都是很危险的。

(4)当处于非滑坡区而发现可疑的滑坡活动时,应立即报告邻近的村、乡、县等有关政府或单位。

【小知识】

震后自救

(1)沉着冷静。地震时如果被埋压在废墟下,周围又是一片漆黑,只有极小的空间,要坚定自己的求生意志,消除恐惧心理。能自己离开险境的,应尽快想办法脱离险境;不能自我脱险时,应设法先将手脚挣脱出来,清除压在自己身上特别是腹部以上的物体等待救援,可用毛巾、衣服等捂住口、鼻,防止因吸入烟尘而引起窒息。要树立生存的信心,相信会有人来救助,要千方百计保护自己。

（2）预备应急包。地震后，往往还有多次余震发生，处境可能继续恶化，为了免遭新的伤害，要尽量改善自己所处环境。此时，如果应急包在身旁，将会为你脱险起很大作用。

（3）稳定生存空间。在这种极不利的环境下，首先要保护呼吸畅通，挪开头部、胸部的杂物，闻到煤气、毒气时，用湿衣服等物捂住口、鼻；避开身体上方不结实的倒塌物和其他容易引起掉落的物体；扩大和稳定生存空间，用砖块、木棍等支撑残垣断壁，以防余震发生后，环境进一步恶化。

（4）设法脱离险境。如果找不到脱离险境的通道，尽量保存体力，用石块敲击能发出声响的物体，向外发出呼救信号，不要哭喊、急躁和盲目行动，这样会大量消耗精力和体力，尽可能控制自己的情绪或闭目休息，等待救援人员到来。如果受伤，要想法包扎，避免流血过多。

（5）维持生命。如果被埋在废墟下的时间比较长，救援人员未到，或者没有听到呼救信号，就要想办法维持自己的生命，应急包内的水和食品一定要节约，尽量寻找食品和饮用水，必要时自己的尿液也能起到解渴作用。

【案例分析】

地震自救

唐山市一女职工，家住西山路楼房，1976年7月27日晚，因感到天气闷热，睡得很晚，被剧烈的振动惊醒后，只见外面一片雪亮，墙已裂开，在亮光的照映下，参差不齐的砖缝一开一合，房屋摇摇欲坠，十分可怕。在意识到这是地震后，顺势向床下滚。这时楼倒屋塌，楼板掉下，她被压在里面，成半跪半趴的姿势，趴在床边，不能活动，黑暗中郁闷难忍。用手乱摸，发现屋顶紧挨着头，四周全是砖，衣服还在床上，但床已被砸穿。时间一分分地过去，她的呼吸越来越急促，为了争取为自己创造生存的条件，便用手一块一块地从断壁上抽砖，当空气和光线从抽下的一块砖缝处进入时，给她带来了生的希望。不知过了多长时间，她听见姐姐和邻居来救的声音，因地上的家具全堆在她的外面，拼命叫喊也无效，结果反被弄得精疲力尽，连喊的力气也没有了。外面的人也不能确定该女职工的位置，无从下手。姐姐急得在外面喊话，教她拿东西敲打，人们听到敲声，顺声挖了约两米深，终于把她救了出来。

从救助的过程看，埋压较深的人，呼喊不起作用，用敲击的方法，声音可以传到外面，这也是压埋人员示意位置的一种方法。正是这位女工正确的自救方法，使她存活了下来。

【复习思考题】

一、填空题

1. 震时躲避，震后＿＿＿＿＿＿＿＿＿＿＿是应急防护的较好方法。

2. 较陡斜坡上的岩土体在重力作用下突然脱离母体崩落、滚动、堆积在坡脚（或沟谷）的地质现象称为＿＿＿＿＿＿＿＿＿。

3. 人的感官能直接觉察到的地震异常现象称为地震的宏观异常，也称＿＿＿＿＿＿。

二、判断题

1. 发生泥石流时，可以上树躲避。（　　　）

2. 发生地震，在户外要避开高大建筑物，要远离高压线及石化、化学、煤气等有毒的工厂或

设施。（　　）

3.在楼房里发生地震时，应迅速远离外墙及其门窗，可选择厨房、浴室、厕所、楼梯间等空间小而不易塌落的空间避震，千万不要外逃或从楼上跳下，也不能使用电梯。（　　）

三、简答题

1.什么是地质灾害？地质灾害主要包括哪些类型？

2.发生地震时，如何自救？

3.发生泥石流如何应对？

【延伸阅读】

雷电安全与灾险处理

雷电是自然界中由于电场击穿空气而发生的伴有闪电和雷鸣的一种放电现象。一次放电过程一般持续时间为几秒至一百多秒，是发生在自然大气中的瞬间放电过程。雷电产生的原因是由于雷暴云中强烈的上升和下沉气流的对流运动，使云中随机分布的正负电荷呈现有序排列的结构，在云中形成许多正电荷区和负电荷区。当雷暴云中部分区域积累了足够强的正（负）电荷，使得空间或地面某处的电场强度达到了击穿大气的值，则产生雷击。雷电灾害已被联合国国际减灾十年委员会列为"最严重的十种自然灾害之一"，被中国国防电工委员会称为"电子时代的一大公害"。雷电引发灾害的主要原因，在于雷放电过程中巨大的电能在短时间内转变成热能、机械能，并产生各种物理效应和作用，从而导致各种灾害性的后果。

人类社会正在向信息社会迈进，作为信息技术主要组成部分的空间信息技术，在过去的几十年中，以地理信息系统（GIS）、遥感技术（RS）和全球定位系统技术（GPS）为代表，已在国家经济建设、安全建设的诸多领域发挥了重要的作用。以获取雷电方面空间数据而言，就有通过雷电高速摄影拍摄得到雷电长度、宽度、存在时间等实测数据，通过火箭引雷实验获得雷电相关实验数据，通过遥感监测雷电灾害受灾范围及其程度，利用历史数据或者已有数据理论推测和估算等等。联合国的一份报告表明，有关雷电信息中85%以上的信息与空间信息有关，或者间接利用这些信息解决有关疑问和难题。因此，想要更好地对雷电全面了解，是与空间信息技术分不开的。

在空间信息技术监控下可以记录下雷电的产生时间、地点、落雷位置，甚至可能拍摄下雷电的摄影图，而这些都将是研究雷电产生机理和雷电规律的宝贵材料，而且整个材料收集过程都是信息化全程监测，不需要观察员一直尾随监控和观测。当通过空间信息技术获取了足够多的雷电材料，就有可能分析出雷电的形成规律以及落雷的地点，建立有效的全国雷电监测网来有效地预防雷电灾害，并及时做好防雷措施，避免遭受巨大损失。

那么，如何做好雷电防治呢？减少雷电危险的推荐步骤是：气候分析、预报、告警手段。首先，安装雷电告警装置，并在空间信息技术支撑的雷电告警系统下确保告警装置的有效性；然后，在朝容易遭雷电攻击或者易造成巨大损失的方面或者其区域上花心血做好雷电防治，如重要建筑物的保护、地下爆破作业的保护、飞机的保护、电信系统的保护；在雷电防治中，比较常用的防雷措施有安装避雷针系统、做好防雷接地工作、输电线路上增贴金属保护线或者金属网、民用线路与系统接地线保持适当远的距离等。

　　总之,基于空间信息技术的使用,我们可更容易获取有关雷电信息并得以将其存储,通过计算机信息化处理能更加快速准确地对雷电相关数据进行理论分析和推理,从而预测雷电产生以及及时做好雷电防治工作,若出现雷电灾害,便实时监测雷电灾害情况和及时处理或者弥补雷电灾害带来的破坏和损失,并将数据进一步存储用做日后更准确地对雷电及其灾害做出分析和监测的宝贵材料,并以此进一步进行雷电监测和防治雷电灾害。

第10章 事故灾难与意外伤害避险

　　事故灾难是在人们生产、生活过程中发生的,直接由人的生产、生活活动引发的,违反人们意志、迫使活动暂时或永久停止,并且造成大量的人员伤亡、经济损失或环境污染的意外事件,具有突发性。除自然灾害和生产活动造成的灾难性事故以外,交通事故和火灾事故也有可能演变成事故灾难。

　　意外伤害是指突然发生的各种事件或事故对人体所造成的损伤,会使身体留下永久疤痕、伤残,丧失劳动能力,甚至会导致死亡发生,如触电、拥挤踩踏等。

　　事故灾难和意外伤害案例如下图所示。

　　目前比较一致的观点认为,不论事故灾难还是意外伤害,虽然都是一种意想不到、不可预测的事件,但是也有规律可循,是可以进行有效预防、避免伤害、减少危害的。

　　险情一旦来临,要冷静应对。

　　(1)要对险情保持高度警惕,一定要有紧急避险的意识。

　　(2)冷静判断、镇静应对是我们成功避险的重要前提。

　　(3)遭遇险情,错误的做法往往比灾害本身更可怕。

　　了解各种灾害的应对方法,形成必要的自我保护和自救、互救能力,是预防事故扩大、成功逃生的关键。

第1节　火灾逃生

　　火灾是指在时间和空间上失去控制的燃烧所造成的灾害。随着社会生活的不断丰富,公众聚集场所日益增多,导致发生火灾的危险性也在增多,重特大火灾事故时有发生,一般火灾更非鲜见。例如,2012 年 6 月 30 日,天津蓟县莱德商厦发生火灾,大火持续数小时,五层商厦被烧毁,火灾造成 10 人死亡、16 人受伤。据公安部消防局统计,2015 年,全国共接报火灾

33.8 万起,造成 1 742 人死亡、1 112 人受伤,直接财产损失 39.5 亿元。图 10-1-1 是 2014 年 1 月 11 日 1 时 27 分云南香格里拉独克宗古城特大火灾事故图片。

一、火灾事故

任何场所都有可能发生火灾事故,家庭、学校、公共场所,若不注意防火,都有可能发生火灾事故,出现缺氧、高温、烟尘、毒气和房屋倒塌等突如其来的险恶状况。

图 10-1-1

(一)火灾事故的原因

事实证明,不论是家庭火灾还是公共场所火灾,最常见、最危险、对人类生命和财产造成损失最大的,都是起因于建筑物内部的火灾。在相同的处境下,面对同样的险情,有的人不知所措,葬身火海;有的人慌不择路,跳楼丧命;也有的人化险为夷,安全逃生。究其原因,很大程度上取决于防护知识和逃生技能。

1.家庭火灾

现代家庭陈设、装修日趋增多,用电、用火、用气不断改善,若不幸起火,往往具有燃烧猛烈、火势蔓延迅速、烟雾弥漫、易造成人员伤亡的特点。若是煤气或液化石油气起火,容易形成气体燃烧,甚至造成爆炸事故。家庭起火后如果得不到及时控制,还会殃及四邻,使整幢居民楼或整个村庄遭受到火灾危害。

1)电气火灾

现代家庭电器品种多,使用过程中会发生漏电、短路等现象,从而引发火灾。另外线路老化、裸露、接头松动、私拉乱接等行为,也容易引起火灾。

图 10-1-2

【案例 10-1-1】　2010 年 11 月 5 日 9 时 15 分许,吉林市商业大厦由于一层电气线路短路发生火灾,造成 19 人死亡。见图 10-1-2。

2)厨房失火

厨房内物品密集、用火次数频繁,易发生火灾事故。油炸食物时,油过多或锅不稳使油溢出,遇明火燃烧;炒菜时,人离开导致食物被烤焦并被引燃;液化气罐或燃气软管老化、连接点不牢、周围有可燃物等都可能引起厨房失火。

3)其他明火

常见的如吸烟,烟头表面温度很高,若其火星落在比较干燥、疏松的可燃物上,经 1 至 3 小时阴燃后会发生火灾。尤其是躺在床上、沙发上吸烟时,人在烟未灭之前睡着,容易使烟头落在床上或沙发上,最终导致火灾及人员伤亡事故。见图 10-1-3

图 10-1-3

2.公共场所火灾

公共场所建筑形式多样、营业面积大,多层、高层建筑多,每层空间上下连通,防火分隔困难,容易造成火灾蔓延扩大。其中人员聚集、流动量大,不同性质经营之间相互影响,电气设备多、可燃商品多,容易造成重大伤亡和重大损失。尤其是在节假日期间,营造节日气氛的手段变化多端,不按规定执行临时用电条例等,也存在一定的安全隐患。另外,不排除极少数人为纵火的可能。

【案例10-1-2】 2011年5月1日3时24分,吉林省通化市东昌区胜利路如家快捷酒店因人为放火发生火灾,造成11人死亡,53人受伤。消防队员利用室内疏散楼梯营救昏迷被困人员36人,利用举高消防车从外部营救被困人员9人,利用室内疏散楼梯疏散150余人,降低了事故危害。

公共场所火灾的特点如下。

1)火势蔓延速度快

高层建筑起火后,烟气、高温热气流等会通过各种途径扩散:首先冲向房间顶部聚集,然后开始下沉向起火楼层的四周沿水平方向蔓延,这使得建筑物内部温度很快升高,而且极易形成立体火灾。

火势突破外墙窗口时,呈升腾、卷曲状,会跳跃、跨层向上蔓延,当辐射强烈或风力很大时,火势还会影响临近建筑物。

2)人员疏散困难

高层建筑发生火灾时,会产生大量烟雾,这些烟雾不仅浓度大、能见度低,而且流动扩散极快,一幢100 m高的建筑物约在30 s烟雾即可窜到顶部,给人员疏散带来了极大的困难。

另外,高层建筑还有疏散距离远、疏散所需时间长、容易出现拥挤甚至出现阻塞的现象,造成人员疏散速度减慢、疏散困难。

【案例10-1-3】 2000年12月25日,河南洛阳东都商厦,因非法施工、电焊工违章作业引燃可燃物酿成特大火灾事故,造成309人窒息死亡,7人受伤。

3)救援难度大

目前我国在役登高云梯的到达高度最高在78 m左右(相当于25~26层建筑高度)数量不多。如果地面风力达到4~5级,云梯车则无法升高作业。如果着火的大楼超过云梯高度,则无法从室外扑救,除非动用直升机,否则只能依靠自救,即依靠室内的消防疏散设施,这使得高层建筑火灾救援成为世界性的难题。

(二)火灾事故的预防

1.家庭火灾事故的预防

(1)保证电器线路质量,不出现过负荷情况。线路敷设时尽量走近路和直路,减少交叉和跨越。线路间的相互连接及线路与电路的连接处要牢固,防止接触面松动。穿墙线路要设置导管,防止线路磨损而造成漏电、短路,未穿墙部分要设置阻燃导管,避免因线路起火而引燃室内其他可燃物。此外,电视、洗衣机、电冰箱、电热毯、电熨斗及其他用电设备的使用以及灯具安装时,均应按说明书进行,避免因人为的因素导致火灾发生。

(2)积极使用不燃、难燃建材进行房屋装修,任何物品,尤其是可燃物不得堆放在影响疏散的部位,如走道、楼梯间休息平台等,也不能将可燃物堆放在用火频繁及易产生高温的地方,如灶台、取暖器附近。不要擅自储存过量鞭炮、汽油等易燃易爆物品,否则一旦发生火灾,容易造成人员伤亡和重大财产损失。

2. 公共场所火灾事故的预防

疏散通道堵塞、安全出口缺少是导致群死群伤火灾事故的主要原因。平时要有危机意识,对经常工作、居住或进入的建筑物,要牢记逃生出口、逃生路线。进入陌生场所一定要先了解安全出口、疏散通道,及其是否关闭、是否上锁等情况,要记住灭火、避难器具的位置。一旦发生险情,马上就可以确定自己的位置,按照标志指示的方向逃生。见图10-1-4。

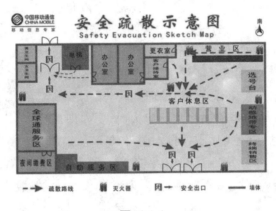

图 10-1-4

发现异常要高度警惕,迅速处置并及时报警,不要犹豫迟疑,不要麻痹大意,不要心存侥幸。有时候,有的人本已觉察火情,却认为火灾不严重,或跟自己没关系,甚至还会花一些时间去证实,或返回寻找财物等等,这些都是错误的。

平时要积极参加消防演练,节假日燃放烟花爆竹,要在指定场所进行,可在家里或办公场所配备基本的逃生器具,以备不时之需。

二、火灾的扑救与逃生

火势发展大体经历四个阶段,即初起阶段、发展阶段、猛烈阶段和熄灭阶段。在初起阶段,火灾比较易于扑救和控制,据调查,约有45%以上的初起火灾是由当事人或义务消防队员扑灭的。

(一)家庭火灾扑救

(1)无论自家或邻居起火,都应立即拨打119电话进行报警并积极进行扑救。不能只顾灭火或抢救物品而忘记报警,使本来能及时扑灭的小火酿成火灾。

(2)发现封闭的房间内起火,不要随便打开门窗,防止新鲜空气进入,扩大燃烧。要先察看火势情况,如果火势很小或只见烟雾不见火光,可用水桶、脸盆等盛水,迅速进入室内将火扑灭。见图10-1-5。

图 10-1-5

图 10-1-6

（3）室内起火后，如果火势一时难以控制，要先将室内的液化气罐和汽油等易燃易爆危险品抢出。如果室内火已烧大，切勿贪念钱财而贻误疏散良机，更不能重新返回着火房间去抢救物品。

（4）家用电器或电气线路发生火灾，要立即切断电源，然后用干粉灭火器、二氧化碳灭火器等进行扑救，或用湿棉被、帆布等将火窒息，不能直接用水救火。见图 10-1-6。

（5）家用液化石油气罐着火时，灭火的关键是切断气源。如果阀口火焰较大，可以用湿毛巾、抹布等猛力抽打火焰根部。如果阀门过热，可以用湿毛巾、肥皂、黄泥等将漏气处堵住，把液化气罐迅速搬到室外空旷处，使其泄掉余压或交有关部门处理。

图 10-1-7

（6）厨房着火，最常见的是油锅起火。起火时，要立即用锅盖盖住油锅，将火窒息，切不可用水扑救。见图 10-1-7。

图 10-1-8

（7）如果身上着了火，千万不能奔跑，因为奔跑时会形成一股小风，大量新鲜空气冲到着火人的身上，火会越烧越旺。着火的人乱跑，还会把火种带到其他场所，引起新的燃烧点。可就地打滚，或有其他人在场时，可对其浇水或用厚重的衣物压住火苗。见图 10-1-8。

（二）多、高层建筑火灾逃生

研究表明，陷入灾难的人可以分为三类：大约 10% ～15% 的人能够保持冷静并且动作迅速有效；另有 15% 左右的人会哭泣、尖叫甚至阻碍逃生；还有一部分人完全惊呆了，大脑顿时一片空白。

突遇火灾，面对浓烟和烈火，必须保持镇静，保持大脑清醒，不要慌乱，快速判明危险地点和安全地点，决定逃生的有效办法，不要盲从、不要相互拥挤，更不可乱冲乱撞。记住图 10-1-9 所示逃生标志，这是非常必要的。

图 10-1-9

火场逃生是争分夺秒的行动，一旦意识到火情、听到火灾警报或感到自己被烟火围困时，要在最短的时间内逃离险境，并尽可能报警或通知其他人员。

1.绳索自救法

高层、多层公共建筑内一般都设有高空缓降器或救生绳，可以通过这些设施安全离开危险楼层。如果没有这些专门设施，在通道全部被浓烟烈火封锁，救援人员不能及时赶到的情况下，可利用结实的绳子拴在牢固的暖气管道、窗框、床架上，顺绳索沿墙缓慢滑到地面或下个楼层而脱离险境。逃生过程中，脚要成绞状夹紧绳子，双手交替往下爬，防止顺势滑下时脱手或将手磨破，尽量用手套、毛巾等将手保护好。绳索自救法见图 10-1-10。

图 10-1-10

2. 匍匐前进法

从浓烟弥漫的通道逃生时,可向头部、身上浇凉水,用湿衣服、湿床单、湿毛毯等将身体裹好。因为烟雾较空气轻,一般离地面 30 cm 以下仍有残存空气,可低姿逃生,必要时将手肘、膝盖紧靠地面,延墙壁边缘爬行。还要记住的是,火场逃生过程中,要一路关闭背后的门,以减低火和浓烟的蔓延速度。

【案例 10－1－4】 2007 年 2 月 4 日 1 时 40 分,浙江省台州市黄岩区一家商铺发生火灾,17 人遇难。但 36 岁的范某夫妇没有受到任何伤害。范某说,这得益于他小时候记住的一句宣传语:"家里起火不要怕,大人小孩顺地爬。"

3. 毛巾捂鼻法

火灾烟气具有温度高、毒性大的特点,一旦吸入后很容易引起呼吸系统烫伤或中毒,因此疏散中应用湿毛巾捂住口鼻,以起到降温及过滤的作用。方法是把毛巾浸湿,叠起来捂住口鼻,毛巾不要过湿,过湿会使呼吸力增大;身边没有水的时候干毛巾也行;没有毛巾,餐巾、口罩、帽子、衣服都可以。穿越烟雾区时,即使感到呼吸困难,也不能将毛巾拿开,否则有立即中毒的危险。

如果有火灾逃生面具可以利用的话,是最好不过的选择。毛巾捂鼻法逃生见图 10-1-11。

图 10-1-11

4. 棉被护身法

一旦确认建筑物着火,要根据火势情况,从最便捷、最安全的通道逃生。若选择门窗逃生,打开门窗前,必须迅速判断门窗是否发热。如发热就不能打开,另选择其他出口或等待救援;如不热,先试探性地打开少许,确认安全时立即通过,同时还要把身后的门关好,用最快的速度直接钻过火场,冲到安全区域。

用浸泡过水的棉被或毛毯、棉大衣等裹在身上会增加安全系数,但千万不可用塑料雨衣等易燃物作为保护层。

5. 毛毯隔火法

将毛毯等织物钉或夹在迎火的门上,再将缝隙或其他孔洞用毛巾、床单等难燃物品堵住,并不断往上洒水冷却降温,还可淋湿房间内的一切可燃物,同时把淋湿的棉被等披在身上。如烟已进入室内,要用湿毛巾等捂住口鼻。

在被烟气窒息失去自救能力时,要努力滚到墙边,这个位置既防止房屋塌落时被砸伤,又便于消防人员寻找、营救,因为消防人员进入室内都是沿着墙壁摸索前进的。记住不要向狭窄的角落退避,如墙角、桌子底下、橱柜、阁楼里,这些地方可燃物多,容易聚集烟气,火场清理中,常在这些地方发现遇难者。

6. 被单拧结法

把窗帘、床单、被褥、衣服等撕成条后拧成麻花绳,用水浸湿,按绳索逃生的方式沿外墙爬下。一定要注意将床单等扎紧扎实,避免结绳断裂或接头脱落而坠地。

【案例10－1－5】 2006年8月4日,福建厦门集美区涌泉工业园某制衣厂发生火灾,大火和浓烟将16名员工堵在了三楼办公室中,这些员工从容不迫地接好布条,然后绑在办公室桌子和空调架上,再将布条垂落到地面,一个个顺着布条滑至地面后逃生。

但结绳自救要慎用,前提条件是楼层不太高(不超过10层),火势不大,没有大范围蔓延。某十七层住户突发火灾,一家三口被困,妻女被消防员成功救出,不幸的是丈夫结绳自救时坠亡。

7. 跳楼求生法

除非是消防队员准备好救生气垫并指挥跳楼,如果被火困在一层或二层等较低处,在万不得已的情况下,才可以跳楼逃生。跳楼逃生前最好先往地面上扔棉被、沙发垫等松软物品进行铺垫,然后再手扒窗台,身体下垂,头上脚下,自然下滑,使双脚首先着落在柔软的物体上,同时双手要迅速抱紧头部,身体弯曲卷成一团,以减少伤害。也可以选择有水池、软雨棚、草地等地方跳下。

如果被烟火围困在三层以上的楼房内,千万不要急于跳楼,若没有任何保护措施往下跳,会对身体造成极大的伤害,甚至有死亡的危险。

【案例10－1－6】 2008年11月24日,上海商学院宿舍起火,4名女生由于缺乏火场逃生知识,慌乱中选择跳楼,导致身亡。见图10-1-12。

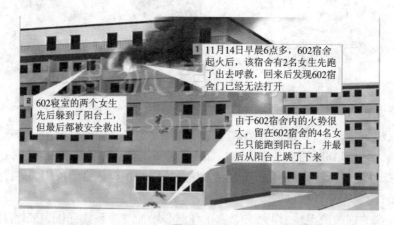

图 10-1-12

8. 管线下滑法

当建筑物外墙或阳台边上有排水管、电线杆、避雷针引线等竖直管线时,可借助其尽快下滑至地面,同时应注意一次下滑的人数不宜过多,防止逃生途中因管线损坏使人坠落。

9. 竹竿插地法

将结实的晾衣杆直接从阳台或窗台斜插到室外地面或下一层平台,两头固定好以后顺杆滑下。

10. 攀爬避火法

如果烟味很浓,房门已经烫手,说明大火已经封门,再不能开门逃生。应关紧房间临近火势的门窗,打开背火方向的门窗,通过攀爬阳台、窗口的外沿及建筑周围的脚手架、雨棚等突出物以躲避火势。

11. 楼梯转移法

当火势自下而上迅速蔓延而将楼梯封死时,住在上部楼层的居民可通过天窗等迅速爬到屋顶,转移到另一人家或另一单元的楼梯进行疏散。

转移逃生过程中,极易出现拥挤、聚集的现象,这会造成通道堵塞而酿成群死群伤事故,既不利于自己逃生,也不利于他人逃生。要做到有序转移,同时,大声喊叫其他人一起逃往安全之地。

【案例 10-1-7】 2004 年 5 月 18 日,南京市栖霞区红马酒楼发生火灾事故,造成 4 人死亡,其中 1 人是在跳楼时当场摔死的,2 人也是跳楼受到致命伤送医后死亡。但另外有 4 人及时跑上了 5 楼的平台,被消防队员用云梯救下。

12. 卫生间避难法

如果身上的衣服着火,千万不可奔跑或用手拍打,应迅速将衣服脱下。若来不及脱掉,可就地翻滚,或用厚重衣物覆盖压灭火苗。如附近有水池等,可迅速跳入水中。如人体已被烧伤,应注意不要跳入污水中,以防感染。

在无路可逃的情况下,应积极寻找避难处所,如到阳台、楼顶等待救援,或选择火势、烟雾难以蔓延的房间。当实在无法逃离时应退回室内,利用卫生间进行避难,用毛巾紧塞门缝,把水泼在地上降温,也可躺在放满水的浴缸里躲避。

13. 火场求救法

发生火灾时,要利用电话、对讲机、手机等及时报警,如没有这些设备,可在窗口、阳台或屋顶处向外大声呼叫、敲击金属物品或投掷软物品。白天可摇晃各色鲜艳的衣物,夜间可用晃动白布条、手电筒或其他醒目东西的方式向外报警。

【案例 10-1-8】 1997 年 1 月 29 日,湖南长沙市燕山酒家发生火灾,39 人死亡。住在 518 的是张家界永定区某派出所的王某和盛某,二人得知起火后想冲出去,却发现烟火早已将通道封死,于是他们马上返回房间,将门关好,并用被水打湿的被子堵住房门,防止烟火侵入,然后在窗口发出求救信号后被救生还。见图 10-1-13。

图 10-1-13

14. 逆风疏散法

根据火灾发生时的风向,迅速逃到火场上风处,躲避火焰和烟气。

15. 搭"桥"逃生法

可在阳台、窗台、屋顶平台处用木板、竹竿等较坚固的物体搭在相邻单元或相邻建筑,以此作为跳板过渡到相对安全的区域。见图 10-1-14。

总之,我们在灾难面前首先要稳定自己的情绪,沉着、

图 10-1-14

冷静地面对突如其来的险情,结合环境实际状况,积极地创造生存机会,选择有效、安全可靠的逃生方法脱离险情。

三、实用技能:不同火情的应对方法

1. 火情初起,发现楼道有烟时的应对方法

房间着火时,应根据火势情况,从最便捷、最安全的通道逃生,如疏散楼梯、消防电梯、室外安全梯等。一般来说,火灾初期,烟少、火小,只要迅速撤离,是能够化险为夷、安全逃生的。

如果是房外着火,身在室内的人应当保持冷静,千万不要盲目往外跑。

(1)开门前要先用手触摸门把锁,若温度很高,或有烟雾从门缝钻进,不要贸然开门;若温度正常,可打开门缝观察外面通道的情况,再决定是否逃离。

(2)如果大火和浓烟封闭通道无法逃离时,只能退守房内采取相应对策:用湿布条堵塞门窗缝隙,用水浇在已着火的门窗上等待救援。盲目逃生要比返回屋内固守待援危险得多。见图 10-1-15。

图 10-1-15

当被困火场内等待消防员救助时,审时度势采取有效的自救措施,积极行动,化被动为主动,可赢得更多生还的机会。

2. 不同地点明火火情的应对方法

一旦发现明火火情,什么情况下该逃离现场,什么情况下要等待救援,需根据着火点是在楼上还是楼下进行选择。

着火点在本楼层时,应就近跑向紧急疏散口,遇有防火门要及时关上。若楼道被烟气封锁,可弯腰低姿前进逃离火场,最好能用湿毛巾等捂住口鼻,阻挡有毒烟雾;若必须经过火焰区,一定要将衣服用水浇湿,用湿毯子裹住全身或用湿衣服包住头部等部位,万一衣服着火则要用打滚等方式扑灭火苗。

同时,还要记住千万不要乘坐普通电梯逃离,因为烟气会通过电梯井蔓延,有时会突然停电使电梯门打不开而无法逃生。

如果着火点在上层,应就近向紧急疏散口、向楼下撤离逃生。

如果着火点位于下层,且火和烟雾已封锁向下逃生的通道,向楼顶逃生理论上可行,最好方法就是回到屋内固守待援。可通过打开窗户、摇晃红布呼喊,夜间可使用手电筒晃动提醒,

向前来营救的人员求援。

在室内固守待援,千万不要钻到床底下、衣橱内、阁楼上躲避火焰或烟雾,这些都是火灾现场最危险的地方,不易被消防人员发现而获救。

【小知识】

毛巾在火灾现场的作用

据统计,2015 年 1 月至 10 月,全国共发生火灾 28 万余起,死亡 1 377 人,其中 45.2% 的人是因吸入有毒气体窒息死亡的。

发生火灾时,手边有很多物品可以派上用场,如毛巾在火灾中有以下用途。

(1)厨房内发生煤气管道或液化气管道漏气起火时,用湿毛巾往火苗上迅速按压,火即灭;炒菜发生油锅起火时,迅速用湿毛巾盖在锅口上,火即熄灭。见图 10-1-16。

(2)建筑发生火灾,当处在上面楼层的人被火围困而不能撤退时,可开启窗户,用摇动毛巾(夜间由于火灾现场烟雾比较大,尽量使用白色或浅颜色的毛巾)的方式以示室内有人,作为一种呼救的信号;或者把多条毛巾结成绳索,可以代替安全绳脱离困境。

图 10-1-16

(3)在火灾环境中,一条毛巾可以顶一个防毒面具。使用时要全覆盖地捂住口和鼻,使滤烟面积尽量大。

实验表明,在浓烟的场所,一条普通毛巾如被折叠 16 层,烟雾消除率可达 90% 以上,被折叠 8 层,烟雾的消除率为 60% 左右。在这种情况下,人在充满强烈烟雾的 15 m 长的走廊里缓慢行走,不会有明显的刺激性感觉。将干毛巾折叠浸湿后再拧干,这样滤烟率还会更好一些。但是,由于火灾现场烟的颗粒大,附着在毛巾的网络上,它的透气能力也会随着时间的延续而降低。

【案例分析】

襄阳市"4·14"重大火灾事故

2013 年 4 月 14 日,襄阳市樊城区前进路 158 号迅驰星空网络会所发生火灾,建筑物过火面积 510 m²,造成 14 人死亡,47 人受伤,直接经济损失达 1 051.78 万元。

1. 事故经过

事发当日 5 时 40 分许,湖北省襄阳市前进路迅驰网吧一间包房发生缓慢燃烧,烟气通过吊顶内的孔洞向西侧各房间蔓延。上网人员高某分别于 5 时 50 分许、6 时 07 分许在北侧的卫生间、收银台闻到了塑料燃烧的味道,卫生间内的味道较重,但未看到烟、火,离开网吧时也没有发现异常。因包房内无人,火情一直没有被发现。6 时 41 分许,火从包房的东南角突破,引燃其下方的沙发、布帘等物品。6 时 42 分至 44 分有 39 人陆续从北侧大门离开网吧,期间无人报警,也无人呼喊。6 时 46 分许,二层最后逃生的一名上网人员从窗口跳出,此时大厅屋顶彩钢板内的聚苯乙烯泡沫板被引燃,大量浓烟从窗口和通风口冒出。6 时 47 分,正在一层餐厅上班的服务员度某看到二层网吧浓烟滚滚,东侧的彩钢板顶棚在燃烧,随即拨打119电话报警。火灾已成迅速蔓延之势并形成大面积立体燃烧,致使损失惨重。见图10-1-17。

图 10-1-17

2. 事故原因

(1)事故的直接原因是迅驰网吧包房区吊顶内电气线路短路引燃周围可燃物引发火灾。

(2)间接原因是网吧员工的消防安全意识不强,未发挥固定消防设施的作用,火灾发生后没有进行有效的组织疏散。

3. 事故教训

上网人员发现浓烟未引起注意,初起火情无人及时报警,消防设施未发挥作用,未有效利用逃生设施,缺乏火灾紧急避险技能。

(1)上网人员高某发现异常后没有高度警惕,发现火情后没有人员报警,也无人呼喊。

(2)二层上网客人在火势蔓延后自己跳出,未选择报警。

(3)酒店客人面对突发情况产生了恐慌心理,致使酒店房间里的防雾面罩和手电筒等消防逃生设施无人使用。逃生方式不正确:3人跳楼当场死亡,50人不同程度受伤。

【复习思考题】

一、填空题

1. 火灾现场会出现_____、_____、_____、_____和_____等突如其来的险恶状况。

2. _____和_____是引起家庭火灾的两个主要危险因素。

3. 任何一种电气设备起火,都要_____,然后用湿棉被、帆布等将火_____,也可用灭火器灭火。

4. _____和_____是导致群死群伤火灾事故的主要原因。对经常工作、居住或进入的建筑物,要牢记_____和_____。

5. 高层、多层公共建筑内一般都设有_____或_____,可以通过这些设施安全离开危险楼层。

6. 火灾烟气具有温度高、毒性大的特点,一旦吸入后很容易引起_____或_____,因此疏散中应用湿毛巾捂住口鼻,起到_____及_____的作用。

二、问答题

1. 简述匍匐前进法逃离火场的要点。

2. 简述跳楼求生法的注意事项。

3. 发现楼道有烟如何应对?

4. 一旦发现火情,什么情况下逃跑,什么情况下等待救援?

5. 毛巾在火灾现场的作用有哪些?

第 2 节　触电救护

电是一种方便的能源,在给人类创造巨大财富、改善人类生活的同时,如果在生产和生活中不注意安全用电,也会带来灾害。由于电气设备本身的缺陷、使用不当和安全技术措施不利而造成的人身触电事故时有发生。近几年我国因触电造成的死亡人数年均在 3 000 人左右,用脚弹钢琴的刘某就是因触电失去双臂的。触电是最常见的意外伤害之一,可造成人身伤亡,甚至酿成火灾、爆炸等事故。见图 10-2-1。

图 10-2-1

一、触电简介

图 10-2-2

当人体触及带电体,电流通过人体部分或全部器官时,会破坏人的机体组织,表现为电击和电伤。电击是指人体的内部器官受到伤害,出现肌肉痉挛、呼吸暂停、心脏室颤、心搏骤停等现象,严重的可导致死亡。电伤是指人体的外部受到电的损伤,如电弧灼伤、电烙印等。其伤害程度,与通过人体的电流大小、电压高低、时间长短以及电流途径、人的体质状况等有直接关系。触电时间越长,人体所受的电损伤越严重。见图 10-2-2。

(一)触电的特点

违章作业事故多,使用携带和移动式设备事故多,低压工频电源触电事故多,非电工人员事故多。另外,触电事故的发生还有明显的季节性,一年中的六、七、八、九月份触电事故特别多。

【案例 10-2-1】　2012 年 7 月 21 日北京下起大暴雨,房山区某派出所所长在洪水中抢救遇险群众 50 多人后,不幸碰到电杆拉线,由于该电杆拉线意外带电,遭受电击而牺牲。

(二)触电的方式

按接触电源的情况,触电分为单相触电、两相触电和跨步电压触电。较常见的单相触电,是指人体站在地面或其他接地体上,触及一相带电体所引起的触电。例如:开关、插座、灯具、电熨斗、洗衣机等的绝缘损坏,带电部分裸露而使外壳、外皮带电造成的触电,都是单相触电。低压供电系统中发生单相触电,人体所承受的电压几乎就是电源的相电压 220 V。见图 10-2-3。

两相触电是指人体同时接触设备或线路中的两相导体而发生的触电现象。若人体触及一相火线、一相零线,人体承受的电压为 220 V;若人体触及两根火线,则人体承受的电压为线电压 380 V。两相触电对人体的危害较单相触电更大。

电气线路或设备发生接地故障时,在接地电流入地点周围电位分布区行走的人,其两脚处于不同的电位,两脚间的电位差称为跨步电压。人体距电流入地点越近,承受的跨步电压越高。

图 10-2-3

二、触电的原因和预防

据统计,我国平均每 1.2 亿度电就会导致一起重大伤亡事故,所造成的人身和财产损失更是不计其数。缺乏安全用电常识而导致的安全事故占所有电气事故的 95%,因此很多触电事故是可以预防的。

(一)触电的原因

安全用电管理不善、假冒伪劣电器产品、电气设备安装隐患、电气人员违反操作规程、非电气人员缺乏电气安全常识、意外原因或偶然因素等,都有可能造成人员触电。

(1)缺乏电气安全知识。带电接线或手摸带电体、低压架空线路断线后不停电、在高压线附近放风筝、攀爬高压电杆等。

(2)违反操作规程。未采取必要的安全措施带电连接线路或电气设备、带电接照明灯具、带电修理电动工具、带电移动电气设备、湿手拧灯泡等。

(3)设备不合格。假冒伪劣电器、绝缘破坏导线裸露在外、接地线不合格或断开、安全距离不够等。

(4)设备失修。未及时修理的断线或断杆、因瓷瓶或导线破损使用电设备外壳长期带电等。

(5)其他偶然原因。夜间行走触碰断落在地面的带电导线等。

(二)触电的预防

触电事故多发于用电设备和带电线路上,要注意不同电压等级的安全距离。人员与带电体之间的安全距离见表 10-2-1。

表 10-2-1　人员与带电体之间的安全距离

设备额定电压(kV)	10 及以下	20~35	44	60	110	220	330
设备不停电时的安全距离(mm)	700	1 000	1 200	1 500	1 500	3 000	4 000
工作人员工作时正常活动范围与带电设备的安全距离(mm)	350	600	900	1 500	1 500	3 000	4 000
带电作业时人体与带电体间的安全距离(mm)	400	600	600	700	1 000	1 800	2 600

为有效防止触电事故发生,用电设备的使用注意事项如下。

(1)定期检查用电设备和电气线路,发现问题要及时处理。

（2）带电工作时注意安全防护,使用可靠的漏电保护器。
见图 10-2-4。

图 10-2-4

（3）不得将三脚插头改为二脚插头,不得直接将线头插入
插座内用电。

（4）不要用湿手碰开关,不用湿布清除电器上的灰尘。

（5）不要擅自修理电器或自接电线,禁止用橡皮胶代替电
工绝缘胶布。

【案例 10-2-2】 2002 年 8 月 10 日,上海某建筑公司油
漆工屈某,用经过改装的金属外壳手电钻搅拌机工作时触电身亡。事故是由私接电源、赤脚违
章作业、未经漏电保护造成的。

（6）不要攀爬电线杆,避开电线杆的斜拉线,不要触碰掉落的断头电线。

（7）注意危险标志和警示语,尽量不要在高压电线、变压器、铁塔等周围活动。

【案例 10-2-3】 2013 年 6 月 9 日,浙江金华浦江一名 22 岁的大学生在当地钓鱼时,鱼
竿不慎碰到高压电线,不幸身亡。事发的池塘由烂泥田开挖而成,池塘上方 6 m 多高的地方有
高压电线,供电部门曾在池塘边竖了 3 块"高压线下,禁止钓鱼"的警示牌,相关人员也做了口
头警示,都没有引起这个学生的重视,从而造成了这起惨痛事故的发生。

（8）当他人发生触电时,不可直接用手去拉触电的人。

（9）下雨时,尽量不要使用家用电器。

三、触电急救

交流电源的电压在 1 kV 以下者称为低压电,1 kV 以上者称为高压电。人体接触 220 V 或
380 V 的电源,可能因心室颤动、窒息时间过长而致命。1 kV 及其以上高压触电事故中,可能
因电弧或强电流通过人体烧伤而致命。

【案例 10-2-4】 2013 年 11 月 10 日 11 时 10 分左右,辽宁宝林节能技术服务有限公司
在武强县城新开街与平安路交叉口平安路北侧更换路灯时,升降车不慎碰触高压线,发生触电
事故,造成 1 人死亡。

触电的危害与时间有关,触电后,人体可能会由于痉挛或失去知觉等原因而紧抓带电体,
不能自行摆脱。因此,越早通过外力使触电者脱离电源,救治的可能性越大。

（一）脱离电源

1. 自行脱离电源

通常人们遇到的电击多数是 220 V 的民用电或 380 V 的工业用电,而不是高压电。如果
是自己触电,附近又无人救援,此时需要触电者镇定地进行自救。因为在触电后的最初几秒钟
内,处于轻度触电状态,人的意识并未丧失,理智有序地判断处置是成功解脱的关键。

交流电可引起肌肉持续性痉挛,所以手部触电后就会出现一把抓住电源而且越抓越紧的
现象。此时,触电者可用另一只空出的手迅速抓住电线的绝缘处,将电线从手中拉出,摆脱触
电状态。如果触电时电器是固定在墙上的,可用脚猛力蹬墙,同时身体向后倒,借助身体的重
量和外力摆脱电源。

能够自我解脱的触电者一般不会出现后遗症。

2.帮助触电者脱离电源

帮助触电者脱离电源并进行触电急救的原则是迅速脱离电源、就地进行抢救、准确进行救治、坚持救治到底。

图10-2-5

1)脱离低压电源

脱离低压电源的方法可用拉、切、挑、拽、垫五字来概括。

（1）拉开关。出事附近有电源开关和电源插头时，可立即将闸刀打开，将插头拔掉，以切断电源。见图10-2-5。

（2）切断电源线。当电源开关、插座等距离触电现场较远时，可用带有绝缘手柄的电工钳或有干燥木柄的斧头、铁锹等利器将电源线切断。切断时应防止带电导线断落触及周围的人体。见图10-2-6。

图10-2-6

（3）挑开导线。如果导线搭落在触电者身上或压在身下，这时可用干燥的木棒、竹竿等挑开导线或用干燥的绝缘绳套拉导线或触电者，使之脱离电源。注意千万不能挑到自己或他人身上。见图10-2-7。

图10-2-7

（4）拽触电者。救护人可戴上手套或在手上包缠干燥的衣服、围巾、帽子等绝缘物品拖拽触电者，使之脱离电源。注意不能直接拽触电者的脚和手，也不能用两只手拽触电者。见图10-2-8。

（5）站在木板或绝缘垫上救护。如果触电者由于痉挛手指紧握导线或导线缠绕其身，救护人可先用干燥的木板塞进触电者身下，使其与地绝缘，以此来隔断电源，然后再采取其他办法把电源切断。

图10-2-8

注意事项：不可用手、金属及潮湿的物体作为救护工具，救护者宜单手操作，注意自身和被救者与附近带电设备之间的安全距离。当触电者位于高位时，应采取措施预防触电者在脱离电源后坠地摔伤。夜间发生触电事故时，应考虑切断电源后设置临时照明灯，以利救护。

【案例10-2-5】 2001年7月的一天，北京李某与几个同伴在本村赵某家门口玩耍，无意中触摸到固定电力杆的地面拉纤，不料拉纤上竟然有电，李某当即被电击，幸好被在场人用木棒救下。

2)脱离高压电源

由于装置的电压等级高，一般绝缘物品不能保证救护人的安全，而且高压电源开关距离现场较远,不便拉闸。因此,脱离高压电源的方法与脱离低压电源的方法不同。

(1)立即电话通知有关供电部门拉闸停电。

(2)如果电源开关离触电现场不远,则可戴上绝缘手套,穿上绝缘靴,拉开高压断路器,或用绝缘棒拉开高压跌落保险以切断电源。

(3)抛挂裸金属软导线,人为造成短路,迫使开关跳闸。抛掷者要注意自身和其他人的安全,防止跨步电压和电弧伤人。

(4)触电者触及断落在地面上的带电高压导线时,抢救人员不能接近断线点周围 8～10 m 范围,应穿绝缘靴接近。当发觉跨步电压威胁时,应赶快把双脚并在一起或用一条腿跳着离开危险区 20 m。使触电者脱离带电导线后亦应迅速带至 8～10 m 以外再开始急救。见图 10-2-9。

图 10-2-9

【案例 10-2-6】　2007 年 9 月 27 日,武汉某小学四年级学生罗某秋游放学回家后,与其他两位同学来到某建材公司的沙场内,在安装有裸露高压线接线柱的楼房上玩耍,从三楼下楼梯时不幸被高压线击中,当场身亡。供电公司接到通知,即派人到事故现场拉闸断电,后由派出所处理此事。

(二)现场救护

触电者脱离电源后,应立即争分夺秒就地进行抢救,同时,通知医务人员到现场并做好将触电者送往医院的准备工作。

1.触电者未失去知觉的救护

如果触电者所受的伤害不太严重,神志尚清醒,只是心悸、头晕、出冷汗、恶心、呕吐、四肢发麻、全身乏力,甚至一度昏迷,但未失去知觉,应让触电者在通风暖和的处所静卧休息,派人严密观察,同时请医生前来或送往医院诊治。

2.触电者已失去知觉(但心肺正常)的救护

如果触电者已失去知觉,但呼吸和心跳尚正常,应使其在安全的地方舒适平卧,解开衣服以利呼吸,保持空气流通,注意保暖,拨打 120 电话或送往医院就诊。

图 10-2-10

3.对电休克者的救护

如果触电者呈电休克即"假死"现象,呼吸和心跳停止时,应立即实施心肺复苏术就地抢救,并拨打 120 电话启动 EMS。见图 10-2-10。

4.触电者好转后的处理

如触电者的心跳和呼吸经抢救后均已恢复,可暂停心肺复苏。但心跳呼吸恢复的早期仍有可能再次骤停,救护人员应严密监护,随时准备再次抢救。触电者恢复之初,往往神志不清、精神恍惚或情绪躁动、不安,应设法使他安静下来,等待 120 进一步生命支持。

5. 触电者死亡的认定

对于触电后失去知觉、呼吸心跳停止的触电者,在未经心肺复苏急救之前,只能视为"假死"。任何在事故现场的人员,一旦发现有人触电,都有责任及时和不间断地进行抢救。有抢救近5小时终使触电者复活的实例,因此,抢救时间应持续6小时以上,直到救活或医生做出触电者已临床死亡的认定为止。

6. 关于电伤的处理

电伤是触电引起的人体外部损伤,包括电击引起的摔伤、电灼伤、电烙伤以及皮肤金属化等组织损伤,需要到医院治疗。但现场也必须预作处理,以防细菌感染、损伤扩大,还可减轻触电者的痛苦,并便于转送医院。

(1)对于一般性的外伤创面,可用无菌生理盐水或清洁的温开水冲洗,再用消毒绷带或干净的纱布包扎。

(2)如伤口大出血,要立即进行指压止血,同时火速送医。如果伤口出血不严重,可用消毒纱布或干净的布料叠几层盖在伤口处加压包扎止血。

(3)高压触电造成的电弧灼伤,往往深达骨骼,处理十分复杂。现场救护可用无菌生理盐水或清洁的温开水冲洗,再用酒精全面涂擦,最后用消毒被单或干净的布类包裹好送往医院处理。

(4)对于因触电摔跌而骨折的触电者,要进行止血、包扎、固定搬运,并迅速送往医院处理。

四、实用技能:安全电压的应用

使通过人体的电流不超过允许范围的电压值,称为安全电压,也称为安全特低电压,是属于兼有直接接触电击和间接接触电击防护的安全措施。

安全电压的保护原理是通过对系统中可能会作用于人体的电压进行限制,从而使触电时流过人体的电流受到抑制,将触电危险性控制在没有危险的范围内。但是,不能认为仅采用了特低电压电源就能防止电击事故的发生,安全电压应由隔离变压器供电,使输入与输出电路隔离;安全电压电路必须与其他电气系统和任何无关的可导电部分实现电气上的隔离。

国际电工委员会(IEC)规定的接触电压限值(相当于安全电压)为50 V,并规定25 V以下不需考虑防止电击的安全措施。

图 10-2-11

我国规定工频电压有效限值为50 V,直流电压限值为120 V。潮湿环境中工频电压有效值限值为16 V,直流电压限值为35 V。工频电压的有效值等级有42 V、36 V、24 V、12 V和6 V,为安全电压的额定值。见图10-2-11。

凡特别危险环境使用的携带式电动工具应采用42 V安全电压;凡有电击危险环境使用的手执照明和局部照明应采用36 V或24 V安全电压;凡金属容器内、隧道内、水井内以及周围有大面积接地导体等工作地点狭窄、行动不便的特别危险环境或特别潮湿环境使用的手提照明灯采用12 V安全电压;水下作业等特殊场所应采用 6 V 安全电压。

【小知识】

漏电保护器

漏电保护器,简称漏电开关,又叫漏电断路器,当漏电电流大于 30 mA 时,开关就会跳掉而断电,防止由于电气设备和电气线路漏电引起的触电事故,防止因漏电引起的电气火灾事故。

1. 漏电保护器的种类

漏电保护器分为漏电保护继电器、漏电保护开关和漏电保护插座三种。

(1)漏电保护继电器是指具有对漏电流检测和判断的功能,而不具有切断和接通主回路功能的漏电保护装置,作为低压电网的总保护或主干路的漏电、接地或绝缘监视保护。见图 10-2-12。

图 10-2-12

(2)漏电保护开关不仅具有漏电流检测和判断的功能,还有将主电路接通或断开的功能,与熔断器、热继电器配合构成功能完善的低压开关元件。见图 10-2-13。

(3)漏电保护插座是指具有对漏电电流检测和判断并能切断回路的电源插座。其额定电流一般为 20 A 以下,漏电动作电流 6 ~30 mA,灵敏度较高,常用于手持式电动工具和移动式电气设备的保护及家庭、学校等民用场所。见图 10-2-14。

图 10-2-13

图 10-2-14

2. 必须装漏电保护器(漏电开关)的设备和场所

(1)属于 I 类的移动式电气设备及手持式电动工具。

(2)安装在潮湿、强腐蚀性等恶劣场所的电气设备。

(3)建筑施工工地的电气施工机械设备。

(4)暂设临时用电的电器设备。

(5)宾馆、饭店及招待所的客房内插座回路。

(6)机关、学校、企业、住宅等建筑物内的插座回路。

(7)游泳池、喷水池、浴池的水中照明设备。

(8)安装在水中的供电线路和设备。

(9)医院中直接接触人体的电气医用设备。

（10）其他需要安装漏电保护器的场所。

一般环境选择动作电流不超过30 mA、动作时间不超过0.1 s的漏电保护器，这两个参数可保证不会使触电者产生病理、生理危险效应。

在浴室、游泳池等场所，漏电保护器的额定动作电流不宜超过10 mA。在触电后可能导致二次事故的场合，应选用额定动作电流为6 mA的漏电保护器。

【案例分析】

广告牌漏电导致触电事故

2012年4月7日，海南省海口市海秀东路明珠广场公交站点上的一个广告牌发生漏电，导致一名路过的中学生触电死亡，执勤交警在施救过程中受伤。

1.事故经过

事发当日21时许，16岁的海口第九中学初三(5)班学生何某，和几名同学一起出去聚餐后回家，从一辆公交车上下来，路过站台上的这块广告牌时，突然"啊"地叫了一声，随后便倒了下去。正在附近执勤的一名交警试图去拉他的时候，也被电倒，随后被送往医院救治。

由于现场广告牌的电源没有断掉，救援人员无法靠近，触电者一直躺在地上。直到23点10分左右，供电所相关工作人员来到现场并切断电源后，对其进行近30分钟的抢救，但11点53分，120急救中心表示该男孩已死亡，脚踝有一个烧焦的伤口。

2.事故原因

广告牌存在漏电现象，加之当天雨大积水较深，水漫过该广告牌的电气接口，由于绝缘不好，致使广告牌铁皮带电。另外，漏电保护装置异常，没有自动跳闸。

3.事故教训

因救援触电学生被电伤的交警由医院救治后身体已无大碍，在一些人对该交警伸出大拇指的同时，救护专业人士却提出了不同的意见："如果他懂得救护知识，就不会那样盲目地去施救。"该触电事故主要是由于公共场所设施存在安全隐患，也反映出触电急救公众安全防护意识的缺失和救护技能的不足。

施救者首先要确保自身安全，对周围的环境有正确的评估。如现场无法关掉电源，需要穿胶鞋、戴皮手套或使用绝缘的工具施救。如不具备这些条件，只能及时设警戒、疏散人群，等候专业救助，避免事故进一步扩大。

【复习思考题】

一、填空题

1.当人体触及_____，电流通过人体部分或全部器官时，会破坏人的机体组织，表现为_____和_____。

2.触电的伤害程度，与通过人体的_____、_____、_____，以及_____、人的_____等有直接关系。

3.按接触电源的情况，触电分为_____触电、_____触电和_____触电。

4.触电事故多发于_____和_____上,要注意不同电压等级的_____。

5.触点急救的原则是_____、_____、_____、_____。

6.触电者触及断落在地面上的带电高压导线时,抢救人员不能接近断线点周围_____范围,应穿绝缘靴接近。

7.电伤是触电引起的人体外部损伤,包括电击引起的摔伤、_____、_____以及_____等组织损伤。

8.一般环境选择动作电流不超过_____、动作时间不超过_____的漏电保护器。

二、问答题

1.什么是电击?

2.简述触电的原因。

3.怎样自行脱离触电电源?

4.简述脱离低压电源的5字法及注意事项。

5.简述脱离高压电源的方法

第3节　交通出行安全

回校、放假、探亲、旅游、外出办事,都不可避免地涉及交通出行。飞机、高铁、长途汽车等常见的交通工具,在方便、快捷的同时,有时会发生意外事故甚至是威胁生命的危难状况。交通事故的发生,不但影响出行安全,某种程度上还会直接形成社会危机。例如,2014年3月8日00:42,MH370航班由马来西亚吉隆坡国际机场起飞,机上有227名乘客(其中中国大陆153人,中国台湾1人),机组人员12名,计划06:30在北京降落。2014年3月8日凌晨

图10-3-1

01:20,在马来西亚与越南的雷达覆盖边界与空中交通管制失去联系。失踪16天后的3月24日,马来西亚总理纳吉布宣布,马航MH370航班已经在南印度洋飞行终结,至今未找到飞机残骸。见图10-3-1。

一、行路安全

我国是世界上典型的以混合交通为主的国家,人、车并行情况多。行人和非机动车在交通事故中容易受伤,除与我国道路情况复杂有关外,还与众多行人不守交通规则有关。资料表明,行人不走人行道或过街天桥等有过错行为,占到行人交通事故的60%,每年交通事故死亡人数中,行人约占总死亡人数的26%。见图10-3-2。

图10-3-2

(一)预防行路危险

(1)行人应在非机动车道右侧1 m范围内行走,不要几个人并排走,在没有划出人行道的路段,尽量靠边行走。

（2）横过车行道，要走行人过街设施，养成看信号灯的习惯，不要盲目随大流，同时，要时刻注意来往车辆，不要猛跑、斜穿或突然改变方向，不要翻越或钻越护栏，过马路要走过街天桥或地道。

（3）在道路上不要从事与交通无关的活动，不要看手机、书报或嬉戏、打闹，避免"低头族"发生"走路死"的悲剧。

图 10-3-3

【案例 10-3-1】　2015 年 5 月 13 日，广东省中山市坦洲镇三华百货附近发生一起惨烈的交通事故，一名年轻女子一边接听手机，一边穿过马路，被一辆白色货车撞倒在地后，随即又被迎面而来的一辆泥头车碾轧，当场死亡。见图 10-3-3。

（4）过马路途中切忌不看身后而直接后退，雾天、雨天走路更要小心，应穿颜色鲜艳（最好是黄色）的衣服、雨衣，打鲜艳的伞。

（5）一慢二看三通过，莫与车辆去抢道。晚上行走要选择有路灯的地段，特别注意来往车辆和路面情况，以防发生意外事故或不慎掉入坑、洞或各种无盖的井里。

【案例 10-3-2】　2013 年 10 月 10 日 23 时许，湖北十堰北京路如意小区一名 17 岁的女孩和同伴外出聚餐时，要过一座桥，到桥的那条路的路边有一个深坑，没有护栏，路上也没有路灯。这个女孩一边走路一边玩手机，一脚踩空后跌入十五六米深的坑内，不幸身亡。同伴试图救援，却跌落在深坑中间的平台上，造成腰椎骨折、右踝骨骨折。

（6）不要在铁路上行走、逗留、打闹，铁路道口栏杆放下时，表示火车就要来了，千万不能钻栏杆过道口，要站到铁轨 5 m 以外等候。在电气化铁路线上，不要在护网、铁塔周围长时间停留，防止触电。在站台等车时，要站在安全线以外，避免被高速火车卷入。

（二）避免行路伤害

遇到机动车失控迎头冲来时，立即向路边躲避，避免发生正面碰撞，避免撞向其他机动车或坚硬物体。车祸发生后，马上拨打 122 电话报警，视情况向 120 求助。

在站台等候公交车、地铁时，要注意安全区域、安全线等标志，汽车停稳后有序上下车，避免拥挤甚至踩踏事件，也不给小偷留有下手机会。如果车上人多没有座位，要离开车门周围的危险地带，保持身体平衡、手抓扶手站立。

车辆停稳再下车，不要忘记随身携带的物品，注意观察四周，防止与其他行人或者车辆发生碰撞。

二、乘坐交通工具安全

（一）安全乘坐飞机

随着我国航空事业的发展，乘坐飞机出行的人越来越多，对民航客机而言，受气象条件等影响，一旦发生事故，都可能是灾难性的。

【案例 10-3-3】　2010 年 8 月 24 日 21 时 36 分许，一架载有 96 人的河南航空 ERJ-190 喷气支线客机在黑龙江伊春机场降落时发生意外，造成机上 44 人死亡、52 人受伤，直接经济损失 30 891 万元，图 10-3-4 为事故过程示意图。

图 10-3-4

1.事故预防

按规定办理登机手续,行李的重量和体积要符合要求,不能夹带易燃易爆及其他违禁物品。对号入座,将随身携带的行李放入行李箱中,扣好箱盖。通过乘务员示范或观看录像,牢记呼吸面罩、救生衣、紧急出口等设备、设施的位置和使用方法,全程(尤其是在飞机起飞、降落和飞行颠簸时)系好安全带。若感到耳胀、心跳加速或头痛时,可张合口腔或是咀嚼口香糖之类的食物,减轻耳内压力,消除不适。

(1)与同行人员在一起。如果同行人员尤其是亲人坐在一起,危机发生后,能大大减少相互找寻的时间,为逃生赢得机会。

(2)迅速解开安全带。与汽车安全带不同,需要打开插销。可在上机坐稳后练习一下,避免意外发生时因慌乱打不开安全带的情况。

(3)熟悉逃生口。熟悉距离最近的两个逃生口的位置,以座位的排数记,方便在黑暗中也能找到。

(4)背朝飞行方向。座位面向飞行后方,可消减碰撞后产生的迎面冲击力。

(5)带上防烟头罩。如果能从冲撞中幸存,接着要面对的是大火和烟雾,带上防烟头罩,防止烟雾中有毒气体的侵害。

2.危机应对

飞机发生意外之前,会有一些预兆,如机身颠簸、飞机急剧下降、机舱内出现烟雾、机舱外出现黑烟、一直伴随飞机的轰鸣声消失后发动机关闭、出现巨响后舱内尘土飞扬、机身破裂舱内突然减压等现象,要听从乘务员或其他机组人员的命令,竖直椅背、收回小饭桌、打开遮阳板,在系好安全带的情况下身体缩成一团的防撞姿势是最好的:两手叠着,抵住前面的座位,头

图 10-3-5

部放在两只手臂之间,前面的座位能够帮助减少碰撞产生的冲击力。或者,保持头完全往下低,用双手抱住双腿的姿势也能有效减少头部危害、防止手臂和腿部骨折。见图 10-3-5。

【案例10-3-4】　2009 年 1 月 15 日,美国全美航空公司的一架 A320 客机于纽约当地

时间 15 点 26 分起飞后不久,遇到鸟击,导致两台发动机停车。机长果断决定水上迫降,并成功驾驶飞机越过华盛顿大桥,沿着纽约和新泽西城之间的哈德逊河上方滑行,最后平缓降落在河中心。机上的乘客和机组人员共 155 人,包括 2 名机师和 3 名乘务人员,采取正确的应对措施全部在机内脱险。

图 10-3-6

随后,警察、消防、海岸护卫船以及商业船只迅速到达了正在缓缓下沉的飞机现场,在短短的 16 分钟内完成整个救援工作,所有人员悉数奇迹般生还。图 10-3-6 是乘客安全脱险后站在机翼上等待营救的图片。

(二)安全乘坐火车、高铁

火车、高铁具有快速、准时的特点,是大家最常乘坐的交通工具之一,较少出现险情。但是一旦发生事故,往往会是群死群伤,因此安全乘坐火车之弦也要时刻绷紧。

【案例 10 - 3 - 5】 2011 年 7 月 23 日 20 时 30 分 05 秒,甬温线浙江省温州市境内,由北京南站开往福州站的 D301 次列车与杭州站开往福州南站的 D3115 次列车发生动车组列车追尾事故,造成 40 人死亡、172 人受伤,中断行车 32 小时 35 分,直接经济损失 19 371.65 万元。见图 10-3-7。

图 10-3-7

【案例 10 - 3 - 6】 2005 年 4 月 25 日,日本从大阪府宝塚市驶往同志社大学车站的城际列车在经过尼崎市时,发生脱轨抛飞事故,2 节车厢直接飞入附近的一栋公寓楼,导致 107 人死亡,549 人受伤。图 10-3-8 是事发现场图片。

1.事故预防

上车必须通过检票口,不能自行穿过铁道或其他障碍物上车。火车开动前从容进站,避免拥挤。行李要放在行李架上,并注意摆好,不得夹带违禁物品。中途换乘其他车次,要提前办好相关手续。

火车,尤其是高铁,每到一站的停车时间较短,一定要注意发车信号,不要跑得太远而被丢下。要提高警惕,防盗、防抢、防骗,不要长期滞留在车厢连接处,保持与列车员或乘警良好的沟通,必要时寻求帮助。

图 10-3-8

2. 危机应对

1)碰撞、出轨

列车碰撞、出轨的征兆是紧急的刹车、剧烈的晃动,车厢会向一边倾倒。在判断火车失事的瞬间,应尽快离开车厢连接处,迅速抓住车内的牢固物体,并采取如下措施。

(1)脸朝行车方向坐的人,马上抱头屈肘伏到前面的坐椅上,护住脸部,或者马上抱住头部朝侧面躺下。

(2)背朝行车方向坐的人,马上用双手护住后脑部,同时屈身抬膝护住胸腹部。

(3)发生事故,应留在座位上,抓住牢固的物体或者紧靠坐椅,低下头,下巴紧贴胸前,防头部受伤。

(4)在通道上坐着或站着的人,要面朝着行车方向,两手护住后脑部,屈身蹲下,以防冲撞和落物击头。

(5)如果车内不拥挤,应该双脚朝着行车方向,两手护住后脑部,屈身躺在地板上,用膝盖护住腹部,用脚蹬住椅子或车壁。

(6)在厕所里,不能有所顾忌,不论处于什么情况,都要赶快背靠行车方向的车壁,坐到地板上,双手抱头,屈肘抬膝护住腹部。

(7)事故发生后,如果无法打开车门,那就把窗户推上去或砸碎窗户的玻璃,然后脚朝外爬出来。铁轨可能会有电,如果车厢看起来也不会再倾斜或者翻滚,待在车厢里等待救援是最安全的。

图 10-3-9

【案例 10 - 3 - 7】 2010 年 5 月 23 日凌晨 2 时 10 分,因连日降雨造成山体滑坡掩埋线路,由上海南开往桂林的 K859 次旅客列车,运行至江西省境内沪昆铁路余江至东乡间(K699 + 700 m 处),发生脱线事故,机车及机后第 1 至 9 节车辆脱线,造成 19 人死亡、71 人受伤。图 10-3-9 为事发现场图片。

2)火灾事故

一旦发现火情,要沉着、冷静、准确判断,切忌慌乱,然后采取措施逃生。

(1)让火车迅速停下来。首先要冷静,千万不能盲目跳车,使火车迅速停下是首要选择。失火时应立即通知列车员停车灭火、避难逃生,或迅速冲到车厢两头的连接处,找到链式制动手柄,按顺时针方向用力旋转,使列车尽快停下。也可以冲到车厢两头的车门后侧,用力向下扳动紧急制动阀手柄,使列车尽快停下。

(2)有序逃离。当起火车厢内的火势不大时,不要开启车厢门窗,以免大量的新鲜空气进入后,加速火势的扩大蔓延。当车厢内浓烟弥漫时,要采取低姿行走的方式,有序逃离。

（3）利用车厢门逃生。旅客列车每节车厢内都有一条长约 20 m、宽约 80 cm 的人行通道,当某一节车厢内发生火灾时,被困人员应尽快沿着通道,经车厢前、后门逃生。

（4）利用车厢的窗户逃生。旅客列车车厢内窗户一般为 70 cm × 60 cm,装有双层玻璃。在发生火灾的情况下,被困人员可用救生锤或坚硬的物品将窗户的玻璃砸破,通过窗户逃离火灾现场。

图 10-3-10

【案例 10 - 3 - 8】 2007 年 1 月 20 日 11 时 47 分,长沙至北京西的临时旅客列车在京广铁路河南淇县境内,一节车厢着火。12 时 03 分,3 部消防车、18 名消防官兵赶到列车着火处,边切断高压电源,边组织灭火。列车全长 19 节,着火的为第 14 节。发现列车着火后,由于停车迅速、措施得力(将着火车厢分离)、疏散及时(着火车厢内的 100 多名旅客),没有人员伤亡。图 10-3-10 为事发现场图片。

（三）安全乘坐长途汽车

我国公路路网发达、高速公路发展迅速,乘坐汽车出行方便快捷、受天气影响小、站点分布广,很受人们的欢迎。但是乘坐长途汽车受人、车、路三者的制约和影响,交通事故时有发生。

【案例 10 - 3 - 9】 2008 年 9 月 13 日 13 时 40 分,四川巴中市开往浙江宁波市的一辆长途客车途经南江县陈家山时,由于驾驶员违法超速和操作不当,撞毁公路护栏,侧翻坠入 100 多米深的悬崖,坠崖过程中发生燃烧,车上 51 名人员(48 名乘客、3 名驾驶员)无一生还。见图 10-3-11。

图 10-3-11

1.事故预防

严禁携带汽油、酒精、烟花爆竹等易燃、易爆危险品乘车。车未停稳不得上下车,不坐超员车,不坐无驾驶证、无营运资格或有明显质量问题的车。按规定摆放好自己的行李,系好安全带。

车辆行驶过程中,不要与驾驶员闲谈或妨碍驾驶员操作,不要将身体的任何部位伸出车外,也不要向窗外抛掷任何物品,更不能中途跳车。不可随意触摸车上控制器和应急设施,如车门锁、安全锤等,不要在车内随意走动、打闹。最好不要吃东西、不要睡觉。

中途下车休息时,要记住车牌号,保管好自己的物品。见图 10-3-12。

车辆行驶时,不要将头部或四肢伸到窗外,不要向车外扔杂物。注意乘车卫生;不吃腐烂变质的食物,不接受来源不明的东西。

图 10-3-12

2.危机应对

若长途汽车在国道行驶途中遇铁道口、十字路口等交通要道处抛锚时,应主动协助驾驶员处理险情,如将车辆推出或求助过往车辆拖离道口。若无法移动车辆,应迅速离开现场,到安全地带拨打 110 电话或 122 电话报警。

机动车在高速公路上发生故障或交通事故时,应在故障车来车方向 150 m 以外设置警告标志,车上人员迅速转移到右侧路肩上或应急车道内,并立即报警。

图 10-3-13

【案例 10 - 3 - 10】　2014 年 3 月 25 日 0 时 30 分,包茂高速公路 1 862 km + 900 m 处路段发生交通事故,16 人死亡、39 人受伤,直接经济损失 1 565.8 万元。见图 10-3-13。

遇有交通事故,如发生碰撞、翻滚等情况,要立即报警,并尽可能将伤者移至安全地带实施紧急救护。

车辆意外落水时,不要急于打开车门和车窗。在汽车基本稳定后判断水面情况,若车内的水没有完全淹没头顶,就深吸一口气,潜水而出。

车辆运行过程中起火,要积极救人、救火。用衣服蒙住头部,就近打碎车窗玻璃,从车窗逃生。确保自己逃出车外,并且处境安全之后,可捡起路边的石头等硬物,砸碎车窗玻璃,帮助车内人员逃生。见图 10-3-14。

【案例 10 - 3 - 11】　2010 年 3 月 19 日 9 时 11 分,焦作市武陟县圪垱店乡小岩村东 50 m 处詹泗路上一辆长途汽车起火,30 名乘客被安全疏散,未造成人员伤亡。

图 10-3-14

三、实用技能:公交车自燃"两门三窗"逃生法

由于公交车空间密闭、人员密度大,一旦起火,很有可能造成惨重的人员伤亡。一般公交车自燃,刚开始不会很严重,燃烧需要经过一段时间才会逐渐剧烈,只要正确使用"两门三窗",车上人员是有足够时间逃生的。

2014年5月10日17时22分许,昆明公交集团公司106路公交车(车牌号:云AS5234,自编号:7136,后置油电混合动力)在滇池路附近因控制器信号传输线路短路引发自燃。当驾驶员从后视镜发现车辆尾部冒白烟时,立即停车检查,打开前后车门及时疏散车上20余名乘客并断开车辆电源,同时拨打119电话报警,随后用随车灭火器对冒烟部位喷射。17时40分,消防员赶到现场,砸开车辆尾部右后侧窗玻璃时窜出明火,火自车厢尾部向前燃烧,驾驶员和消防员一起奋力扑救,途经的3辆公交车驾驶员也积极参与灭火,约2分钟将火扑灭,公交车损毁严重,整个过程没有人员伤亡。见图10-3-15。

公交车逃生路径:

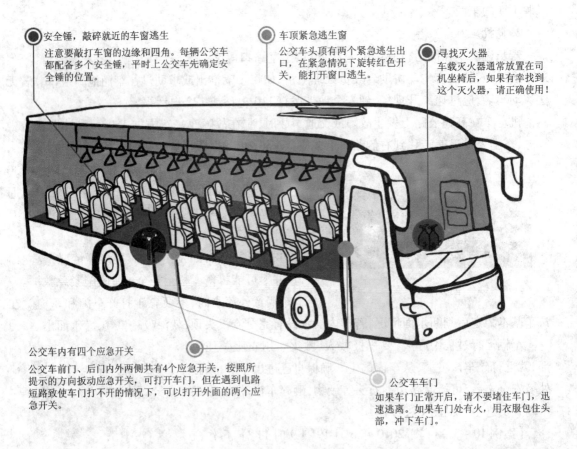

● 安全锤,敲碎就近的车窗逃生
注意要敲打车窗的边缘和四角。每辆公交车都配备多个安全锤,平时上公交车先确定安全锤的位置。

● 车顶紧急逃生窗
公交车头顶有两个紧急逃生出口,在紧急情况下旋转红色开关,能打开窗口逃生。

● 寻找灭火器
车载灭火器通常放置在司机坐椅后,如果有幸找到这个灭火器,请正确使用!

公交车内有四个应急开关
公交车前门、后门内外两侧共有4个应急开关,按照所提示的方向扳动应急开关,可打开车门,但在遇到电路短路致使车门打不开的情况下,可以打开外面的两个应急开关。

● 公交车车门
如果车门正常开启,请不要堵住车门,迅速逃离。如果车门处有火,用衣服包住头部,冲下车门。

图 10-3-15

1)公交车上的安全装置

(1)自动灭火装置。一般安装在客车、公交车的发动机舱、前门的电器集成处。自动灭火

装置能在温度超过 170 ℃等危险情况下，通过高压喷淋方式灭火。

（2）手动灭火装置。主要是在车上配备干粉灭火器。根据车辆发动机位置的不同，通常放置在司机座椅靠背后面、下客门附近以及后置发动机箱三个位置。

（3）逃生锤和逃生应急开关。一般公交车安装有两大逃生装置，包括逃生锤和逃生应急开关。逃生锤安放在前车厢及中门后的车窗上方，紧急情况下，乘客可用逃生锤击碎侧窗玻璃逃生，部分旧车没有配备逃生锤，可以使用钳子、扳手等，车窗玻璃上部是敲击的最佳位置。

逃生应急开关装在爱心专座上方的风道上，紧急情况下，可扳动风道上红色的应急开关，车门就会快速打开。

（4）紧急逃生出口。车厢顶部也有紧急逃生出口，只是很多时候人们容易把它错认为是通风口。紧急情况下，旋转车厢顶部逃生窗上的红色开关，也能打开窗口逃生。

2）"两门三窗"逃生法

公交车起火时，一定要保持冷静，不要拥挤，听从司机的指挥，寻找最近的出路，比如门、侧窗、天窗等，并以最快速度逃离，也可以利用逃生锤破窗逃生。如果没有找到逃生锤，可以找一些身边的尖锐硬物，比如女士的高跟鞋后跟、男士的腰带扣等。逃生时应屏住呼吸或用湿毛巾捂住口鼻。

最常用的逃生通道是其前门和后门，但如果车门线路受损，司机无法通过仪表盘按钮打开车门时，司机可旋转驾驶室旁的手动应急开关打开前门，乘客可旋转后门上方、爱心专座上方的手动应急开关打开后门。

有的侧窗可以手动打开，乘客可以立即拉开车窗，迅速逃出，先逃生的乘客可拖拽后面乘客帮助逃生。有的车辆由于各种原因侧翻后起火，也可利用车顶紧急逃生窗逃生。如果开门、开窗无效或较拥挤，就要利用逃生锤或其他硬物敲击车窗玻璃的四角破窗逃生。但是，在车辆没有侧翻的时候，不要轻易从天窗逃生，因为烟雾是往上升的。

公交车起火时，乘客要遮住口鼻，短暂屏住呼吸，保持平稳心态，千万不要慌乱，尽量做到有序撤离，防止踩踏伤害。如果身上起火，逃离公交车后应脱掉衣服或就地打滚灭火。

【小知识】

122：交通安全日和交通事故报警电话

2012 年 12 月 2 日是国务院正式批复同意的首个"全国交通安全日"，采用数字 122 作为我国道路交通事故报警电话，于 1994 年开通并投入使用后，认知度高，有利于预防道路交通事故，保证交通出行安全。历年交通安全日的主题是：2012 年"遵守交通信号、安全文明出行"；2013 年"摒弃交通陋习、安全文明出行"；2014 年"抵制七类违法、安全文明出行"；2015 年"拒绝危险驾驶、安全文明出行"。

遇到道路交通事故，要保持冷静，及时拨打 122 报警电话，高速公路上发生的交通事故也可拨打 122。

拨打 122 电话报警时，不要慌张，吐字要清晰，讲普通话。讲明事故发生的地点、车牌号码、伤亡损失程度、是否造成交通阻塞以及是否需要医护人员帮助等情况。

若遇有肇事逃逸，应讲明是驾车逃逸还是弃车逃逸，以及车型车号、颜色或其他特征，为交警追逃、侦破提供及时准确的信息。

交通事故造成人员伤亡时，不要随意移动伤员，立即拨打120电话求助。

如车辆变形，有人员被困车内，立即拨打110电话求助。因抢救伤员需要变动现场位置的，应当做好标记。

如因交通事故引起火灾的，先报火警119，再拨打122报警。

【案例分析】

滨保高速天津"10·7"特别重大道路交通事故

2011年10月7日15时45分许，滨保高速公路天津市境内发生一起特别重大道路交通事故，造成35人死亡、19人受伤，多为河北唐山的大学生，直接经济损失3 447.15万元。见图10-3-16。

图10-3-16

1. 事故经过

事发当日，袁某驾驶小轿车在滨保高速公路超越云某驾驶的大客车。后由于两车横向距离较近，大客车车身左侧前部与小轿车右侧后部发生擦蹭撞击。发生撞击后，云某操作不当导致大客车向右倾覆，靠压在护栏上滑行62 m。此后，护栏未被压弯部分在大客车惯性力的作用下，插入大客车右前上角并贯穿车窗插入车内。大客车在右上部被护栏贯穿的情况下继续滑行约80 m，护栏在车内对大客车乘车人形成切割和撞击，造成特别重大人员伤亡事故。

2. 事故原因

大客车驾驶人超速行驶、措施不当、疲劳驾驶，与小轿车发生擦撞并侧翻，是发生事故的主要原因。小轿车驾驶人在超越大客车时车速控制不当，未按照操作规范安全驾驶，是发生事故的次要原因。

另外，事故大客车的超员行为，加重了事故后果，导致伤亡人数增多。

3. 事故教训

在强化交通安全管理、落实安全生产责任制、健全安全管理制度的同时，作为乘车人，一定要提高警惕，坚决不要乘坐超员车辆，可能的情况下，可以适时举报超员行为。如果发现所乘坐的客车有超速现象，自己要马上对司机的超速行驶行为进行提醒，必要时连同其他乘客对这种违章行为及时纠正，确保安全。

【复习思考题】

一、判断题

1. 乘坐飞机时，要牢记呼吸面罩、救生衣、紧急出口等设备、设施的位置和使用方法，全程（尤其是在飞机起飞、降落和飞行颠簸时）系好安全带。（　　）

2. 列车发生碰撞事故，不应留在座位上。（　　）

3. 当列车起火，车厢内的火势不大时，不要开启车厢门窗，以免大量的新鲜空气进入后，加

速火势的扩大蔓延。(　　)

4．长途汽车行驶过程中,不要与驾驶员闲谈或妨碍驾驶员操作,不要将身体的任何部位伸出车外,也不要向窗外抛掷任何物品,更不能中途跳车。(　　)

5．机动车在高速公路上发生故障或交通事故时,应在故障车来车方向50 m以外设置警告标志。(　　)

二、问答题

1．简述预防行路危险的注意事项。

2．飞机发生意外时,怎样做好防撞姿势?

3．列车碰撞、出轨的征兆是什么?

4．公交车上的安全装置有哪些?

第4节　公共场所避险

公共场所是人们生活中不可缺少的组成部分,是供公众从事社会生活的各种场所,流动性强、人群密度大,容易发生电扶梯、拥挤踩踏等事故。尤其是在节假日、大型活动、旅游途中,发生灾难性事故或造成意外伤害的事件,国内外均不罕见。2004年2月5日19时45分,正在北京市密云县密虹公园举办的第二届迎春灯展中,因一游人在公园桥上跌倒,引起身后游人拥挤,造成踩死、挤伤游人事故,致使37人死亡、15人受伤。见图10-4-1。

图 10-4-1

一、电、扶梯事故

随着我国社会现代化水平的不断提高,高楼越来越多,与之相对应的是电梯事故屡见不鲜,据国家质检局统计,2013年我国发生电梯事故70起,事故数量与死亡数据占到了特种设备的30.83%和19.72%,电梯安全成为城市公共安全的新隐患。

图 10-4-2

【案例 10－4－1】　2011 年 7 月 5 日 9 时 36 分,北京地铁 4 号线动物园站 A 口上行扶梯发生设备溜梯故障,突然逆行,人全往下倒,造成一名 12 岁少年身亡、3 人重伤、27 人轻伤。见图 10-4-2。

(一)电梯事故的预防与应对

电梯以电动机为动力做垂直升降运动,装有箱状吊舱,用于多层建筑乘人或载运货物。载人电梯都是微机控制的自动化设备,一般不需要专门的人员来操作。电梯有多种安全装置保证轿厢不坠落,如超速保护连锁机构、安全钳装置、液压阻尼缓冲器等,电梯发生自由落体情况的概率是非常小的。但是,由于维修保养、误操作等问题,电梯事故时有发生,后果往往非常惨重。

【案例 10 - 4 - 2】 2014 年 9 月 14 日傍晚,华侨大学厦门校区一男生乘坐综合教学楼 C4 电梯,不慎被卡在电梯轿厢窒息身亡。

1. 电梯事故预防

乘梯之前,观察电梯轿厢是不是在相应的楼层位置,当电梯发生异响、电梯门关不严时,不要乘坐电梯,雷雨天最好也别坐电梯。

进入电梯内,观察有没有《安全检验合格》标志,是否在有效期内,不要在电梯里抽烟、丢弃烟头或使用明火。正常情况下不要同时按下多个按钮,否则容易引起系统故障,造成电梯骤停。不要在电梯里嬉戏打闹,电梯剧烈摇晃很可能引起突然下坠。出电梯的时候,也要注意观察电梯是否停在平层,进出电梯都不要试图用手或脚去影响电梯门动作。

2. 电梯事故应对

通常所说的"电梯事故"一般是指电梯困人,从严格的意义上来讲,只有超过 2 小时还没有把被困人员救出的才算电梯事故。

图 10-4-3

当不幸被困电梯内时,应保持镇静,立即用电梯内的警铃、对讲机与电梯维保单位、管理人员联系,或直接拨打 110 电话求救,然后耐心等待外部救援。如果报警无效,可以大声呼叫或间歇性地拍打电梯门。困在电梯里的人无法确认电梯所在位置,因此不要强行扒门爬出,以防出现新的险情。见图 10-4-3。

电梯在运行过程中发生"滑梯"时,乘客不必过度恐慌,一般电梯会自动判断并进行位置校正,同时启动保护措施。当检测到门和安全保护装置正常时,电梯会回到一楼平层或地下室的安全层,自动开门让乘客安全走出。这是事先设置好的程序,方便维修、防止人员误入。

当发现运行中的电梯速度不正常即"坠梯"时,乘客应两腿微微弯曲,上身向前倾斜,以应对可能受到的冲击。同时迅速把每一层楼的按键都按下,当紧急电源启动时,电梯可以马上停止下坠。

如电梯内有把手,先一只手紧握把手,然后整个背部跟头部紧贴电梯内墙,以固定人所在的位置,以免摔伤。如电梯内没有把手,则双手反撑电梯内墙,然后整个背部和头部紧贴电梯内墙,以固定身体,利用电梯墙壁保护脊椎。见图 10-4-4。

电梯状态稳定后,立即用电梯内的警铃及对讲机与电梯维保单位、管理人员联系,或直接拨打 110 电话求救。

【案例 10 - 4 - 3】 2013 年 3 月 15 日 11 时 36 分左右,深圳市罗湖区桂园街道长虹大厦一部装载 10 多人的电梯下行时突发故障,造成一名医院实习护士不幸身亡。据当地媒体报道,事故的经过是这样的:事发电梯下行至三楼与二楼之间停住,出事女孩正在低头玩手机,电梯门突然开了。当她迈腿准备出电梯时,门却迅速关闭。女孩的身体被卡在电梯门中,动弹不得。电梯随即上行至三楼,但门没开,十余秒钟后,又下行至负一楼。当救援人员赶到时,女孩已无生命迹象。

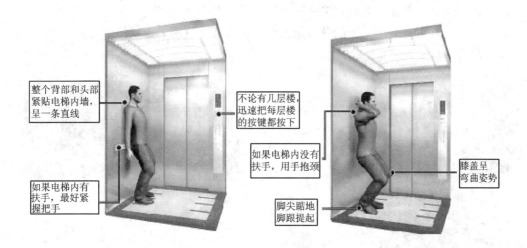

图 10-4-4

　　上述案例中的女孩在这个过程中犯下了两个致命的错误：一是只顾低头玩手机，电梯发生故障时没有足够注意，当电梯停下来的时候并没有平层，女孩却急着走出去导致被门夹住。如果女孩和其他乘客一样，待在电梯轿厢里等待救援，也许这只会是一场有惊无险的普通电梯故障而已。

　　（二）扶梯事故的预防与应对

　　自动扶梯是一种带有循环运行梯级、用于向上或向下倾斜输送乘客的固定电力驱动设备，具有连续工作、运输量大的特点，因此广泛用于人流集中的地铁、轻轨、车站、机场、码头、商店及大厦等公共场所。

　　【案例 10-4-4】　2015 年 7 月 26 日，湖北荆州安良百货商场六楼至七楼之间的自动扶梯突然发生事故，危险关头，一名顾客将儿子托出，自己却被电梯吞没后身亡。见图 10-4-5。

图 10-4-5

　　1. 扶梯事故预防

　　乘坐扶梯中常见的危险行为：一是拖带大件或超重物品，一旦发生倾斜或是在扶梯到达时未及时推上平面，极易带倒后方乘客；二是随意倚靠侧板，由于侧板与扶梯经常不同步，身体倚靠时容易站立不稳，甚至摔倒，鞋带、裙摆等物品也容易被梯级边缘、梳齿板等挂住或拖曳，导致危险发生；三是乱扔烟头、果皮、瓶盖、商品包装等杂物，很有可能使其卡在扶梯缝隙内影响正常运行；四是注意力不集中、逆行玩耍、嬉戏打逗、攀爬扶手等，到达目的层而不自知，容易摔倒，甚至导致后面人员出现连环事故。见图 10-4-6。

　　乘坐扶梯前，要检查鞋带和衣物，如穿长裙等拖曳服饰可适当挽起，防止被电梯边缘、梳齿板挂拽或卡住。扶梯上最喜欢"咬人"的"老虎口"在四个地方：扶手带入口、梯级入口、两个梯级之间、梯级的两边。因此，踏入自动扶梯时，要紧握扶手，面向前方站稳，双脚离开梯级边缘，勿踩在两个梯级的交界处。靠在扶梯两边或倚在扶手上，蹲、坐在梯级上都是错误的。若扶手带与梯级运行不同步,要注意随时调整手的位置。见图10-4-7。

乘坐扶梯时,常常会留出一侧给急行人通行,事实上,在扶梯上走动很不安全,乘坐过程中应该站定,尽量不要上下行走。

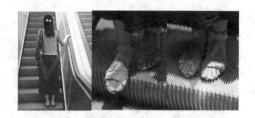

图 10-4-7

图 10-4-6

2. 扶梯事故应对

每台扶梯的上、下和中部都有一个急停按钮,一旦发生扶梯意外,靠近按钮的乘客应保持清醒的安全意识,第一时间按下按钮,扶梯会自动停下,这样能有效降低事故的伤害。见图10-4-8。

乘坐扶梯的过程中,如不慎倒地,应该学会自我保护,避免事态恶化。因为滑倒或从高处跌落时,颈部容易受到强烈的撞击,所以应该两手十指交叉相扣护住后脑和颈部,两肘向前护住双侧太阳穴。倒地时双膝尽量前屈,护住胸腔和腹腔的重要脏器,侧躺在地。摔倒时过于慌乱,不加任何保护姿势任由身体滚落是错误的。如果发现扶梯前方有人突然摔倒了,应该马上停下脚步,同时大声呼救,告知其他乘客不要向前靠近,避免发生踩踏事件。见图10-4-9。

图 10-4-8

图 10-4-9

二、拥挤、踩踏事故

拥挤、踩踏是人在特定区域和特定环境的影响下,导致其心理产生非常态的恐慌反应,做出一些非理性的盲目行为而发生的事故,如火灾、爆炸环境,人员密集场所情绪的连锁反应等。车站、展馆、体育场、节日集会场所、娱乐购物中心、学校等是人群拥挤、踩踏事故的多发地。见图10-4-10。

导致拥挤、踩踏事故的主要原因如下。

（1）人群较为集中时，前面有人摔倒，后面人未留意，没有止步而发生踩踏。

（2）人群受到惊吓，产生恐慌，如听到爆炸声、枪声，出现惊慌失措的失控局面，在缺乏组织逃生中，相互拥挤、踩踏。

图 10-4-10

（3）人群因过于激动而出现骚乱，易发生踩踏。

（4）因好奇心驱使，专门找人多、拥挤处去探索究竟，造成不必要的人员集中而发生踩踏。

图 10-4-11

【案例 10 - 4 - 5】 2010 年 11 月 22 日晚，在柬埔寨传统送水节最后一天的庆祝活动中，首都金边市区连接钻石岛的一座桥发生晃动，引起人们恐慌，导致相互拥挤踩踏，造成 345 人死亡、410 受伤，图 10-4-11 是源自网络的事发现场图片。

（一）拥挤、踩踏事故的预防

尽量不去非组织的空间有限、人群集中的场所。任何时候去车站等人流密集的地方，都要第一时间观察周围环境，记住出口位置、逃生方向，提高安全防范意识。举止文明，人多的时候不拥挤、不起哄、不制造紧张或恐慌气氛。

发觉拥挤的人群向着自己行走的方向拥来时，应立即躲到一旁，可以在路边的商店、咖啡馆暂避一时。如有可能，抓住一样坚固牢靠的东西，例如路灯柱之类，待人群过去后，迅速而镇静地离开现场，切记远离诸如店铺玻璃窗等易碎、尖锐之物，以免受二次伤害。

（二）拥挤、踩踏事故的应对

遇到人群时选择到人群边缘，两手十指交叉相扣，护住后脑和颈部；两肘向前，护住双侧太阳穴。见图 10-4-12。

图 10-4-12

注意脚下，千万不能被绊倒，避免自己成为拥挤踩踏事件的诱发因素。不幸摔倒，赶紧站起来。如果身边同伴摔倒，立即把他拉起来。如果身边是儿童，把他举过肩。

当发现自己前面有人突然摔倒了，要马上停下脚步，同时大声呼救，告知后面的人不要向前靠近。见图 10-4-13。

一旦发现自己被人流裹挟，无法自主控制方向的时候，千万不要停下，也不要硬挤，一定要先站稳，身体不要失去重心，要用一只手紧握另

图 10-4-13

图 10-4-14

一只手腕，双肘撑开，平放于胸前，微微向前弯腰，双肘在胸前形成牢固而稳定的三角保护区，保证呼吸顺畅，低姿前进，以免拥挤时造成窒息晕倒。一边顺着人流同步前进，一边向前进方向的侧方移动，直至移出人群。见图 10-4-14。

有的遇难者并非真正死于踩踏,而是因为胸腔被挤压得没有空间扩张而窒息。极端踩踏事故中,人在遇难时甚至仍可以保持站立的姿态。

图 10-4-15

即使鞋子被踩掉,也不要弯腰捡鞋子或系鞋带,而要尽快抓住周围坚固可靠的东西慢慢走动或停住,待人群过去后再迅速离开现场。

不慎倒地无法站起时,要使双膝尽量前屈,护住头部、胸腔和腹腔的重要脏器,侧躺在地,不要俯卧和仰卧。爬行也要朝着人群前进的方向。见图 10-4-15。

【案例 10 - 4 - 6】 2003年 1 月 18 日,在无锡展览馆举行的 2003 年大中专毕业生双选交流会暨某大学毕业生供见面会上,前来参加"双选"的毕业生有 3 万人左右,远超预计的近 2 万人。人流如潮导致现场难以控制,数名毕业生被挤伤和踩伤。见图 10-4-16。

图 10-4-16

汹涌的人流过后,如果自己没有受到伤害或仅轻微受伤,一方面要赶快报警,等待救援,另一方面还要抓紧时间开展自救与互救。对呼吸、心跳停止的重伤者,要赶快做人工呼吸,辅之以胸外按压,并视外科创伤情况进行现场急救。

【小知识】

安全逃生门

在我们的身边,尤其是一些外资的大型商场,随处可见这种安全逃生门,这种门上装有一个横杠,不管这种门是锁还是没锁,横杠上的压力达到某个数值,门就会自动开启。见图 10-4-17。

这项古老的发明源于一个多世纪前的 1883 年,发生在英国的一次踩踏事件。6 月 16 日,英国 Sunderland(桑德兰市)的很多儿童在观看演出时发生踩踏,致使 183 名儿童死亡。之后,英国议会通过法案,规定所有的公共场所都必须使用安全逃生门,这个法案至今仍有法律效力。美国很快效仿英国的相关法规,也规定在公共场所,尤其是医院、商场、学校等人员容易密集聚集地区都要安装这类防拥挤踩踏的逃生门。因此,这种横推门在欧美大学以及公共设施中很常见,可以作为失控人流的一个逃生口。

图 10-4-17

【案例分析】

"12·31"外滩拥挤踩踏事件

2014 年 12 月 31 日 23 时 35 分,上海市黄浦区外滩陈毅广场东南角通往黄浦江观景平台的人行通道阶梯处发生拥挤踩踏,造成 36 人死亡、47 人受伤。伤者多数是学生。见图 10-4-18。

1. 事故经过

事发当晚，人们正在外滩陈毅广场进行新年倒计时活动。22 时 37 分，该广场东南角北侧人行通道阶梯处的单向通行警戒带被冲破，现场值勤民警竭力维持秩序，但仍有大量市民游客逆行涌上观景平台。23 时 23 分至 33 分，上下人流不断对冲后在阶梯中间形成僵持，继而形成"浪涌"。23 时 35 分，僵持人流向下的压力陡增，造成阶梯底部有人失衡跌倒，继而引发多人摔倒、叠压，致使拥挤踩踏事件发生。根据数据综合分析，外滩风景区的人员流量在事件发生时约有 31 万人之多。图 10-4-19 是事发现场图片。

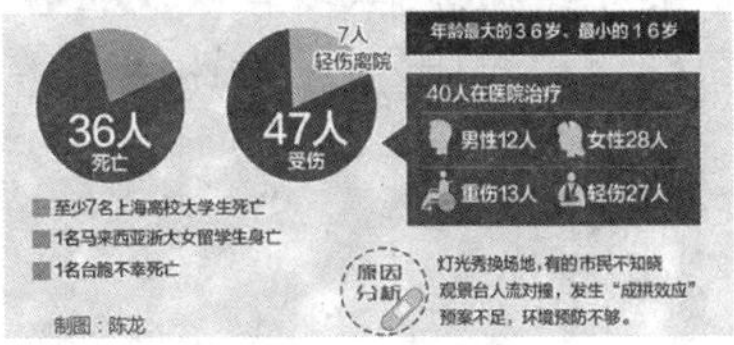

图 10-4-18

2. 事故原因

严重缺乏公共安全风险防范意识，对重点公共场所可能存在的大量人员聚集风险未作评估，预防和应对准备严重缺失，事发当晚预警不力、应对措施不当，是这起拥挤踩踏事件发生的主要原因。

图 10-4-19

3. 事故教训

在相关部门加强安全预警和管理、落实安全制度和规定、提升突发事件防范能力的同时，加强宣传教育，提升全社会公共安全意识和避险能力也非常重要。作为个人，一旦身处拥挤的现场，除了规避自身风险外，掌握应急措施，冷静对待面前的危机，展开积极的自救与互救，可实现有效避险，最大限度地减少伤害。

【复习思考题】

一、判断题

1. 电梯以电动机为动力做垂直升降运动，装有箱状吊舱，用于高层建筑乘人或载运货物。（　　）

2. 每台扶梯的上、下和中部都有一个急停按钮，一旦发生扶梯意外，靠近按钮的乘客应保持清醒的安全意识，第一时间按下按钮。（　　）

3. 乘坐扶梯摔倒时，因为过于慌乱，不加任何保护姿势任由身体滚落是错误的。（　　）

4. 遇到人群时选择到人群边缘，两手十指交叉相扣护住后脑和颈部，两肘向前护住双侧太阳穴。（　　）

5. 不慎倒地无法站起时，要使双膝尽量前屈，护住头部、胸腔和腹腔的重要脏器，侧躺在地，可以俯卧和仰卧。（　　）

二、问答题

1. 怎样预防电梯事故？

2. 当发现运行中的电梯速度不正常即"坠梯"时，应该采取哪些措施？

3. 乘坐扶梯时常见的危险行为有哪些？

4. 导致拥挤、踩踏事故发生的主要原因是什么？

5. 简述拥挤、踩踏事故的应对。

【延伸阅读】

人身意外伤害保险

人身意外伤害保险是指在约定的保险期内，因发生意外事故而导致被保险人死亡或残疾，支出医疗费用或暂时丧失劳动能力，保险公司按照双方的约定，向被保险人或受益人支付一定量的保险金的一种保险。

1. 投保

人身意外伤害保险的投保，要根据个人情况和意愿投保的种类而定，不同的保险公司有着不同的投保金额与投保内容，要依据具体情况而定。

1）人身意外伤害的概念

保险公司对意外伤害给出的概念是：以外来的、突发的、非本意的客观事件为直接且单独的原因致使身体受到的伤害。伤害必须是外来的、剧烈的、偶然发生的意外事故所致。只有同时具备外来、剧烈、偶然三个条件，才能构成该合同的保险事故。

外来——指伤害纯系由被保险人人身外部的因素作用所致，如交通事故、不慎落水、遭雷击、被蛇咬、煤气中毒等。如果伤害由自身疾病而起则不属意外事故。

剧烈——指人体受到强烈而突然的袭击而形成的伤害，如果伤亡系由被保险人长期操劳或磨炼所致，如地质勘探作业、运动员多年运动致腰及关节损伤等，就不是意外事故。

偶然——指被保险人不能预见、不希望发生的事故。

2）人身意外伤害险的特点

意外伤害保险以短期险居多，一年期、几个月或更短，如各种旅客意外伤害保险，保险期限为一次旅程；出差人员的平安保险，保险期限为一个周期；游泳者平安保险期限更短，保险期限只有一个场次。

人身意外伤害保险不具备储蓄功能，在保险期终止后，即使没有发生保险事故，保险公司也不退还保险费。

3）人身意外伤害险投保

投保是与保险公司订立保险合同，并按照保险合同支付保险费的过程。

人身意外伤害险有旅游意外险、交通意外险、综合意外险等，要根据情况选择正规的保险公司，小心上当。由于产品标准性不强，要选择合适的产品，避免盲目，仔细甄别保障范围和保额，要清楚保险条款和免责条款，保护自己的合法权益，根据需要附加必要的意外医疗保障。

2. 理赔

理赔是指在保险责任事故发生时，保险人以保险合同为依据，对被保险人或其受益人的索赔请求进行审核，并按约定进行处理的行为。人身意外伤害险只对保单上责任范围内的意外事故负责，以保险合同载明为准。见图10-4-20。

发生意外伤害或住院后应及时拨打保险公司的客户服务电话，了解需要准备的材料，并在3日内向保险公司报案，以便保险公司快速理赔。

1）死亡给付

被保险人遭受意外伤害造成死亡时，保险人给付死亡保险金。死亡给付是全部给付。

2）伤残给付

被保险人因遭受意外伤害造成伤残时，保险人按伤残程度大小分级给付伤残保险金。伤残给付是部分给付，最高以死亡给付为限。

3）医疗给付

被保险人因遭受意外伤害支出医疗费时，保险人根据实际情况酌情给付。医疗给付规定有最高限额，且意外伤害医疗保险一般不单独承保，而是作为意外伤害死亡、伤残的附加险承保。

图 10-4-20

4）住院津贴给付

被保险人因遭受意外伤害暂时丧失劳动能力，不能工作时，保险人给付停工保险金。

保险公司在所有单证齐全的情况下，在 7 日内会做出结案通知，被保险人或受益人接到通知后，可凭本人身份证和户籍证明到保险公司领取赔款。

第11章 公共卫生事件预防与应对

公共卫生突发事件是指已经发生或者可能发生的、对公众健康造成或者可能造成重大损失的传染病疫情和不明原因的群体性疫病，还有重大食物中毒和职业中毒，以及其他危害公共健康的突发公共事件。

公共卫生突发事件具有以下特征。

突发性：公共卫生突发事件不易预测，突如其来，但其发生与转归也具有一定的规律性。

公共性：突发事件所危及的对象不是特定的人，而是不特定的社会群体，在事件影响范围内的人都有可能受到伤害。

严重性：突发事件可对公众健康和生命安全、社会经济发展、生态环境等造成不同程度的危害。这种危害既可以是对社会造成的即时性损害，也可以是从发展趋势看对社会造成严重影响的事件，如引发公众恐慌、焦虑情绪等，对社会、政治、经济产生一定的影响。

第1节 预防传染性疾病

传染病是由病原微生物（细菌、病毒、立克次氏体、螺旋体等）和寄生虫（原虫或蠕虫）感染人体和动物后产生的有传染性的疾病。由病原微生物和寄生虫引起的疾病都属于感染性疾病，但感染性疾病不一定都具有传染性。在感染性疾病中，具有传染性的疾病称为传染病。

一、传染病的流行过程

传染病在人群中的发生、传播和终止的过程，称为传染病的流行过程。

（一）流行条件

传染病的流行必须具备三个基本条件，即传染源、传播途径和易感人群，三者必须同时存在，方能构成传染病流行。

1. 传染源

传染源是指体内带有病原体，并不断向体外排出病原体的人和动物，包括患者、病原携带者、受染动物等。动物作为传染源传播的疾病，称为动物性传染病，如狂犬病、布鲁氏菌病等；野生动物为传染源的传染病，称为自然疫源性传染病，如鼠疫、钩端螺旋体病、流行性出血热等。

2. 传播途径

病原体从传染源排出体外，经过一定的传播方式，到达与侵入新的易感者的过程，称为传播途径，分为以下四种传播方式。

（1）空气飞沫传播。病原体由传染源通过咳嗽、喷嚏、谈话排出的分泌物和飞沫，使易感者吸入受染。流脑、猩红热、百日咳、流感、麻疹等，均通过此方式传播。

（2）水与食物传播。病原体借粪便排出体外污染水和食物，易感者通过污染的水和食物受染。菌痢、伤寒、霍乱、甲型病毒性肝炎等,均通过此方式传播。

(3)虫媒传播。病原体在昆虫体内繁殖,完成其生活周期,通过不同的侵入方式使病原体进入易感者体内,如蚊、蚤、蝉、恙虫、蝇等昆虫均为重要传播媒介,蚊传疟疾、丝虫病、乙型脑炎,蝉传回归热,虱传斑疹伤寒,蚤传鼠疫,恙虫传恙虫病。

(4)接触传播。接触传播有直接接触与间接接触两种传播方式。例如,皮肤炭疽、狂犬病等均为直接接触而受染,乙型肝炎为注射受染,血吸虫病、钩端螺旋体病为接触疫水传染,均为直接接触传播。多种肠道传染病通过污染的手传染,即为间接接触传播。

3. 易感人群

易感人群是指人群对某种传染病病原体的易感程度或免疫水平,进入疫区者,最易引起传染病流行。病后获得免疫、人群隐性感染、人工免疫,均使人群易感性降低,减少传染病流行或终止其流行。

(二)影响因素

(1)自然因素。自然因素包括地理因素与气候因素,大部分虫媒传染病和某些自然疫源性传染病都有较严格的地区性和季节性。水网地区气候温和,雨量充沛,草木丛生,适宜于储存宿主,寒冷季节易发生呼吸道传染病,夏秋季节易发生消化道传染病。

(2)社会因素。主要与人民的生活水平,社会卫生保健事业的发展、预防、普及密切相关。工作压力大、卫生条件差,均可致机体抗病能力低下,增加感染的机会,也是构成传染病流行的条件之一。

(三)流行特征

(1)强度特征。传染病可呈散发、暴发、流行及大流行四个阶段。

(2)地区特征。某些传染病和寄生虫病只限于一定地区和范围内发生,自然疫源性疾病也只限于一定地区内发生,此等传染病因有其地区特征,均称地方性传染病。

(3)季节特征。季节特征是指传染病的发病率随季节的变化而升降,不同的传染病大致上有不同的季节性。季节性的发病率升高,与温度、湿度、传播媒介因素、人群流动有关。

(4)职业特征。某些传染病与所从事职业有关,如炭疽、布鲁氏菌病等。

(5)年龄特征。某些传染病,尤其是呼吸道传染病,儿童发生率最高。

二、传染病的预防

《中华人民共和国传染病防治法》将传染病分甲、乙、丙三大类。

甲类传染病是指:鼠疫、霍乱。

乙类传染病是指:传染性非典型肺炎、艾滋病、脊髓灰质炎、人感染高致病性禽流感、麻疹、流行性出血热、狂犬病、流行性乙型脑炎、登革热、炭疽、细菌性和阿米巴性痢疾、肺结核、伤寒和副伤寒、流行性脑脊髓膜炎、百日咳、白喉、猩红热、布鲁氏菌病、淋病、梅毒、钩端螺旋体病、血吸虫病、疟疾。

丙类传染病是指:流行性感冒、流行性腮腺炎、风疹、急性出血性结膜炎、麻风病、流行性和地方性斑疹伤寒、黑热病、包虫病、丝虫病,除霍乱、细菌性和阿米巴性痢疾、伤寒和副伤寒以外的感染性腹泻病。

对病原携带者进行管理与必要的治疗。特别要对食品从业人员、托幼机构工作人员等做定期健康检查，一旦发现传染病应及时治疗和调换工作。

对传染病接触者，须进行医学观察、留观、集体检疫，必要时进行免疫法或药物预防。

（一）切断传播途径

根据传染病的不同传播途径采取如下不同的措施。

（1）肠道传染病，做好床边隔离、吐泻物消毒，加强饮食卫生及个人卫生，做好水源及粪便管理。

（2）呼吸道传染病，应使室内开窗通风，使空气流通并进行空气消毒，个人戴口罩。

（3）虫媒传染病，应有防虫设备，并采用药物杀虫、防虫、驱虫，消灭动物媒介。

（4）外环境中的病原体及传播媒介，可采用物理、化学和生物学方法消除，消毒是切断传播途径的重要手段，分疫源地消毒和预防性消毒两种。

图 11-1-1

切断传染病传播途径见图 11-1-1。

（二）保护易感人群

加强体育锻炼，改善营养，提高抵抗力，有重点、有计划地进行预防接种，是保护易感人群的有效方法。

人工自动免疫，是有计划地对易感者进行疫苗、菌苗、类毒素的接种，接种后免疫力在 1～4 周内出现，持续数月至数年。

人工被动免疫，是紧急需要时，注射抗毒血清、丙种球蛋白、胎盘球蛋白、高效免疫球蛋白。注射后免疫力迅速出现，维持 1～2 个月即失去作用。

对某些细菌性感染和原虫感染也可服用药物预防，如与疟疾、流行性脑脊髓膜炎、猩红热、肺结核等患者的密切接触者可服用抗菌药物预防。

三、传染病的应对

对传染病必须在早期做出正确诊断，及时隔离和采取有效治疗，防止其扩散，杜绝传染病流行。

一经确诊就应早期彻底治疗，有利于防止转为慢性，有助于消灭病原体，从而控制传染病的流行。

（一）一般治疗

（1）隔离。根据传染病传染性的强弱、传播途径的不同和传染期的长短，收住相应隔离病室。隔离分为严密隔离、呼吸道隔离、消化道隔离、接触与昆虫隔离等。隔离的同时要做好消毒工作。

（2）护理。病室保持安静清洁，空气流通新鲜，使患者保持良好的休息状态。良好的基础与临床护理，可谓治疗的基础。对休克、出血、昏迷、抽风、窒息、呼吸衰竭、循环障碍等进行专项特殊护理，对降低病死率、防止各种并发症的发生有重要意义。

（3）营养。保证一定热量的供应，根据不同的病情给予流质、半流质富含营养易消化软食并补充各种维生素。对进食困难的患者需喂食、鼻食或静脉补给必要的营养品。

（二）对症与支持治疗

（1）降温。对高热患者可用头部放置冰袋、酒精擦浴、温水灌肠等物理疗法，也可针刺合谷、曲池、大椎等穴位，超高热患者可用亚冬眠疗法，也可间断给予肾上腺皮质激素。

（2）纠正酸碱失衡及电解质紊乱。高热、呕吐、腹泻、大汗、多尿等所致失水、失盐酸中毒等，通过口服及静脉输注及时补充纠正。

（3）镇静止惊。因高热、脑缺氧、脑水肿、脑疝等发生的惊厥或抽风，应立即采用降温、镇静药物、脱水剂等处理。

（4）保护心功能。给予强心药，改善血循环，纠正与解除引起心功能不全的诸因素。

（5）避免微循环障碍。补充血容量，纠正酸中毒，调整血管舒缩功能。

（6）防止呼吸衰竭。去除呼吸衰竭的原因，保持呼吸道通畅，可以服用呼吸兴奋药，可以用吸氧、人工呼吸器。

四、常见传染病及其防治

（一）流行性感冒

流行性感冒简称流感，是由流感病毒引起的急性呼吸道传染病。临床特点为急起高热，全身酸痛、乏力，或伴轻度呼吸道症状。该病潜伏期短，传染性强，传播迅速。流感病毒分甲、乙、丙三型，甲型流感威胁最大。由于流感病毒致病力强，易发生变异，若人群对变异株缺乏免疫力，易引起暴发流行。迄今世界上已发生过五次大的流行和若干次小流行，造成数十亿人发病，数千万人死亡，严重影响了人们的社会生活和生产建设。

1. 流行特征

（1）传染源。主要是患者和隐性感染者。患者自潜伏期末到发病后 5 日内均可有病毒从鼻涕、口涎、痰液等分泌物排出，传染期约 1 周，以病初 2～3 日传染性最强。甲型流感还有动物传染源，以猪为主，马及鸟类也有可能。

（2）传播途径。病毒以咳嗽、喷嚏、说话所致飞沫传播为主，通过病毒污染的茶具、食具、毛巾等间接传播也有可能。传播速度和广度与人口密度有关。

（3）人群易感性。人群普遍易感，感染后对同一抗原型可获不同程度的免疫力，型与型之间无交叉免疫性。

（4）临床表现。潜伏期 1～3 日，最短数小时，最长 4 日。各型流感病毒所致症状虽有轻重不同，但基本表现一致。

2. 预防

（1）管理传染源。患者应就地隔离治疗 1 周，或至退热后 2 天。不住院者外出应戴口罩。单位流行应进行集体检疫，并要健全和加强疫情报告制度。

（2）切断传播途径。流行期间暂停集会和集体娱乐活动。到公共场所应戴口罩。不到患者家串门，以减少传播机会。室内应保持空气新鲜，每天开窗通风 1 小时，可用食醋或过氧乙酸熏蒸。患者用过的食具、衣物、手帕、玩具等应煮沸消毒或阳光曝晒 2 小时，患者住过的房间则应进行空气消毒。

（3）服用药物预防。已有流行趋势单位，对易感者可服用金刚烷胺或甲基金刚烷胺 0.1 g，每日 1 次（儿童及肾功不全者减量），连服 10～14 日；或病毒唑滴鼻，均有较好的预防效果。

此外，也可采用中草药预防。

（4）接种流感疫苗。近年已研制出的流感疫苗和针对性强的甲流疫苗均投入临床使用，取得了较好的预防效果。

3. 治疗

根据病情不同，可采用一般治疗、对症治疗、抗生素治疗和抗病毒治疗等多种方式。

（二）病毒性肝炎

病毒性肝炎是由多种不同肝炎病毒引起的一组以肝脏损害为主的传染病，包括甲型肝炎、乙型肝炎、丙型肝炎、丁型肝炎及戊型肝炎。临床表现主要是食欲减退、疲乏无力、恶心、腹胀、肝区疼痛、肝脏肿大及肝功能损害。部分病例出现发热及黄疸，但多数为无症状感染者。乙型，尤以丙型肝炎易发展为慢性，少数患者可发展为肝硬化，极少数病例可呈重型肝炎的临床过程。慢性乙型肝炎病毒（HBV）感染及慢性丙型肝炎病毒（HVC）感染均与原发性肝细胞癌发生有密切关系。

1. 流行特征

1）传染源

甲型肝炎的主要传染源是急性患者和隐性患者。病毒主要通过粪便排出体外，自发病前2周至发病后2~4周内的粪便具有传染性，而以发病前5天至发病后1周最强，潜伏后期及发病早期的血液中也存在病毒。唾液、胆汁及十指肠液也均有传染性。

乙型肝炎的传染源是急、慢性患者和乙肝病毒携带者。病毒存在于患者的血液及各种体液（汗、唾液、泪水、乳汁、羊水、阴道分泌物、精液等）中。急性患者自发病前2~3个月即开始具有传染性，并持续于整个急性期。HbsAg（+）的慢性患者和无症状携带者中凡伴有 HBeAg（+）、抗–HbcIgM（+）、DNA 聚合酶活性升高或血清中 HBVDNA（+）者均具有传染性。

丙型肝炎的传染源是急、慢性患者和无症状病毒携带者。病毒存在于患者的血液及体液中。

丁型肝炎的传染源是急、慢性患者和病毒携带者。HBsAg 携带者是 HDV 的保毒宿主和主要传染源。

戊型肝炎的传染源是急性及亚临床型患者。以潜伏末期和发病初期粪便的传染性最高。

2）传播途径

甲型肝炎主要经粪、口途径传播。粪便中排出的病毒通过污染的手、水、苍蝇和食物等经口感染，以日常生活接触为主要方式，通常引起散发性发病，如水源被污染或生食污染的水产品（如贝类动物），可导致局部地区暴发流行。通过注射或输血传播的机会很少。

乙型肝炎的传播途径包括：①输血及血制品以及使用污染的注射器或针刺、拔牙等医源性传播；②母婴垂直传播（主要通过分娩时吸入羊水、产道血液、哺乳及密切接触，通过胎盘感染者约5%）；③生活上的密切接触传播，近年来发现乙型肝炎有家族聚集现象；④性接触传播。此外，尚有经吸血昆虫（蚊、臭虫、虱等）叮咬传播的可能性，消化道黏膜破溃时也可经此途径传播。

丙型肝炎的传播途径与乙型肝炎相同而以输血及血制品传播为主，而母婴传播不如乙型肝炎多见。

丁型肝炎的传播途径与乙型肝炎相同。

戊型肝炎通过粪、口途径传播,水源或食物被污染可引起暴发流行,也可经日常生活接触传播。

3)人群易感性

人类对各型肝炎普遍易感,各种年龄均可发病。甲型肝炎感染后机体可产生较稳固的免疫力,在本病的高发地区,成年人血中普遍存在甲型肝炎抗体,发病者以儿童居多。乙型肝炎在高发地区新感染者及急性发病者主要为儿童,成人患者则多为慢性迁延型及慢性活动型肝炎;在低发地区,由于易感者较多,可发生流行或爆发。丙型肝炎的发病以成人多见,常与输血和血制品、药瘾者注射、血液透析等有关。丁型肝炎的易感者为 HBsAg 阳性的急、慢性肝炎及无症状携带者。戊型肝炎各年龄普遍易感,感染后具有一定的免疫力。各型肝炎之间无交叉免疫,可重叠感染及先后感染。

4)临床表现

各型肝炎的潜伏期长短不一,甲型肝炎为 2 ~ 6 周(平均 1 个月),乙型肝炎为 6 周至 6 个月(一般约 3 个月),丙型肝炎为 5 ~ 12 周(平均 7. 8 周)。

2. 预防

1)管理传染源

报告和登记。对疑似、确诊、住院、出院、死亡的肝炎病例均应分别按病原学进行传染病报告,专册登记和统计。

隔离和消毒。急性甲型及戊型肝炎自发病日起隔离 3 周;乙型及丙型肝炎隔离至病情稳定后可以出院。各型肝炎宜分室住院治疗。对患者的分泌物、排泄物、血液以及污染的医疗器械及物品均应进行消毒处理。

对儿童接触者管理。对急性甲型或戊型肝炎患者的儿童接触者应进行医学观察 45 天。

献血员管理。献血员应在每次献血前进行体格检查,检测 ALT HBssAg (用 RPHA 法或 ELISA 法),肝功能异常 HBsAg 阳性者不得献血。有条件时应开展抗 – HCV 测定,抗 – HVC 阳性者不得献血。

HBsAg 携带者和管理。HBsAg 携带者不能献血,可照常工作和学习,但要加强随防,应注意个人卫生和经期卫生以及行业卫生,以防其唾液、血液及其他分泌物污染周围环境,感染他人;个人食具、刮刀修面用具、漱洗用品等应与健康人分开。HBeAg 阳性者不可从事饮食行业、饮用水卫生管理及托幼工作。

2)切断传播途径

加强饮食卫生管理、水源保护、环境卫生管理以及粪便无害化处理,提高个人卫生水平。

加强各种医疗器械的消毒处理,注射使用一次性注射器,医疗器械实行一人一用一消毒。

加强对血液及血液制品的管理,做好制品的 HBsAg 检测工作,阳性者不得出售和使用。非必要时不输血或使用血液制品。漱洗用品及食具专用。接触患者后用肥皂和流动水洗手,保护婴儿切断母婴传播是预防重点,对 HBsAg 阳性尤其 HBeAg 也呈阳性的产妇所产婴儿,出生后须迅即注射乙型肝炎特异免疫球蛋白和(或)乙型肝炎疫苗。

3)保护易感人群

对易感人群进行知识宣传,远离传染源。

3.治疗

病毒性肝炎目前尚无可靠而满意的抗病毒药物治疗。一般采用综合疗法,以适当休息和合理营养为主,根据不同病情给予适当的药物辅助治疗,同时避免饮酒、使用肝毒性药物及其他对肝脏不利的因素。

【小知识】

艾滋病的预防

艾滋病(AIDS),是获得性免疫缺陷综合征(Acquirid Immuno Deficiency Syndrome,AIDS)的简称,是由人类免疫缺陷病毒(Human Immuno Deficiency Virus,HIV)引起的一种严重传染病。艾滋病通过性接触及输血或血制品等方式侵入人体,特异性地破坏辅助性 T 淋巴细胞,造成机体细胞免疫功能严重受损。临床上由无症状病毒携带者发展为持续性全身淋巴结肿大综合征和艾滋病相关综合征,最后并发严重机会性感染和恶性肿瘤。本病目前尚无有效防治方法,病死率极高,已成为当今世界最为关注的公共卫生问题。

1.流行病学特征

(1)传染源。艾滋病患者和无症状携带者。病毒存在于血液及各种体液(如精液、子宫阴道分泌物、唾液、泪水、乳汁、脑脊液和尿液)中,通过相应的途径传播。

(2)传播途径,包括性接触传播、血液和注射传播、母婴传播。性接触传播是本病的主要传播途径。医护人员护理艾滋病患者时,被含血针头刺伤或污染破损皮肤传染,仅占1%。应用病毒携带者的器官移植或人工受精也可传染。密切的生活接触也有传播可能。

(3)易感人群。人群普遍易感。同性恋和杂乱性交者、药瘾者、血友病患者等多次输血者以及 HIV 感染者的婴儿为本病的高危人群。此外,遗传因素与发病可能也有关系,艾滋病发病者以 HLADR5 型为多。

(4)临床表现。本病潜伏期较长,感染病毒后短者数月,长者十余年,一般 2 ~ 10 年才发生以机会性感染及肿瘤为特征的艾滋病。

2.预防

(1)管理传染源。加强国境检疫,禁止 HIV 感染者入境。隔离患者及无症状携带者,对患者血液、排泄物和分泌物进行消毒处理。避免与患者密切接触。

(2)切断传播途径。加强卫生宣教,严禁注射毒品。加强血源管理,限制生物制品特别是凝血因子Ⅷ等血液制品进口;防止患者血液等传染性材料污染的针头等利器刺伤或划破皮肤。推广使用一次性注射器。

(3)保护易感人群。HIV 抗原性多肽疫苗及基因疫苗正在研究之中,距大规模临床应用为时尚远。因此,目前主要措施为加强个人防护,并定期检查。加强公用医疗器械和公用生活物品的消毒。

3.治疗

目前尚无特效疗法,早期抗病毒治疗是关键。

【案例分析】

病毒性肝炎传染案例

2002年12月至2003年的5月,南方某县中学先后有147名学生患有急性传染性的肝炎。经省疾控中心专家进行调查:该中学急性传染性肝炎爆发流行系以水源传染为主的传染性肝炎的传播。该学校的自备水井的水质检测结果显示:该水井被粪便污染,水中大肠杆菌严重超标,而甲型肝炎病毒绝大多数都隐藏在大便当中。

【复习思考题】

一、填空题

1. 传染病是由_____和_____感染人体和动物后产生的有传染性的疾病。

2. 传染病的流行必须具备三个基本环节,即_____、_____和人群易感性。

3. 传染病在人群中的发生、传播和终止的过程,称为传染病的_____过程。

二、判断题

1. 传染病流行过程中可呈散发、暴发、流行及大流行四个阶段。(   )

2. 甲类传染病,要求城市须在12小时之内上报卫生防疫机构,农村不得超过24小时。(   )

3. 艾滋病通过皮肤接触及输血或血制品等方式侵入人体,特异性地破坏辅助性T淋巴细胞,造成机体细胞免疫功能严重受损。(   )

三、简答题

1. 传染病的治疗方法有哪些?

2. 如何预防病毒性肝炎的流行?

3. 什么是艾滋病?如何预防?

第2节 预防食物中毒

食物中毒是指食用了不利于人体健康的物品而导致的急性中毒性疾病,通常都是在不知情的情况下发生的。食物中毒一般是由于进食被细菌及其毒素污染的食物,或摄食含有毒素的动植物如河豚、毒蕈等引起的急性中毒性疾病。变质食品、污染水源是主要传染源,不洁手、餐具和带菌苍蝇是主要传播途径。另外,食物在高温天气中容易变质,有可能会诱发食物中毒,严重者还会导致死亡。因此,我们都应该养成良好的饮食习惯,预防食物中毒。

一、食物中毒的类型

(一)化学性食物中毒

化学性食物中毒,主要指一些有毒的金属、非金属及其化合物,农药和亚硝酸盐等化学物质污染食物而引起的食物中毒。引起化学性食物中毒的原因,主要是误食有毒化学物质,或食入被化学物质污染的食物所致,其主要特征如下。

(1)发病快。潜伏期较短,多在数分钟至数小时,少数也有超过一天的。

（2）中毒程度严重。病程比细菌性毒素中毒长，发病率和死亡率较高。

（3）季节性和地区性均不明显。中毒食品无特异性，多为误食或食人被化学物质污染的食品而引起，其偶然性较大。

（二）细菌性食物中毒

细菌性食物中毒，是人们吃了含有大量活的细菌或细菌毒素的食物而引起的，是食物中毒中最常见的一类，其主要特征如下。

（1）多发生于气候炎热的季节，一般以 5～10 月份最多。一方面由于较高的气温为细菌繁殖创造了有利条件；另一方面，这一时期人体防御能力有所降低，易感性增高，因而常发生细菌性食物中毒。

（2）引起细菌性食物中毒的食品主要是动物性食品，如肉、鱼、奶和蛋类等；少数是植物性食品，如余饭、糯米凉糕、面类发酵食品等。

（3）抵抗力降低的人，如病弱者、老人和儿童易发生细菌性食物中毒，发病率较高，急性胃肠炎症较严重，但此类食物中毒病死率较低，愈后良好。

（三）动植物毒素中毒

动植物毒素中毒，是指误食有毒动植物或食用方法不当而引起的食物中毒，包括：有毒动物组织中毒，如河豚鱼、贝类、动物甲状腺及肝脏等；有毒植物中毒，如毒蕈、木薯、四季豆、发芽马铃薯、山大茴及鲜黄花菜等。散在性发生，偶然性较大，其主要特征如下。

（1）季节性和地区性较明显，与有毒动植物的分布、生长成熟季节、采摘捕捉和人们的饮食习惯等有关。

（2）潜伏期较短，大多在数十分钟至十多小时发病，也有超过一天发病的。

（3）发病率和病死率较高，随食人有毒动植物的种类不同而有所差异。

二、食物中毒的预防

正确辨别可食食物的种类，不随便食带有毒性的动植物和腐败变质食品，掌握食物中毒的预防方法，最大限度地减少食物中毒的风险程度，保证身体健康。

养成良好的卫生习惯，饮用符合卫生标准的饮用水，生吃瓜果要消毒、洗净。选择新鲜、安全的食品，注意查看食物的感官性状。不吃霉变的粮食、甘蔗，如花生米粒上有霉点，就表示已经生成了毒素，食用后可能会引起中毒。

要警惕误食有毒有害物质引起中毒，如装有消毒剂、杀虫剂等的容器用后一定要妥善处理，防止用来喝水或误用而引起中毒。

三、食物中毒的应对

出现食物中毒后，特别是集体性食物中毒事件，要及时向学校领导、主管部门和所在地卫生防疫部门反映情况并及时联系，确保在第一时间内救治。救护工作要有条理，留取食物样本或保留呕吐物和排泄物以便化验使用。对人为投毒的事件及时报案，同时保留食品、炊具等关键证物，交警察立案调查。

发生食物中毒时的急救方法有以下几种。

1. 催吐

若食（饮）用时间在 1～2 小时内，采用催吐的方法，可有效减轻或消除食物中毒症状。常用催吐方法如下：

①食盐 20 g，加开水 200 mL，冷却后一次喝下，如果不吐多喝几次，可迅速促进呕吐；

②鲜生姜 100 g，捣碎取汁用 200 mL 温水冲服；

③用筷子、手指、鹅毛等刺激喉咙，引发呕吐。

2. 导泻

若食(饮)用时间超过 2 小时，但精神尚好，可服用泻药，促使中毒食物尽快排出体外。常用的导泻方法如下：

①大黄 30 g，一次煎服；

②老年患者可选用元明粉 20 g，用开水冲服即可缓泻；对于体质较好的老年人，可用番泻叶 15 g，一次煎服或用开水冲服。

3. 解毒

(1)若是吃了变质的鱼、虾、蟹等引起的食物中毒，可采用以下方法解毒：

①食醋 100 mL，加水 200 mL，稀释后一次服下；

②紫苏 30 g，生甘草 10 g，一次煎服。

(2)若误食了变质的饮料或防腐剂，最好的急救方法是用鲜牛奶或其他含蛋白质的饮料灌服解毒。

【小知识】

药物中毒的预防

1. 分清处方药和非处方药

情景回顾："又头疼了，今年的任务还是没完成，还得再想想办法啊。"小王边说边拿起两片去痛片扔进嘴里。这时正好老张走过，不经意拿起小王的药袋，一看是去痛片，就对小王说："你怎么吃这个药？去痛片是处方药，而且副作用很多，像你老这么随便吃很危险的，我老婆是药师，常教育我自己买药得买非处方药，就是右上角有 OTC 标识的药。"小王赶忙上网查了一下，不由心中吃惊，原来吃药还这么多讲究。

专家提醒："OTC？ 非处方药？ 那是什么？"可能有些消费者完全不知道。这是非常危险的，因为在自我药疗的时候，只有使用非处方药才是安全的。所有非处方药药盒的右上角均有 OTC 标识，而没有此类标识的处方药(如去痛片等)是普通消费者不可擅自购买服用的，是需要在专业的医师指导下才能服用的。

2. 用药前仔细阅读说明书

情景回顾：一周前，小宁洗澡时煤气突然用完了，不得已冲了凉水，结果感冒了。他从药箱中翻出点桑菊感冒片吃了，但连服了一周也不见好，甚至出现了咳喘症状。就医后医生告诉小宁，幸亏就医及时，再晚一步就会因肺炎住院了；而且医生跟小宁说他吃错药了，桑菊感冒片是治疗风热感冒的，小宁患的是风寒感冒，如果用药前看看说明书，对症用药，就不会发生这事了。

专家解读：用药之前一定要仔细阅读药品说明书，并且切实按照说明书的要求服用。药品的说明书涵盖了该药品的药物组成、适应证、服用方法、用药注意事项、有效期、药物相互作用、不良反应等信息,仔细阅读说明书是保证安全合理用药的前提。

3. 不要过分迷信抗生素

情景回顾:小华感冒后,去药店买抗生素,因为没有处方,药店不卖给她,但小华每次感冒都是吃这个药的,为此还与店员吵了一架。气愤难平之余,她找了当医生的朋友倾诉,结果朋友反而称赞了这个药店,因为小华的感冒仅仅是有些流鼻涕、嗓子不舒服,根本不用吃抗生素,小华犯了过于迷信抗生素的毛病。

专家解读:在我国,像小华这样"迷恋"抗生素的人不少,甚至有人视其为"万能药",大病小病都要吃点,其实这是滥用抗生素。数据显示,我国真正需要使用抗生素的情况不到应用现状的20%,我国现在已经是世界上抗生素滥用最严重的国家之一。滥用抗生素会造成耐药性,前一段时间世界关注的超级病菌,就是滥用抗生素的后果。抗生素是处方药,一定要按处方服用才行,如果没有严格按照规范应用抗生素,"万能药"同样是致命药,甚至有可能对整个人类的健康造成威胁。

4. 避免重复用药

情景回顾:生活中有一些人,因"恨病"而自创出一套用药"组合拳",觉得同时服用几种药物,会好得更快,但这一行为的隐患非常大。由于常常会忽略药盒上的通用名,自认为同时服用了功能主治不相同的几种药物,结果却是误服了同一种药,重复用药的结果往往不是我们能承担得起的,药量过大是导致药品不良反应的根源之一。

此外,在我国还有一类药物——中西药复方制剂,如果不仔细阅读药品说明书,很容易忽略其中的西药成分,如果在服用中成药的同时再服用相同成分的西药,也可造成重复用药。

TIPS——药物"相克"现象不容忽视。一次同时服用两种或两种以上药物,药物之间就很可能存在相互作用,从而引起毒性反应,甚至导致严重的药源性损害,但目前很多消费者对此并不太清楚。

【案例分析】

食物中毒事件

2005年7月2日,在简阳(县级市)某大酒店就餐的人员中有多人发生食物中毒,简阳市卫生执法监督所接到报告后,立即展开了调查取证、临时行政控制等综合措施。

基本情况:2005年7月2日中午,约有530人在该大酒店参加两起结婚宴、一起生日宴和一起家庭聚餐。晚饭后部分就餐者陆续出现腹痛、腹泻、发热、恶心、呕吐等症状,腹泻开始为稀便,后为水样便、黏液脓血便,腹泻达每天十余次之多。最早发病者为7月2日晚21时,末例病人为7月3日晨4时,年龄最大者75岁、最小者15岁,中毒人数累计共69人,无中毒病人死亡,所有患者经对症治疗于7月9日都已康复。

根据简阳市疾病控制中心关于该大酒店食物中毒的调查报告及检验报告书,在剩余食品卤牛肉、白水兔丁、姜汁豇豆中均检出大肠菌群≥24 000 MPN/100 g,超过国家标准159倍。

【复习思考题】

一、填空题

1. 公共卫生突发事件具有_____性、_____性和危害严重性。

2. _____ 主要指一些有毒的金属、非金属及其化合物,农药和亚硝酸盐等化学物质污染食物而引起的食物中毒。

二、判断题

1. 食物中毒一般是由于进食被细菌及其毒素污染的食物,或摄食含有毒素的动植物如河豚、毒草等引起的急性中毒性疾病。( )

三、简答题

1. 什么是公共卫生突发事件? 公共卫生突发事件有哪些特征?

2. 食物中毒有哪些类型? 发生食物中毒如何急救?

第 3 节 预防其他公共卫生突发事件

2003 年初,一种不明原因的传染性肺炎疫情由广东蔓延至全国。3 月 15 日,世界卫生组织将此疾病命名为严重急性呼吸系统综合征(SARS)。SARS 疫情共波及中国 24 个省,266 个县和市区,累计报告病例 5 327 例,累计治愈出院 4 927 例,死亡 349 例。这是一起典型的公共卫生突发事件,在其流行和应对的过程中,为预防公共卫生突发事件积累了大量宝贵的经验。

一、流行性出血性结膜炎(红眼病)

红眼病是由病毒引起的传染性很强的眼病。主要症状是眼部充血肿胀(红眼)、眼痛、有异物感、眼屎多。主要通过接触被患者眼屎或泪水污染的物品(毛巾、手帕、脸盆、水等)而被传染,夏秋季容易流行。

(一)应急要点

(1)患上红眼病应及时到医院治疗。患者所有生活用具应单独使用,最好能洗净晒干后再用。

(2)患者使用的毛巾,要用蒸煮 15 分钟的方法进行消毒。

(3)患者尽量不要去人群聚集的商场、游泳池、公共浴池、工作单位等公共场所,以免传染他人。

(4)患者应少看电视,防止引起眼睛疲劳而加重病情。

(二)专家提醒

(1)为预防红眼病,流行期外出时应携带消毒纸巾(一般超市有售)。不用他人的毛巾擦手、擦脸。回家、回单位时,应使用流动的水洗手、洗脸。

(2)养成不用脏手揉眼睛的习惯。

(3)尽量不去卫生状况不好的美容美发店、游泳池,防止被传染红眼病。

(4)滴眼药水预防效果不确切,不要用于集体预防。

二、狂犬病

人被带有狂犬病病毒的狗、猫咬伤、抓伤后，会引起狂犬病，一旦发病，无法救治，几乎100%死亡。狂犬病的典型症状是发烧、头痛、怕水、怕风、四肢抽筋等。

（一）应急要点

（1）被宠物咬伤、抓伤后，首先要挤出污血，用肥皂水反复冲洗伤口。然后用清水冲洗干净，冲洗伤口至少要20分钟。最后涂擦浓度75%的酒精（药店有售）或者2%~5%的碘酒（药店有售）。只要未大量出血，切记不要包扎伤口。

（2）尽快到市、县（区）疾病预防控制中心或各镇卫生院防保组的狂犬病免疫预防门诊接种狂犬病疫苗。第1次注射狂犬病疫苗的最佳时间是被咬伤后的24小时内。

（3）如果一处或多处皮肤被咬穿，伤口被犬的唾液污染，必须立刻注射疫苗和抗狂犬病血清。

（4）将攻击人的宠物暂时单独隔离，尽快带到附近的动物医院诊断，并向动物防疫部门报告。

（二）专家提醒

（1）养犬人有义务按照规定为犬接种疫苗。

（2）发现宠物没有精神、喜卧暗处、唾液增多、行走摇晃、攻击人畜、怕水等症状，要立即送往附近的动物医院或乡镇兽医站诊断。

（3）人被犬攻击并咬伤，应立即向当地公安部门报告。

三、传染性非典型性肺炎

传染性非典型性肺炎（简称"非典"）是病毒引起的严重急性呼吸道症候群。主要通过近距离空气传播，直接接触患者的痰液、唾液、鼻涕也会被感染。

"非典"的症状先是发热（38.2℃以上），同时伴有寒战、头痛、头晕、全身酸痛、没力气、拉肚子等表现。少数患者有咳嗽、痰少，并伴有恶心、呕吐等。症状与流感和肺炎不易区别，如不及时治疗，会导致患者死亡。

图11-3-1

（一）应急要点

（1）一旦发烧，要及时到医院的发热门诊就医。

（2）如果接触到"非典"患者，要立即向当地疾病预防控制中心报告，每天测量自己的体温。

（3）出现"非典"疫情，健康人或轻症患者尽可能不去医院。必须去医院看病的，需戴上口罩，回家后洗手、洗脸、消毒衣物。阳光直射可以起到消毒作用，用消毒剂消毒先要咨询专业人士。

（4）配合医务人员做好流行病学调查和必要的隔离观察。预防非典见图11-3-1。

（二）专家提醒

（1）"非典"患者，要立即住院并隔离治疗。

（2）日常预防尤为重要，要做到"四勤三好"：勤洗手、勤洗脸、勤饮水、勤通风；口罩戴得好、心态调整好、身体锻炼好。

（3）避免在商场、影剧院等通风不畅和人员聚集的地方长时间停留。

（4）家庭居室和办公室要经常开窗通风。即使在冬季，每天也要开窗通风 3 次以上，每次至少 10 ~ 15 分钟。

四、鼠疫

鼠疫是由鼠疫杆菌引起的烈性传染病，与鼠疫患者接触和被鼠蚤叮咬可以传播，与鼠、旱獭等携带鼠疫杆菌的动物接触也可以传播。

（一）应急要点

（1）鼠疫患者要服从医务人员的治疗，接受隔离保护措施。

（2）配合医务人员进行流行病学调查。

（3）配合统一的灭鼠、灭蚤行动。

（二）专家提醒

（1）外出或旅游前要先了解目的地是否为鼠疫疫区。

（2）鼠疫患者或疑似鼠疫患者，要立即隔离治疗。

（3）如果接触过鼠疫患者，在鼠疫疫区接触过死鼠、死獭，要立即向所在地疾病预防控制中心报告。

（4）对患者接触过的物品、住过的房间，要由疾病预防控制部门的专业人员进行消毒。

（5）严禁进入疫区。若必须进入，一定要先向专业人员咨询具体的防护措施并遵照执行。

五、霍乱

霍乱是由霍乱弧菌引起的急性肠道传染病。主要是饮用或食用了霍乱弧菌污染的水和食物而感染。霍乱起病突然，多从剧烈腹泻开始，然后是呕吐，每日大便多达十几次，水样便，不发烧，多无腹痛。

（一）应急要点

（1）一旦出现类似霍乱的症状，应立即到附近医院的肠道门诊就医。

（2）要向医生如实提供最近就餐的地点、食物的种类和一同就餐的人员。

（3）积极配合疾病预防控制部门对患者使用过的餐具、接触过的生活物品等进行消毒。

（二）专家提醒

（1）霍乱患者及其密切接触者要在医院接受隔离治疗和观察。

（2）不要吃无照食品店和路边小吃摊上的食品。

（3）生、熟食品要分开加工、存放。不吃变质的食物，不吃生的或半生不熟的水产品。

（4）要勤洗手，养成不喝生水的好习惯。

六、流行性出血热

流行性出血热主要通过鼠类传染。病毒可通过破损皮肤、被病毒污染的空气和食品进入人体使人患病。早期症状是发热、"三痛"（头痛、腰痛、眼眶痛）、"三红"（颜面、颈、上胸部泛红），多数患者出现蛋白尿。目前，对该病没有特效的治疗方法，但是有特效的疫苗预防办法。

（一）应急要点

（1）出现上述症状时，要立即到医院就诊。

（2）对患者的尿液及其接触过的物品进行消毒。衣物、被褥用开水浸泡后洗净日晒即可，尿具和排泄物用漂白粉或来苏消毒。

（3）陪护人员接触患者尿液后，可用酒精消毒或肥皂水洗手。

（二）专家提醒

（1）死老鼠要深埋或焚烧，接触死老鼠时应戴手套或使用器具。

（2）家中食物要防止被老鼠啃吃。

（3）野外作业时要注意灭鼠。

（4）到疾病预防控制部门接种流行性出血热疫苗。

七、肺结核

肺结核病，主要通过患者咳嗽、打喷嚏或大声说话时喷出的飞沫传播给他人。主要症状有咳嗽、咳痰、痰中带血、低烧、夜间盗汗、疲乏无力、体重减轻等，严重患者可以出现肺空洞或并发大出血。

（一）应急要点

（1）连续咳嗽、咳痰三周以上或痰中带血，应该怀疑得了肺结核病，要立即到当地结核病防治专业机构就诊。

（2）与肺结核患者密切接触者，要及时到结核病防治专业机构进行检查，尽可能做到早期发现、早期治疗，减少结核菌的传播。

（3）肺结核患者应在医生的直接观察下坚持吃药，至少要连续吃药 6 个月以上，直到完全治好，不能间断。

（4）结核患者应该注意补充营养，禁止吸烟饮酒。

（5）肺结核大量咯血时不要慌张，尽量将血痰咯出，不要强咽下血液以免反呛入气道引起窒息。立即拨打 120 电话，送医院抢救。

（二）专家提醒

（1）出生时没有及时接种卡介苗（抗结核疫苗）的孩子，在一岁以内到当地结核病防治专业机构补种。出生时已接种卡介苗的孩子在接种满三个月时，也要到当地结核病防治专业机构复查。

（2）肺结核患者接受正规药物治疗 2~3 个星期后，一般就没有传染性了。痰中没有查出结核杆菌的肺结核患者，可以参加正常的社会活动。

（3）要养成良好的卫生习惯：不随地吐痰，保持人口密集场所的通风和环境卫生，锻炼身体增强体质等，预防结核病的发生。

八、人感染高致病性禽流感

高致病性禽流感是在鸡、鸭、鹅等禽类之间传播的急性传染病。在特殊情况下禽流感可以感染人类，称人感染高致病性禽流感。患者早期症状与其他流行性感冒非常相似，主要表现为发烧、鼻塞、流鼻涕、咳嗽、嗓子疼、头痛、全身不舒服。一旦引起肺炎，有可能导致患者死亡。

（一）应急要点

（1）接触禽类后，出现上述症状应及时到当地医院就诊。

（2）发现鸡、鸭、鸽子等禽鸟突然大量发病或不明原因死亡，应尽快报告动物防疫部门，并配合防疫人员做好调查、现场消毒、现场采样、病禽扑杀和疫苗接种等工作。

（3）进出禽流感发生地区时,应做好必要防护。

（二）专家提醒

（1）加工食品时,应生熟分开。烹制必须熟透,不吃生的或半生的禽肉、禽蛋,不吃病死禽肉,野生禽类可能会感染、传播禽流感,不要吃野生禽类。

（2）多吃橘子等富含维生素 C 的食品,可以增强抗病能力。

（3）尽量避免接触异常死亡的禽类。

（4）饲养野禽、鸽子等禽类,须对笼、舍定期消毒。不混养鸡、鸭、鹅等。防止家禽与野生禽鸟接触。

（5）活禽市场要做好日常消毒。

公共卫生突发事件的发生有着一定的必然性,绝大多数是日常制度建设和管理上存在漏洞导致的结果。预防为主是现代应急管理的重要原则,应急预防是减少和避免事件发生的最经济手段。即使是在事件发生以后,较好的应急预防和准备,也可以起到引导事件向积极健康方向发展的作用。

【小知识】

用药时的注意事项

（1）仔细阅读说明书,注意发现不良反应的早期症状并及时处理。

（2）用药品种要合理,避免不必要的联合用药。

（3）按剂量服药,不可随便增减剂量。

同一种药品,为了适合不同的年龄或不同的病情,往往制成不同的规格。

一般同一种药品含量规格不同,服用时只要注意换算服用量就行了,治病效果是一样的。但个别例外,含量规格不同,所治疾病也不同。例如,每片 25 mg 的阿司匹林,可用于治疗心脑血管疾病,而每片 300 mg 的片剂只能用于治疗风湿病,两种规格的制剂不能相互代替,自行用药时一定要注意。

（4）有些新药的不良反应仍不是很确定,在可选择的情况下,应尽量使用疗效确切的老药。

（5）在家用药时间不宜过长,最好定期请医师或药师指导。

（6）医生开药时,有肝、肾功能不全以及糖尿病、药物过敏史或过敏体质的患者应预先声明。如果用药期间出现异样反应,要及时停药,并告知医生。

【案例分析】

药物过敏事件

某医师,为一患者手术后用药抗感染使用磺胺药,忘记了患者的过敏史叙述,病历上又无清楚记录,结果使患者造成全身性剥脱性皮炎,内脏也有相应过敏反应,伤口部位大量液体渗出,伤口长期未愈,给患者造成了极大的痛苦。

【复习思考题】

一、填空题

1. 肺结核病，主要通过患者_____、打喷嚏或大声说话时喷出的飞沫传播给他人。

2. 霍乱是由霍乱弧菌引起的急性_____传染病。

3. 在鸡、鸭、鹅等禽类之间传播的急性传染病称为_____。

二、判断题

1. 被宠物咬伤、抓伤后，首先要挤出污血，用肥皂水反复冲洗伤口。（   ）

2. 第1次注射狂犬病疫苗的最佳时间是被咬伤后的48小时内。（   ）

3. 肺结核患者应在医生的直接观察下坚持吃药，至少要连续吃药3个月以上，直到完全治好，不能间断。（   ）

三、简答题

1. 什么是传染性非典型性肺炎？有什么症状？

2. 流行性出血热有什么症状？

3. 预防禽流感有什么应急要点？

【延伸阅读】

国际关注的突发公共卫生事件

世界卫生组织2014年8月8日在日内瓦总部宣布，当前西非地区持续蔓延的埃博拉疫情构成国际关注的突发公共卫生事件。这是自国际关注的突发公共卫生事件标准发布以来，世卫组织发布的第三个国际关注的突发公共卫生事件。

甲型H1N1流感是世卫组织2009年4月宣布的第一个国际关注的突发公共卫生事件。随着脊髓灰质炎（俗称"小儿麻痹症"）死灰复燃，在巴基斯坦、阿富汗、尼日利亚等国呈爆发流行态势，世卫组织于2014年5月将其定为第二个国际关注的突发公共卫生事件。

根据《国际卫生条例（2005）》，国际关注的突发公共卫生事件指按特殊程序确定的不寻常公共卫生事件，即通过疾病的国际传播对其他国家构成公共卫生风险，并有可能需要采取协调一致的国际应对措施。

世卫组织一旦确定某个特定事件构成国际关注的突发公共卫生事件，可根据《国际卫生条例（2005）》请求国际相关方对此突发事件做出"即时"反应。

根据每个突发事件的具体细节，世卫组织总干事将就受影响的缔约国及其他缔约国理应采取的措施提出建议。上述有时间限定的建议应通报缔约国，然后予以公开。根据进一步的证据，世卫组织有可能在以后修改或终止所建议的措施。

第12章 极端突发事件应对

极端突发事件,是指突然发生造成或可能造成非常严重社会危害,需要采取应急措施予以应对的人身财产伤害、暴恐袭击、自然灾害、事故灾难等社会安全事件。近年来,极端突发事件频繁发生,而对这些极端突发事件应急处理,直接影响着社会公共安全和稳定。例如:2008年7月1日9时40分许,一名北京来沪无业人员突然持刀闯入闸北区一综合办公楼内,连续捅伤4名公安民警和一名保安,随即被民警擒获。事后发现歹徒随身携带了匕首、榔头、喷雾剂、防尘面具等。

第1节 人身及财产侵害应对

人身安全是指个人的生命、健康、行动等与人的身体平安健康方面直接相关,不受威胁,不出事故,没有危险。财产是以占有和支配对人类的生存和发展具有一定意义的物质和思想为内容的、以法律规定的权利和义务为形式的人与人的关系。通过对人身财产安全保护的学习,提高学生的人身安全和财产安全防患意识,从而达到有效保护学生人身财产安全的目的。

一、人身侵害

(一)人身侵害的类型

1.危及生命的侵害

(1)打架斗殴等社会治安事件。首先是争吵斗嘴,互相攻击、谩骂,接下来是由谩骂发展为推搡,最后大打出手。两种形式,联系紧密,以口角开始,以打架甚至造成伤害告终。毕达哥拉斯说过:"愤怒以愚蠢开始,以后悔告终。"特别是学生酗酒后,失去理智,由打架斗殴导致人身伤害;或个人逞强因琐碎小事引发的殴斗,而受害者往往是学生本人。

【案例12-1-1】 某高校大一学生常某等人在他人打桌球的地方逗留围观,正在打球的学生郭某剃了光头,常某多看了几眼,遭到郭某等人的训斥,双方均不示弱,继而大打出手。与郭某一起打球的牛某等人操起桌球杆向常某后脑勺打去,致使常某后脑骨被球杆击陷一块,法医鉴定为重伤。事后,郭某赔付医药费6 000余元,并被开除学籍。牛某等人也赔偿了部分医药费,并受到留校察看处分。

(2)失恋后不能正确对待。如:写恐吓信,背后进行造谣、污蔑,更有甚者报复行凶杀人。极个别学生不能正确对待失恋,恋爱失败,反目成仇,采取了杀人的极端行为。

【案例12-1-2】 杨某到某大学找其男友李某。当晚双方在学校食堂门口因感情纠葛发生争执,杨某用随身携带的水果刀刺伤李某胸部,李经抢救无效死亡。

(3)交友不慎,引狼入室,导致人身伤害。有的学生上网交友采取了不慎重的态度,没有深入了解对方便密切接触,最后发生矛盾,结果引来杀身之祸。

(4)夜深单独去治安复杂地区被歹徒杀害。学生特别是女学生防范意识弱,晚间到偏僻地点或单独行动,这些偏僻地点具有危险性,往往是不法之徒伺机作案的场所,容易发生伤害学生的案件,有的甚至会被坏人杀害。

(5)内部矛盾处置不当酿成伤害致死。学生之间在一起共同生活,难免发生各种矛盾。对矛盾处置不当,激化而引起伤害致死案件。

【案例12-1-3】 2004年2月,某大学学生马某因在宿舍打牌时,遭到同学质疑作弊,遂心生杀机,经过精密策划,购置了石工锤等作案工具,将同宿舍学生爆头致死后潜逃。

(6)缺乏警惕,在社会生活中遭遇坏人,受骗上当被害身亡。学生在社会上,有的因为不重视安全、缺乏警惕被杀害。

【案例12-1-4】 某高校两名学生暑假相约乘火车外出旅游,晚上10点抵达目的地,刚出站口,一年轻貌美女子便迎上来搭讪,热情相邀他们到她家的旅社住宿,声称住宿条件好,价格每天仅10元,还能提供卫生、可口又便宜的快餐。两人一听心动,随即跟着这名美女前去住宿,在路上转了一条又一条小巷终于抵达该旅社,进店后两个大汉帮忙接过行李并催促他们登记交钱,每人每天100元,两名大学生不愿意,提出要离开,几名"店小二"涌上来一顿拳打脚踢,两人只好乖乖住下。次日清晨,两人来不及洗漱便匆匆逃离了"狼窝"。

(7)涉及学生被绑架后遭杀害、被精神病患者杀害等情况。

(8)非法滋扰对学生造成的精神伤害。非法滋扰是指遭遇社会闲散人员借一点点小事无故寻衅滋事,谩骂甚至于威胁他人。非法滋扰也是对学生的一种精神伤害。

2. 非法性侵害

缺少安全防范意识的女学生是犯罪分子性攻击的主要对象。性侵害的发生将严重危害女学生人身安全,影响她们的健康,心理上也会造成极大的损害。

有以下特征的女性易受到非法性侵害:作风轻浮、精神空虚、寻求刺激的;贪图钱财,对性诱惑抵制力不强的;文静懦弱、自卫能力不强的;单独行动、孤立无援的。非法性侵害案件的主要方式如下。

(1)强迫的方式。主要是采取暴力手段或利用凶器进行威胁,对女生进行性侵害。暴力侵害的主体比较复杂,有的是社会上的犯罪分子,也有些是企业人员。这些人混入女生宿舍楼或在租住房屋的偏僻处伺机作案;也有的本是以抢劫、盗窃为目的,见女生过于软弱就发展为强奸犯罪。

图12-1-1

【案例12-1-5】 女大学生金某在火车站转车去西客站时误上一辆黑车,随后被黑车司机绑架、囚禁4天,其间遭遇多次殴打、恐吓、强奸、性虐。而后该女大学生趁犯罪嫌疑人不备,偷偷使用手机发出求救短信。

(2)交友的方式。借交朋友的方式,向女方提出非分的要求。还有的是因恋爱破裂或单相思,走向极端,发展为暴力强奸。

(3)骚扰的方式。主要是指社会上的非法人员见色起意,寻衅滋事,或是企业内某些品行不端的人在变态心理的驱使下,对女学生进行各种骚扰活动。

一旦有机可乘,就会发展为强迫式性侵害。见图 12-1-1。

(4)胁迫的方式。主要是指某些心术不正者,或是利用受害者有求于己的处境,或是抓住受害人的个人隐私、某些错误等作为把柄,进行要挟胁迫,使其就范。

(5)社交引诱的方式。这种犯罪行为的主体多是受害人的相识者,与受害人有社会交往,利用机会或创造机会把正常的社交引向性犯罪。

(6)欺骗的方式。主要是指男性用承诺、说大话、说谎话等手段骗取女生的信任,最后达到性侵害的目的。

(二)人身侵害的防护

1.防护原则

(1)发现异常情况,及时采取措施。恶性案件的发生,往往是有先兆的。作案人在作案前,在精神上、行为上会出现一些异常情况。如果发现异常情况,及时报告上级领导,情节严重时拨打 110 电话报警。采取预防措施,恶性案件在一定程度上是可以避免的。

(2)及时制止恶性案件苗头的发展。有些恶性案件是由普通斗殴行为发展演变而成的,对学生因矛盾和纠纷发生的斗殴,应及时劝阻制止,控制案件的发展。

(3)冷静、理智处理人际关系。有些恶性案件是因处理人际关系不善而激化的。学生要学会正确处理人际关系,提倡相互理解、忍让、冷静和理智。

(4)努力提高自身的防范意识和防范能力。一些伤害至死亡事件,往往都与本人缺少防范意识和防范能力有关。女生夜晚单独去较偏僻的地方活动或晚间乘坐"黑出租车"等,很可能导致被伤害。如果学生具备较高的防范意识和防范能力,一些恶性案件是可以避免的。

2.防护措施

人身非法伤害案件的发生虽然有一定的突然性和偶然性,但如果学生有一定的预防人身侵害的知识,防范意识强,措施到位,许多恶性案件是能够避免的。

(1)在校期间就要积极参加学校的安全教育,认真学习必要的安全知识,了解一些社会上发生的恶性案件案例,提高自己的防范意识和能力。

(2)在校期间就要正确认识发生在校内外的学生被害案件,从中吸取经验教训,预防走入社会时类似事件的发生。

(3)要有社会责任感和公共道德,发现恶性案件的苗头或案件现场,要及时报案并积极协助公安机关和保卫部门破案。

(4)提高防范意识,增强自我保护能力,晚间尽量不要到偏僻场所,外出时尽量结伴而行。

(5)在公共场所要远离那些寻衅滋事的人员,遇到别人的挑衅,不予理睬,不感情用事;不为小事和他人发生纠纷,避免受到进一步的伤害;可以报告公安保卫部门。

(6)要有法制观念,不做违法违纪的事,不侵害他人利益,不影响他人正常学习和休息。

(7)交友慎重,男女之间交朋友更应该慎重。

(8)克服老乡观念和哥们义气,不参与团伙,不参与打架斗殴,做文明的学生。

【案例 12-1-6】　2006 年 9 月,某高校法学院 2006 级学生包某在军训完后,邀其老乡及同学十余人聚餐。席间,包某老乡谢某不断劝其喝酒并以言语相激,导致两人产生严重冲突。冲突过程中,包某掏出随身携带的小刀威胁谢某,被旁人劝住。随后,谢某用随身携带的匕首将包某右脸颊刺中,随即逃走。

3.人身侵害的应对

(1)头脑清醒,控制情绪。女大学生在遭受性侵害之际,保持头脑清醒、情绪稳定是最重要的,只有设法使自己沉着、冷静,才能明白性侵害者意图,与其周旋,从而找出摆脱困境的方法。如果被害人处于危险时惊慌失措、大喊大叫、进行本能的反抗或逃避,相反会助长犯罪分子的攻击性,导致性侵害的发生。

(2)明确意愿,态度坚决。有时性侵害行为是性侵害者错误地理解了被害人的意思后发生的。因此,女大学生遇到别人要对自己进行性侵害时,应当恰当而且坚定地表明自己的态度,阻止性侵害行为的发生。明确表示,能够有效防止熟人之间的性侵害行为发生,也能够使一些陌生的性侵害者丧失信心,放弃性侵害的企图。

(3)沉着理智,机智反抗。在遭到性侵害时,被害人要注意了解性侵害者的弱点和周围环境,以及一切可以利用的积极因素,采取恰当的措施进行反抗,尽可能地结合自己平时生活中积累的经验和知识,予以防范。如尽量用赞扬的话语将其优点给挖掘出来,唤起侵害人人性中善良的一面,使其行为向好的方面转化,避免性侵害行为发生。

(4)采用暴力正当防卫。女大学生在遭受性侵害时,可采取一些暴力防卫措施,特别是对犯罪分子身体薄弱部位进行有效的攻击(如:脸部、腹部、下身等处),使性侵害人的身体产生伤痛,从而使其终止侵害行为,同时为被害人逃脱或获救创造条件。见图12-1-2。

图 12-1-2

【案例12-1-7】 某高校女生在路过学校附近的小山林时,一男青年见四周无人,冲上来企图强奸这名女学生,在反抗过程中,该女学生死死咬住歹徒的舌头不放,歹徒疼得拼命挣扎,等他挣脱开时,一块舌头已经掉下来了,没有占到任何便宜的歹徒捂着嘴夺路而逃,该女生马上赶到派出所报案,警察在附近的医院将正在就医的歹徒抓获。

【案例12-1-8】 某高校女生晚上回校时,在一偏僻处遇到一中年男子欲行不轨,该女生假装同意,并让对方先脱下衣服,当那名男子将裤子脱到脚裸处时,该女生猛然将其推倒在地,那男子因裤子绊住了双腿,一时站不起来,女生趁机跑开了。

(5)抓紧时机迅速脱身。犯罪心理学表明,性犯罪的主体在实施犯罪过程中,心理变化有一个从冲动到后悔再到恐惧的过程,一旦侵害行为得逞,激情消退,侵害人会产生后悔、自责心理。所以女大学生在这时要抓住一切有利时机,为自己脱身创造条件。

二、财产侵害

盗窃、抢劫、诈骗等,是财产侵害的常见形式,亦是造成财产损失的主要原因。

（一）财产侵害的类型

1. 盗窃

盗窃是在大学校园的多发性案件,宿舍、教室、图书馆、食堂、体育馆等是学生财产容易被盗的重点场所,占刑事案件的 80% 以上。以下三类物品容易被盗:一是现金、存折、汇款单和银行卡等;二是贵重物品,近来被盗的贵重物品是手机、笔记本电脑、平板电脑等;三是衣物等生活用品或学习用品。

【案例 12-1-9】 2011 年 9 月,某高校在校学生王某,在就读于分院的同学张某处借住时,趁宿舍当晚无人将张某室友的笔记本电脑偷偷放入自己包中。

盗窃分子盗窃财产的主要手段如下。

（1）顺手牵羊。窃贼乘主人不备,将放在桌上、床上的笔记本电脑、钱包、手机、手表及电子词典、随身听等或将晾晒在阳台、走廊中的衣服偷走。见图 12-1-3。

图 12-1-3

（2）入室盗窃。窃贼撬门或翻窗入室,将贵重物品尽数盗走;先设法窃取宿舍的钥匙,然后尾随认清他(她)的宿舍,再趁宿舍无人之际用钥匙开门,入室盗窃。

（3）掏兜。趁学生人包短时分离之机,或者趁学生注意力分散时,用作案工具(如长镊子)翻书包、掏衣兜,将其现金和贵重物品偷走。

2. 抢劫和抢夺

抢劫和抢夺是财产被侵犯的主要形式,都是以非法占有公共或他人的财物为目的的行为。

图 12-1-4

抢劫是使用暴力,或者是使用胁迫的方式攻击受害人,或用语言威胁,来达到当场占有他人财物的目的,见图 12-1-4。常见的暴力行为有殴打、捆绑、禁闭、伤害,直至杀害。

抢夺通常是趁人不备或者受害者还没来得及反应,实施抢占他人财物的行为,抢的过程中不施用暴力。见图 12-1-5。

图 12-1-5

3. 诈骗

诈骗的特点是编造出种种谎言,制造出各种假象,骗取受害人的信任,在受害人同意的情况下,将受害人或者受害单位的公私财物非法占为己有。学校发生诈骗案件的主要形式有:借熟人关系进行诈骗;以中介为名进行诈骗;以遇到某种祸害急需别人帮助的名义进行诈骗;还有的是先以小利取信,再行诈骗。

最近又有新的手段,如:微信诈骗或用发短信的方法骗取银行卡持有人的钱财。这类案件,在我国大部分地区不断发生。据统计。2006 年和 2007 年,北京某高校发生涉及师生员工的银行卡异地消费、网上购物、中奖、承包工程等形式的诈骗案共计 20 起,涉及事主 20 余人,被骗现金 152 600 余元、手机 4 部。

你的账号非常危险，马上将存款转到我局设立的一个安全账号中去。

图 12-1-6

【案例12－1－10】 2007年10月，北京某高校一教授接到其学生在外地出意外正在抢救急需治疗费用的信息后即汇款11万元，事后发现被诈骗。见图12-1-6。

（二）财产侵害的预防

学生财产被侵犯，客观原因是犯罪分子的存在，并且实施了盗窃、抢劫、抢夺、诈骗等行为；主观原因是一些学生缺乏防范意识，思想麻痹大意。

学生要增强个人财产的保护意识，要牢固树立防盗窃、防抢劫抢夺、防诈骗观念。特别是在节日前、年前更是盗窃分子出没的高峰期，他们的眼睛时时盯着"露富"的学生。另外学生中也有个别品行不端、实施盗窃的人员。所以，一定要提高警惕，时时处处做好治安防范。见图12-1-7。

成了幸运观众可奖苹果电脑；买车还享受退税政策，医保居然还能退费用，天上真掉馅饼了。

别信它，哪有这样的好事！

图 12-1-7

1. 预防盗窃

学生要根据盗窃分子的作案规律有针对性地做好防范，不给犯罪分子以可乘之机。

（1）妥善保管好现金、存折、汇款单和银行卡等。在宿舍里，上述物品不要放在桌上、床上等明处。现金最好的保管办法是存入银行，设好密码。银行卡、存款单据、汇款单据要与身份证、护照等有效证件分开存放，妥善保管，防止同时被盗走。

【案例12－1－11】 某高校学生李某报案称她在建设银行存款3 800元被人分四次盗取了3 700元，经过调查认定作案嫌疑人为桂某。桂某与李某同住一寝室，平时关系不错，在一次结伴到银行取钱的过程中，有心的桂某记住了李某的银行卡密码，于是伺机作案并得手。

（2）保管好自己的贵重物品。手机、笔记本电脑和数码产品等不用时要放在抽屉、柜子里，并且锁好。休假离开时应托给可靠的人保管，不要放在宿舍里，防止被盗。

【案例12－1－12】 2006年3月，某高校外语学院黄某回到学生公寓8栋108寝室，发现同寝室同学张某存放笔记本电脑的柜子未锁，遂打开柜子，取出电脑，并将电脑藏入所住公寓顶楼无人居住的房间，事后伪装案发现场，并向该校保卫处报案。

（3）养成随手关窗、锁门的好习惯。离开宿舍时，即使时间很短，也要关好窗、锁好门，防止窃贼溜门钻窗实施盗窃。见图12-1-8。

（4）在公共场所如饭店、电影院等，不要用书包占座位，不在书包里存放现金、贵重物品等，严防人、包分离。

（5）锻炼身体或到公共浴池去洗澡时，不携带贵重物品和现金。

（6）谨慎交"友"，不留陌生人员入住学生宿舍。学生还要注意不买赃车。买赃车不仅是违法行为，而且还会助长盗贼的盗车行为。

2.预防抢劫和抢夺

（1）外出时不要携带过多的现金和贵重物品，如果必须携带大宗现金或较多的贵重物品，应请同学随行，乘坐出租车。

图 12-1-8

（2）财不外露，不向人炫耀自己的金钱和贵重物品，并应当将其妥善保管。

（3）尽量不要在夜深人静、午休时单独外出。

（4）发现可疑人跟踪尾随，要提高警惕，可以大胆回头多盯对方几眼，或大叫熟人的名字，并立即向有人、有灯光的地方走。

（5）当在路上骑车突然感到自行车骑不动时，要先抓牢车筐内的物品或背好包后，再下车查看，防止在下车查看车的瞬间车筐内的物品被抢。

（6）出行在外，走路时尽量离机动车道、非机动车道远一点，书包挎在右侧，防止被歹徒飞车抢包。

3.预防诈骗

（1）要做到遇事不感情用事，不要被"哥们义气"所迷惑。社会上的一些骗子，有的组成团伙，雇佣一些老人、年轻妇女，租借小孩，编出种种落难的故事，专门骗取善良人的钱，对此要小心分辨。

图 12-1-9

（2）切忌贪小便宜。对于意外飞来的"横财""好处"，特别是陌生人所许诺的利益，一定要深思，不动心。克制贪便宜的心理，就不会被诈骗分子所俘虏，自己的财产也才有安全保证。

（3）对不了解的人，不可轻信，不可盲从。遇"财运"要多思考，分析其中是否有诈。见图 12-1-9。

（4）预防短信骗钱，关键是不要轻信虚假信息，遇事不慌乱。持有银行卡的人，收到陌生人发来的短信时，要保持警惕或者到发卡银行进行查询。

（三）发生财产侵害案件后的应对

1.盗窃案件

发现宿舍财物被盗，头脑要冷静，不要急于入室查找自己丢失的物品。首先要保护好现场，任何人不要进入室内。其次，要马上报告单位保卫部门或公安机关，请他们来勘察现场。第三，配合公安保卫部门侦破案件。如果发现存折、银行卡或汇款单失窃，要马上去银行、邮局挂失。发现丢失贵重物品、电动车等，要及时向学校保卫部门报告，讲明丢失或被盗情况，有关物品的特征等。

夜间遭遇入室盗贼，应沉着应对。如能力许可可将犯罪嫌疑人制服，或报警求助。千万不能一时冲动，造成不必要的人身伤害。

2. 抢劫、抢夺

一般情况下,作案人是有备而来,并携带刀子等凶器。在既无思想准备,也无防卫工具的情况下,要提高警惕,尽量保护财物,更重要的是要保护自己的人身安全。在人员聚集地区遭到抢劫,应大声呼救,震慑犯罪分子,同时尽快报警;在僻静地方或无力抵抗的情况下,应放弃财物,保全人身,待处于安全状态时,尽快报警;如果犯罪分子逃跑,应大声呼叫,请求周围的群众协助捉拿,迫使其放弃所抢物品;记住逃跑车辆特征、车牌号及逃跑方向,尽快向公安机关报案。如果案件发生在校园里,也可向学校保卫部门报案。

3. 诈骗

交往过程中一旦发现对方有疑点,就应当果断采取应对的措施,不可掉以轻心,以防受骗。

(1)观察判断,有效识别。在发现对方疑点时,要保持清醒的头脑,认真仔细地观察对方的神态表情,举止动作的变化,看对方的言谈,所持的证件以及有关材料与其身份是否吻合,以此识别真假。必要时可以找同学或相关人员商量,听取他人的意见和忠告,或者通过对方提供的电话、资料予以查证核实。

(2)巧妙周旋,有效制止。在发现疑点无法确定真假而又不愿意轻易拒绝时,要有礼有节,采取一定的谈话、交往策略,注意在交锋中发现破绽,通过与其周旋印证自己的猜测。必要时,还可以采取一些吓唬的言辞,使对方心存顾忌,不敢贸然行事。

发现受骗后,还要注意保留相关证据,积极协助公安机关破案,最大限度地挽回损失。

三、传销活动及其预防

传销是指组织者或者经营者发展人员,通过对被发展人员以其直接或者间接发展的人员数量或者销售业绩为依据计算和给付报酬,或者要求被发展人员以交纳一定费用(或购买某种商品或提供一定服务等)为条件取得加入资格等方式牟取非法利益,扰乱经济秩序,影响社会稳定的行为。俗称"拉人头""老鼠会"等。与直销在培训内容、组织模式、奖励机制等方面的区别虽不明显,但二者却有本质区别。直销企业均为合法注册,推销的是真正的产品;而传销组织或经营者无注册,以拉人头方式推销三无产品,搞的是欺诈活动。

来吧!这里可以挣很多钱!

高薪诚聘

图 12-1-10

【案例 12-1-13】 2006 年,23 岁女孩王某被同学骗入传销组织。后来父母几经周转好不容易才把她找到,强行把她拉上火车返回老家,不料固执的女儿执意要回去参加传销活动,在半路上她竟然借口上厕所,从疾驰火车的窗户跳出,一条年轻的生命就此终结。见图 12-1-10。

(一)传销活动的危害

近年来,传销活动有向大学校园渗透的趋势。一些传销组织或人员,打着职业介绍、招聘兼职、共同创业等幌子,利用同乡、同学、同宗、同好等关系,不择手段地利诱欺骗高校学生。学生上当受骗、误入传销组织的情况时有发生。

2005 年,重庆市破获了一起涉及全国 10 余个省市数十所高校的 2 000 余名学生被骗参与传销活动的案件。2006 年 9 月开始,南京某商贸有限公司以销售会员卡和项目合作等名义,收取 150～1 000 元不等的入门费,发展学生从事传销活动,涉及南京 33 所高校 834 名学生。2008 年 6 月 10 日,贵州一名学生被 7 名犯罪嫌疑人结成的传销团伙通过互联网发布的招聘信息诱骗,因其未满足传销团伙的勒索要求被杀害分尸。所涉案件触目惊心,严重影响了学生的身心健康。

(二)误入传销组织的原因

1. 经济因素

有的学生家庭困难,有的学生幻想一夜暴富,容易被传销组织和人员抛出的高额回报所欺骗。

【案例 12 - 1 - 14】 2010 年 7 月以来,以张某为首的传销团伙,在湖北省武汉市,以“湖北兴鄂创业股份有限公司”的名义,开展涉嫌“纯资本运作”的传销活动,大肆发展下线,涉案人员多达 2 100 余人,遍及全国 22 个省(市、自治区),涉案金额 1 亿余元。

2. 就业创业因素

有的学生急于找到理想的工作,有的学生“建功立业”观念强烈,传销组织和人员就打着“新一代的改革者”“放下面子创业”“团队拼搏”等幌子,使之受骗、上当。

3. 心理因素

传销者的“洗脑”和“亲情管理”在一定程度上满足了部分学生在校园和社会上无法实现的心理和情感需要,容易上当受骗。

4. 社会阅历等因素

误入传销的多为 20 岁左右的年轻人,许多涉世未深学生极易受骗;有的学生理想信念缺乏,易被传销者编织的财富谎言俘虏。

5. 其他因素

学校和社会一方面对传销的本质和危害的宣传力度不够,对学生的针对性和说服力不够强;另一方面对学生的行为管理有缺陷和漏洞,如考勤不严格等,使传销有可乘之机。

另外,工商行政管理机关对虚假广告的监管,对群众举报、投诉的传销活动的查处等因素,也在一定程度上滋长了传销的危害。

(三)传销活动的预防

1. 政府和社会预防

1998 年国务院有关文件就规定了大学生、军人、公务人员均不得参加直销;2005 年国务院同时颁布了《直销管理条例》和《禁止传销条例》;2007 年教育部、公安部、国家工商行政管理总局联合发出《关于开展防止传销进校园工作的通知》,为打击传销提供了法律依据。政府各级教育行政部门、公安机关、工商行政管理机关一手抓宣传教育和管理,一手抓严厉打击,同时密切配合解救受骗学生,落实“标本兼治,着力治本”的方针。

2. 学校预防

在高校广泛开展禁止传销的宣传教育活动,使广大学生认清传销的违法犯罪性质、欺诈本质和严重危害,帮助学生提高识别能力,增强防范意识,自觉抵制传销。加强学校安全管理和学生管理,严禁任何传销组织及人员在校园内进行任何形式的宣传、蛊惑及诱骗活动。及时了解掌握学生思想动态,依托班级、社团、辅导员、班主任等引导学生自我教育、自我管理。针对寒暑假及学生开展社会实践等重点时段,加强对外出实习学生、毕业班学生等重点群体的教育和管理。

3.自我预防

学生应通过各种渠道了解传销的危害、防范传销的基本知识及打击传销的政策与法律法规,提高思想认识,增强识别传销的能力和防范传销欺诈的意识,并且通过学生群体的自我教育,相互提醒,把抵御传销的客观要求内化为学生的自觉行动。

(四)误入传销组织的应对

传销组织常会租用民房,化整为零,组建以"家庭"为基本单位的窝点,实行严格的内部管理,对新进入者进行"洗脑","灌输"致富理论,派人24小时陪护,在欺骗、劝诱的同时,还采取威胁、暴力、限制人身自由等手段使被骗者就范。学生如落入"传销陷阱"中,不要轻易与传销者发生冲突,不要不计后果地急于脱离传销组织,可采用如下方法自救。

(1)保管好身份证、银行卡、手机等物品,不让这些物品落入对方手中。

(2)记住地址,伺机报警。要掌握自己所处的具体位置、楼栋号、门牌号等;若无,可看附近有无标志性建筑。

(3)利用上街和考察时机,突然挣脱求救。

(4)装病。尽可能地折腾对方,让他们不得安宁,最终同意外出就医。

(5)在上厕所时偷偷写好求救纸条,趁人不备从窗户扔纸条求救。

(6)实在被看得很紧,不妨想软办法、伪装,骗取对方信任,让他们放松警惕,再伺机逃离。

总之,要把保护自己的人身安全放在第一位,不要因为交了"入门费"或购买了物品等经济原因或者年轻气盛、头脑发热而义气用事,以免受到传销组织及其人员的伤害,或其他意外发生的人身伤害。

四、实用技能:ATM机取款防诈骗法

ATM机在带给我们方便的同时,也成了许多不法分子窥视的目标,各种ATM有关的诈骗手段层出不穷,大致可分为4种流派,而遇到这类诈骗时又该如何应对呢?

1.常见流

不法分子假冒银行客服发短信、打电话,假称持卡人的银行卡在某处被人盗用消费或信息资料被泄露,诱骗持卡人用ATM机进行转账。

应对方法:牢记银行客服电话,不轻信不明号码,可回拨银行客服电话进行确认。

2.技术流

不法分子趁持卡人在ATM机上取款时窥视密码,利用持卡人随手丢弃的ATM机回执单盗取银行卡卡号信息,或在ATM机的卡槽上安装带读卡器的仿真卡槽,读取客户资料,制作伪卡取款。

应对方法:取款时注意周围有无异常人或其他物品,输入密码时用手在键盘上方进行必要的遮挡,防止被偷窥。取款之后注意银行卡或取款凭条是否已取出,防止银行卡或取款凭条被不法分子捡到,获取卡内信息,克隆该银行卡,造成经济损失。

3. 演技流

不法分子以等待取款为名站在持卡人附近,利用对一些操作不熟练的持卡人提供"帮助",博得信任后,再谎称持卡人的银行卡被吞卡,让持卡人去寻找银行工作人员帮助,在持卡人离开之际,窃取持卡人卡内的资金。

应对方法:取款时注意周围有无可疑人物,与陌生人保持一定距离,谢绝陌生人的帮助,有任何疑问拨打银行客服电话寻求帮助。

4. 山寨流

不法分子故意制造 ATM 机故障,导致持卡人被吞卡,然后再冒充银行工作人员,以修理机器等名义,骗取持卡人的密码等资料。还有不法分子事先在 ATM 机屏幕侧面张贴假告示,待客户的卡被吞后,按假告示上方法求助时,便趁机获取密码。或在 ATM 机旁边张贴假公告,以"假行程序调试"等理由,要求持卡人将资金转账到指定账户。

图 12-1-11

应对方法:一旦发生银行卡被 ATM 机吞卡等异常的情况,不要轻信 ATM 机旁张贴的虚假"温馨提示"信息,要及时与开户银行取得联系寻求帮助,在现场等待银行员工。必要时可拨打 110 电话寻求帮助。见图 12-1-11。

【小知识】

公交上最易被盗窃的位置

1. 车门

由于上下车拥挤,车门处是扒手们最喜欢下手的地方,既不易被发现又便于撤离。扒手会有意制造身体接触,首选目标是你的臀部口袋和挎包。通常,他们会借助报纸等作掩护,挡住四周视线后,用刀片划破口袋或挎包掏取财物,甚至直接将手伸进口袋盗窃。如果扒手不止一个,通常有一人在车门处制造拥堵,分散乘客注意力,为同伙创造机会。

对策:排队上下车,不将钱包、手机放在衣服外口袋内,注意那些故意接近你的人,万不可为抢座位挤入人群。

2. 过道

人满为患的公交车车厢过道,不论是车前还是车后,都是扒手作案的理想场所。来自四面八方的身体接触,可以有效掩护扒手的动作。扒手会在后面借助雨伞、外套等掩护下手,要么将手伸进你外套内口袋,要么用刀片划破你放置在窗边的手提包。扒手双臂自然垂下时,正好接近你的裤袋,他不需要有太大动作,就能对你的臀袋和挎包"下手"。

对策:在车上,可以将一只手放在兜里,按着钱包,这样可以随时察觉是否有人来"触碰"关键位置。如果是背包,一定要将包放在胸前,这样可以避免在不知情的状态下被小偷偷走财物。此外,最好在面向最拥挤的方向,将挎包放在胸前视线范围内,并腾出一只手护住自己的挎包。

3.过道座位

很多乘客图上下车方便,爱坐在靠着过道的座位,这也是扒手易下手的位置。他会趁车厢拥挤故意靠近你,并随着车厢抖动不时造成身体接触。当你对这种接触习以为常时,就要当心上衣口袋里的财物了,因为站立的扒手双手刚好与你上衣口袋位置相当,这是他们极易下手的部位。此外,还得留心后排座位伸过来的"第三只手",后排扒手也可能趁乱伸手过来洗劫你的裤袋或外套下摆的口袋。

对策:千万别打瞌睡,双臂最好环抱在胸前,上衣口袋不要放财物。据统计,被窃者中,18岁到28岁的年轻人易遭扒手惦记,且女性明显要高于男性。

【案例分析】

在校大学生误入传销组织事件

1.事故经过

倪某为某大学物电学院2011级学生。入学一年来,跟同宿舍××同学在商业街摆摊卖小饰品等赚取少量生活费。2012年9月初,以同学的妈妈要在校内开超市入股为名,向父亲要了两万块钱。因当时父亲在江浙一带打工,只是给孩子打电话简单问了情况,便把两万块钱打给该同学。后倪某以生病等各种理由,向学校提出休学。

2012年12月份,辅导员老师突然接到称是倪某同学的一个电话,称是泰山学院的学生,说倪某现在江苏宿州的一个传销组织中,该同学是被骗到传销组织的,认识到传销组织的害处,已被江苏宿州高新区公安机关解救,但是倪同学依然执迷不悟,请求辅导老师解救倪同学!

辅导员老师立即跟倪同学家里取得联系,讲明事情原由,倪同学哥哥立即前往江苏宿州高新区派出所,因为之前对该传销组织取缔过,公安机关立即展开解救工作。在公安机关的积极配合下,该同学于12月底被解救后返校。

2.事故原因

(1)该同学接触社会面较狭窄,涉世未深,思想单纯,容易轻信他人,缺乏社会经验、识别陷阱的能力和自我保护意识,对传销组织的欺骗性、隐秘性和危害性认识不够,这次受骗就是因为经不起网友的蛊惑而上当受骗。

(2)倪某家庭比较困难,平时摆摊卖点小饰品,渴望通过自己的努力交纳学费、住宿费,尽快使家庭脱贫,对金钱比较看重。这种急功近利的心理导致她对传销鼓吹的一夜暴富的神话产生浓厚的兴趣,把传销当成了实现理想的阶梯,难以抵御所谓的高薪引诱和一些不切实际的"糖衣炮弹"的诱惑。非法传销组织正是利用该同学的这种心理,用花言巧语攻破心理防线,进行洗脑,使其甘愿落入传销组织的圈套中无法自拔。

(3)倪某在请假、休学等事项中,谎称得了肺结核,是传染病,利用欺骗的方式,博得了同学、老师的信任,反映出该同学责任意识的弱化,折射出该同学对责任意识基本认知的缺失,进一步揭示了传销的实质是"信任透支"。

3.事故教训

(1)该同学不仅仅损失两万多元现金,且因休学耽搁学业。

(2)学校要及时掌握情况,辨别学生是否参加了传销。最明显的表现就是学生长时间不在校,一再请假甚至不请假,请假原因各种各样,谎称传染病等。这时可以通过其同宿舍、好友、家庭进行进一步落实,查明原因。

(3)强化被解救学生教育管理,防止学生再次加入传销。参加过传销的学生,由于参加过传销组织的"课程",被洗脑,一些观念深入其大脑,一时很难改变。其内心深处的一些东西已经改变,这时要加强管理,避免其再次返回加入传销组织。

【复习思考题】

一、填空题

1. 在校内发现受骗,要及时报告学校保卫部门;在社会上被骗,要及时报告_____。

2. 学生如落入"传销陷阱"中,不要轻易与传销者发生冲突,不要不计后果地急于脱离传销组织(如跳楼脱逃等),要想办法寻找机会安全逃离传销组织及其人员的控制,或_____,等待政府有关部门的_____。

3. 我国民法依据财产权产生的根据,将财产权分解为_____权、_____权、知识产权和_____权。个人财产的保护途径一是保护_____,二是保护_____。

二、问答题

1. 女生如何预防性侵害的发生?

2. 如何预防抢劫与抢夺突发事件?

第 2 节　暴恐事件应对

现实生活中,我们可能随时会遇到来自各方面的意外侵害。这些侵害可能会给我们的身体及心理带来不同程度的伤害,甚至会危及我们的生命安全。2014 年 7 月 28 日,伊斯兰教最重要的节日之一开斋节当天,一伙暴徒持刀斧袭击了位于新疆莎车县的艾力西湖镇政府和派出所,打砸焚烧过往车辆,砍杀无辜群众。处置过程中,警方击毙 59 名暴徒,抓捕涉案人员 215 人。案件造成无辜群众 37 人死亡(其中汉族 35 人、维吾尔族 2 人),13 人受伤,31 辆车被打砸,其中 6 辆被烧。警方指暴徒与境外谋求分裂的恐怖组织勾连,计划周密。因此,增强防范意识、提高防范能力,不仅十分必要而且十分重要。

"7.28"莎车暴恐事件再次用生命提醒我们,危险就在身边,在公共场所要时刻注意安全防范,防止意外事件的发生,尽管我们遇到这样的恐怖袭击事件的概率不大,但要做到有备无患,我们要具备自我保护能力,一旦遭遇袭击,我们也可将损失降到最低。

一、常见暴恐袭击的形式

凡是有预谋的暴力恐怖袭击,犯罪分子大多会选择人流密集场所,或选择重要的时间及日期里动手。犯罪手段多样化,常见如下。

(1)爆炸。炸弹爆炸、汽车炸弹爆炸、自杀性人体炸弹爆炸等。

(2)枪击。手枪射击、制式步枪或冲锋枪射击等。

(3)劫持。劫持人,劫持车、船、飞机等。

(4)纵火。公交车纵火、地铁纵火、高层住宅纵火等。

(5)持刀砍杀。如昆明"3·01"严重暴力恐怖事件。

【案例12-2-1】 伦敦七七爆炸案:2005年7月7日早上交通高峰时间,4名受"基地"组织指使的英国人在伦敦三辆地铁和一辆巴士上引爆自杀式炸弹,造成52名乘客遇难的恐怖案件。见图12-2-1。

图 12-2-1

二、暴恐袭击的识别

暴恐袭击是随时都可能遇到的,日常生活、学习、工作中,我们一定要消除侥幸心理,增强防范意识,主动学习防范知识,提高防范能力。采取正确措施,规避暴恐袭击。

1.快速识别恐怖嫌疑人

在我们的日常工作生活中,很难避免不到人流密集的公共场所,不论在任何地点,准备实施犯罪的嫌疑人都会有不同寻常的行为举止。只要感觉到某人有问题或不正常,那么就相信自己的直觉,为了自身的安全,稍加注意观察其行为,便有可能发现问题,例如下列这些人员:

(1)神情恐慌、言行异常者;

(2)着装、携带物品与其身份明显不符,或与季节不协调者;

(3)冒称熟人、假献殷勤者;

(4)不愿接受检查或态度蛮横者;

(5)频繁进出大型活动场所者;

(6)反复在警戒区附近出现者;

(7)腰背、胸前、裤腿处有明显物体支出者;

(8)疑似公安部门通报的嫌疑人员。

2.快速识别可疑车辆

(1)状态异常。车辆结合部位及边角外部的车漆颜色与车辆颜色是否一致,确定车辆是否改色;车的门锁、后备箱锁、车窗玻璃是否有撬压破损痕迹;如车灯是否破损或异物填塞,车体表面是否附有异常导线或细绳。

(2)车辆停留异常。违规停留在水、电、气等重要设施附近或人员密集场所。

(3)车内人员异常。如在检查过程中,神色惊慌,催促检查或态度蛮横,不愿接受检查;发现警察后启动车辆躲避。

3.快速识别可疑爆炸物

在不触动可疑物的前提下:

(1)看,由表及里、由近及远、由上到下无一遗漏地观察,识别、判断可疑物品或可疑部位

有无暗藏的爆炸装置;

(2)听,在寂静的环境中用耳倾听是否有异常声响;

(3)闻,如黑火药含有硫磺,会放出臭鸡蛋(硫化氢)味,自制硝铵炸药的硝酸铵会分解出明显的氨水味等。

三、暴恐事件的应对

1.报告

一旦发现可疑问题的苗头,要尽量远离,规避风险,并及时通知附近的警察或工作人员。

【案例12-2-2】 马里酒店遇袭事件,中铁建4名被困人员中3人死亡,有一位翻译获救。据幸存者事后回忆当时情景,其他3人先去用餐,他因为去餐厅晚了一些,刚下电梯,就看到大厅有人端着枪,他当即回到电梯门返回了客房,躲到卫生间,将手机设为静音,幸运躲过一劫。翻译回到房间却没有办法知道同行的3位同事的情况,最后他通过微信等各方渠道得到的消息,在医院确认尸体后才证明3名人员遇难。

2.远离

尽量远离事件现场,与危险源保持一定的距离。躲到周围有遮挡物体、有可移动躲闪空间的安全处。

3.快速反应

当身边突然有人戴上头罩、拿出武器时,尽量缩短愣神恐惧时间,要快速躲闪,做出反应,第一时间向有障碍物的地方跑去躲避,同时大声呼喊,引起周围群众注意,及时防备,共同应对犯罪分子。

4.快速逃跑

危险来临不要顾虑行李财物,保障人身生命安全最为重要,要立刻向大门方向或安全出口处逃离。见图12-2-2。

图 12-2-2

5.寻找躲避物

案发时现场混乱,出口方向不明确,或被犯罪分子追赶已辨别不出方向,此时一定要向着桌椅、围栏、墙壁、柜台等可遮挡的物体处奔跑躲避。在遮蔽物选择上应遵循以下原则。

(1)掩蔽物最好处于自己与恐怖分子之间。

(2)选择密度质地不易被穿透的掩蔽物。如墙体、立柱、大树干、汽车前部发动机及轮胎等;使恐怖分子在第一时间不能够发现,为下一步逃生提供时间。

(3)选择能够挡住自己身体的掩蔽物。有些物体质地密度大,但体积过小,不足以完全挡住身体,起不到掩蔽目的。如路灯杆、小树干、消防栓等。

(4)选择形状易于隐藏身体,如立柱;不规则物体容易产生跳弹,掩蔽其后容易被跳弹伤及,如假山、观赏石等。见图12-2-3。

图 12-2-3

6. 空间利用

来不及逃跑移动时，要立刻钻到座椅底下，用行李挡住上身和头部，利用座椅的隔挡避免遭到攻击。背靠墙角处蹲下，保证背后两侧安全，拿起行李包裹挡在头上。

7. 保护动作

若逃不掉、躲不过、没时间，面对歹徒的攻击时背靠墙壁蹲下，双手握拳两侧抱头至后脑，保护脖颈，双膝同肘关节防护前胸，与犯罪分子接触瞬间也要双手抬高防护脖颈胸前。见图12-2-4。

图 12-2-4

8. 量力而行

在保护自己的情况下，若有能力制止歹徒犯罪或将其制服，要见义勇为。

9. 反击

如果实在躲不掉、逃不了，不能坐以待毙。要快速寻找身边有什么可作为武器，或拿起背包、行李等可作为盾牌用来架挡犯罪分子的攻击，迎上去，主动打击犯罪分子，保护自己和家人的安全，创造逃跑的时间和机会。

10. 抛物对抗

若犯罪分子在身边或正向自己攻击，如手里有热水要泼向他，手里有任何物品都可抛向他；若手里没有东西，要迅速捡起身边一切可以抛向犯罪分子的物品，向其面部抛去，最好打击眼睛，以延缓其攻击进度，创造逃跑机会。

11. 发动群众

在危机时刻，要勇敢面对，积极发动身边群众，共同制敌，歹徒会变主动为被动，伤人的概率就会降低很多，危险也降低了。

12. 收集证据

在歹徒犯罪或制止歹徒犯罪过程中，尽量多收集歹徒违法证据、录像、录音，以便公安机关事后方便调查处理，也给自己减少了很多不必要的麻烦。事后积极配合警方调查取证，让歹徒付出触犯法律的代价。见图12-2-5。

四、实用技能：暴恐应急3妙招

1. 当暴恐分子持砍刀攻击时

技巧1：青壮年或成人可用衣物在体前向左右迅速挥动，干扰暴徒袭击，尽量往凶器上缠绕，争取把刀棍弹落。见图12-2-6。

110吗，我发现可疑情况。

图 12-2-5

图 12-2-6

图 12-2-7

技巧 2：伺机反击时，可用拳击打对手咽部、鼻部，或者用手戳其眼部，用硬质物品（如矿泉水或者手包）击打效果更好。见图 12-2-7。

技巧 3：当砍刀将要落下，又无处躲避时，可以两手曲臂护头，迎面主动迅速贴近袭击者（越贴近袭击者，越能避开刀棍锋芒），设法与其缠抱在一起，用肩部顶住暴徒腋下，使其不能发力，也可下潜（越低越好）抱住暴徒双腿用力回拉，出其不意将其摔倒。无法贴近暴徒时，可略向后退一步，等刀棍袭击落空，尚未发起第二次袭击时，迅速屈臂护头，迎面贴近袭击者，与其纠缠在一起，纠缠得越紧越有可能化解危机。见图 12-2-8。

图 12-2-8

2. 在人群密集区遭遇持械袭击时

事发有距离时，可利用当时的地形地物，先防身再伺机夺取凶器。可以利用地上的砖头、瓦块击打对方，扬起泥沙撒向对方的眼睛，还可以利用身上的腰带、上衣等抡打防身。歹徒无力抵抗时，采取侧身跑躲避攻击。如果暴徒快速追上，可仰身倒地，双腿弯曲，不停交替蹬踹，让暴徒难下手行刺，还可能踹掉凶器。见图 12-2-9。

图 12-2-9

3. 当暴恐分子驾车冲闯人群密集区时

技巧 1：如果在广场，可迅速向较粗壮树木、水泥墩、乒乓球台、石桌石凳、建筑物后躲避；如果在集市，可向展台后、铺位后、农用车后、商品后躲避，但是不能紧贴在后面，以防车辆撞击后产生的冲击力。切忌往路灯杆后、玻璃橱窗后躲避，以防撞倒撞碎造成二次伤害。见图 12-

2-10。

图 12-2-10

技巧 2：如果没有可躲藏的地方，切记不要背对汽车逃窜，你的双脚跑不过汽车轮子。正确方法是，面向或侧向来袭汽车，连续地向左或向右快速滑动。当汽车冲撞你时，连续做"之"字形或"O"形滑动，可迫使袭击者驾车不停地快速转向，增加袭击难度，有利于摆脱纠缠。见图 12-2-11。

图 12-2-11

技巧 3：车辆冲撞时可把随身携带的物品，如衣服、鸡蛋、面粉等砸向对方前挡玻璃，干扰对方视线，以减少伤害。如果没有十分必要，尽量不去人群密集区，特别是没有设置车辆隔离带的人群密集区域。

【小知识】

水中爆炸逃生技巧

炸药在水中所产生的破坏作用比在空气中强烈得多。这是由于水的压缩性很小，它积蓄能量的能力很低，当炸药爆炸时，海水就成为压力波的良好传导体。当炸药在无限水介质中爆炸时，在炸药本身的体积内形成了高温、高压的爆炸气体产物，其压力远远超过了周围水介质的静压。因此，在爆炸所产生的高压气体作用下，在水介质中同样会产生水中冲击波，同时爆炸气体的气团向外膨胀并做功。

水中爆炸，如果人也在该区域，爆炸冲击波引发气泡脉冲，会产生多次冲击，可能击碎骨骼，甚至造成致命内伤。

若不幸与爆炸物同在水中，必须第一时间迅速脱离爆炸水域上岸，并远离爆炸点。如果无法及时上岸，也要尽可能寻找漂浮物，使身体浮在水面之上，以免遭到水下爆炸引发的气泡脉动的直接冲击。

【案例分析】

昆明"3·01"暴恐事件

1. 事件回顾

2014 年 3 月 1 日 21 时许,云南省昆明火车站发生一起严重暴力恐怖案件。10 余名统一着装的暴徒蒙面持刀在云南昆明火车站广场、售票厅等处砍杀无辜群众,截至 3 日 22 时,已经造成 30 人遇难,130 余人受伤。经公安部组织云南、新疆、铁路等公安机关和其他政法力量 40 小时的连续奋战,3 日下午成功告破。

2. 事件性质

事发现场证据表明,这是一起由新疆分裂势力一手策划组织的严重暴力恐怖事件。现已查明,该案是以阿不都热依木·库尔班为首的暴力恐怖团伙所为。该团伙共有 8 人(6 男 2女),现场被公安机关击毙 4 名、击伤抓获 1 名(女),其余 3 名落网。

3. 事件后果

昆明"3·01"事件中,5 名蒙面歹徒手持利刃,残忍砍杀手无寸铁的无辜群众,造成 30 人遇难,130 余人受伤。这一丧心病狂的恐怖暴行,极大地危害了人民群众的生命安全,让许多无辜生命骤然消逝,使无数家庭坠入深渊,造成永难弥合的心灵创伤,产生了严重的社会后果。

4. 警示

(1)全社会要积极行动起来,群策群力,积极防范各类暴力恐怖活动,力争把暴恐行为消灭在萌芽状态之中。

(2)作为个人,尤其是防范意识和能力相对薄弱的未成年人,应该主动增强防范意识,提高防范能力。

【复习思考题】

一、填空题

1. 常见的暴恐袭击形式有 ____ 、_____ 、_____ 、_____ 和纵火。

2. 事前预防主要体现为防_____、防抢劫、防_____、防意外事故等;主要体现在阻止侵害、正当防卫、_____。事后保护体现为_____、挽回损失。

二、问答题

1. 遇到恐怖袭击如何应对?

2. 公共汽车上遇到纵火恐怖袭击怎么办?

3. 紧急撤离危险现场应注意什么?

第 3 节　其他极端突发事件应对

除了常见的打砸抢烧等常规事件外,还有一些极端的非常规手段,造成的后果亦非常严重。虽然在和平年代几乎不会发生,但不排除发生的可能性,因此仍要对此类突发事件有所了解,以备不时之需。

一、极端恐怖事件的类型

极端的、非常规恐怖事件由于其危害性巨大,一旦事件触发,将带来的是全球以及全人类的毁灭。这类事件主要包括以下几种手段。

(1)核与辐射恐怖袭击。通过核爆炸或放射性物质的散布,造成环境污染,使人员受到辐射照射。

【案例 12 - 3 - 1】 1945 年 8 月 6 日和 9 日美军对日本广岛和长崎投掷原子弹,造成大量平民和军人伤亡。爆炸的强烈光波,使成千上万人双目失明;6 000 多度的高温,把一切都化为灰烬;放射雨使一些人在以后 20 年中缓慢地走向死亡;冲击波形成的狂风,又把所有的建筑物摧毁殆尽。处在爆心极点影响下的人和物,像原子分离那样分崩离析。离中心远一点的地方,可以看到在一霎那间被烧毁的男人、女人及儿童的残骸。更远一些的地方,有些人虽侥幸还活着,但不是被严重烧伤,就是双目被烧成两个窟窿。在 16 km 以外的地方,人们仍然可以感到闷热的气流。

(2)生物恐怖袭击。生物恐怖主义行为的动机可以是政治、宗教及意识形态的报复犯罪。行为主体可以是个人、团体及国家。目前,公认的可用于生物恐怖主义袭击的主要制剂有 6 种:炭疽杆菌、鼠疫杆菌、天花病毒、出血热病毒、兔热病杆菌及肉毒杆菌毒素。还有其他一些制剂,但危害性较上述 6 种为轻。另外需要注意的是,定义里的受害对象不仅限于人类,还包括了与人类日常生活密切相关的动植物,利用有害生物或有害生物产品侵害人、农作物、家畜等。

【案例 12 - 3 - 2】 从 2001 年 9 月 18 日开始有人把含有炭疽杆菌的信件寄给美国数个新闻媒体办公室以及两名民主党议员。这个事件导致 5 人死亡,17 人被感染。

气味异常,恶心胸闷可能是化学恐怖袭击。

图 12-3-1

(3)化学恐怖袭击。利用有毒、有害化学物质侵害人、城市重要基础设施、食品与饮用水等。比较著名的有东京地铁沙林毒气袭击事件。见图 12-3-1。

(4)网络恐怖袭击。利用网络散布恐怖袭击、组织恐怖活动、攻击电脑程序和信息系统等。网络恐怖主义就是非政府组织或个人有预谋地利用网络并以网络为攻击目标,以破坏目标所属国的政治稳定、经济安全,扰乱社会秩序,制造轰动效应为目的的恐怖活动,是恐怖主义向信息技术领域扩张的产物。随着全球信息网络化的发展,破坏力惊人的网络恐怖主义正在成为世界的新威胁。借助网络,恐怖分子不仅将信息技术用作武器来进行破坏或扰乱,而且还利用信息技术在网上招兵买马,并且通过网络来实现管理、指挥和联络。为此,在反恐斗争中,防范网络恐怖主义已成为维护国家安全的重要课题。

【案例 12 - 3 - 3】 "911"恐怖袭击事件发生后,"基地"组织余党曾利用互联网进行重组活动。组织内的电脑专家已建立了自己的电脑信息网络,依靠互联网、电子邮件和电子公告进行通信联络和有关"圣战"的宣传。

二、非常规恐怖袭击事件的应对

（一）化学恐怖袭击事件

1. 化学恐怖事件的识别

（1）异常的气味。如大蒜味、辛辣味、苦杏仁味等。

（2）异常的现象。如大量昆虫死亡、异常的烟雾、植物的异常变化等。见图 12-3-2。

（3）异常的感觉。一般情况下当人受到化学毒剂或化学毒物的侵害后，会出现不同程度的不适感觉。如恶心、胸闷、惊厥、皮疹等。

（4）现场出现异常物品。如遗弃的防毒面具，桶、罐，装有液体的塑料袋等。

2. 化学恐怖袭击的应对措施

（1）不要惊慌，进一步判明情况。化学恐怖袭击多为利用空气为传播介质，使人在呼吸到有毒空气时中毒。常伴有异常的气味、异常的烟雾等现象。

（2）尽快掩避。利用环境设施和随身携带的物品遮掩身体和口鼻，避免或减少毒物的分割侵袭和吸入。

（3）尽快寻找出口，迅速有序地离开污染源或污染区域，尽量逆风撤离。

（4）及时报警，请求救助。可拨打 110、119、120 电话报警。

（5）进行必要的自救互救。采取催吐、洗胃等方法，加快毒物的排出。

图 12-3-2

（6）听从相关人员的指挥。

（7）配合相关部门做好后续工作。

（二）生物恐怖袭击事件

1. 生物恐怖事件的识别

（1）事件区发现不明粉末或液体、遗弃的容器和面具、大量昆虫。

（2）微生物恐怖袭击后 48～72 小时或毒素恐怖袭击几分钟至几小时，出现规模性的人员伤亡。

（3）在现场人员中出现大量相同的临床病例，在一个地理区域出现本来没有或极其罕见异常的疾病。

（4）在非流行区域发生异常流行病。

（5）患者沿着风向分布，同时出现大量动物病例等。

2. 生物恐怖袭击的应对措施

（1）不要惊慌，尽量保持镇静，判明情况。

（2）利用环境设施和随身携带的物品，遮掩身体和口鼻，避免或减少病原体的侵袭和吸入。

（3）尽快寻找出口，迅速有序地离开污染源或污染区域。

（4）及时报警，请求救助，可拨打 110、119、120 电话报警。

（5）听从相关人员的指挥。

(6)不要回家或到人员多的地方,以避免扩大病源污染。

(7)配合相关部门做好后续工作。见图12-3-3。

图 12-3-3

(三)核与辐射恐怖袭击事件

发生核泄漏或核辐射后,会着火和爆炸。遇到核与辐射恐怖袭击事件后,应对如下:

(1)不要惊慌,进一步判明情况;

(2)尽快有序撤离到相对安全的地方,远离辐射源;

(3)利用随身携带的物品遮掩口鼻,防止或减少放射性灰尘的吸入;

(4)及时报警,请求救助;

(5)听从相关人员的指挥;

(6)配合相关部门做好后续工作。

(四)网络恐怖袭击事件

为了预防和打击网络恐怖活动,世界上许多国家已经积极行动起来。从根本上说,反击"网络恐怖主义"的过程就是保护己方的信息网络系统、破坏恐怖分子的信息网络系统的过程。遇到网络恐怖袭击时,可应对如下。

1.建立有效的网络安全防护体制

美国兰德公司的阿奎拉等反恐专家认为,抵御网络恐怖主义的有效战略是"以网络对网络",设在中央情报局的美国反恐中心就是根据网络化的模式建立起来的。此外,为加强网络防护,还可采取将关键的信息网络与互联网分离的办法。网络恐怖活动大都是通过互联网进行的。美国安全专家就建议美空军不应尽快实行全球联网,因为其在冷战时期建立起来的专用的指挥控制网络十分牢靠。美国还在着手建立一个与现行互联网分离的新政府网络,以保障政府通信信息网络的安全性和保护美国国家信息基础设施。

2.实施积极的网络反击

信息网络上的通信联络是双向的,这就意味着网络战造成的危险是对等的。"网络反击"

就建立在这一理论基础上。"网络反击"的样式主要包括以下几种：一是通过有意向恐怖分子网络倾泻虚假信息、过时信息等制造"信息洪流"，挤占其信息通道，使之无法及时有效地传输和处理信息，从而使其网络变成废网。二是通过向恐怖分子的网络注入计算机病毒，瘫痪其信息网络。这种方法造价低、使用方便，对网络的破坏更直接、更有效。三是通过组织"网络战士"捕捉网络恐怖分子的踪影，消灭其有生力量。

3.破坏恐怖组织的网络体系

"破网战"主要包括"断电破网"和"毁节破网"两种样式。"断电破网"就是采用釜底抽薪的办法，切断恐怖分子电脑网络的供电系统，使其成为一堆不能发挥功能的电子器件。阿富汗战争中，美军通过轰炸塔利班的发电厂切断本·拉登与外界的无线电通信联络，用的就是这种方法。"毁节破网"就是对恐怖组织信息网络的侦察系统、通信枢纽、计算机控制中心等节点目标实施精确打击，使其无法正常运转。

三、实用技能：正确使用防毒面具

防毒面具主要是由过滤元件、罩体、眼窗、呼气通话装置以及头带等部件组成，它们各有各的职责，同时又能默契配合。按防护原理，可分为过滤式防毒面具和隔绝式防毒面具两种。过滤式防毒面具见图 12-3-4。

图 12-3-4

1.使用方法

（1）正确选择。选对型号，确认出毒气是哪一种毒气，现场的空气里面毒物的浓度是多少，空气中氧气含量是多少，温度又是多少度。应该特别留意防护面具的滤毒罐所设定的范围以及时间。

（2）使用检查。查看各部位是否完整，有无异常情况发生，其连接部分是不是接好了，仔细看看整个面具的气密性是不是特别好。

（3）故障应对。一旦防毒面具出现故障，应采用下列应急措施，并且马上离开有毒区域。

①如果在防毒面具上的面罩或者是导气管上面发现有孔洞出现，可以用手指将孔洞捏住，而如果防毒面具上的气管有破损的情况出现，那么可以将滤毒罐跟头罩直接连接起来就可以了。

②如果防毒面具上的呼气阀坏了，应该用手指将呼气阀的孔堵住，当呼气的时候将手松开，吸气的时候再用手堵住。

③如果防毒面具上的头罩被破坏得比较厉害，可以考虑将滤毒罐直接放在嘴里，然后再捏住鼻子，用滤毒罐来呼吸。

④如果防毒面具上的滤毒罐上面出现了小孔，那么可以用手或者其他材料将其堵住。

⑤如果防毒面具出现了面罩破损、老化、漏气，或者是呼气阀坏了等情况发生，那么就不能继续使用了。

当使用防毒面具时，如果感觉到呼吸比较困难，觉得不舒服，并且能够闻到毒物的气味，应立刻撤退。注意在毒区的时候是不能将防毒面具的面罩取下来的。

2.性能测试

(1)将手掌盖住呼气阀并缓缓呼气,若面部感到有一定压力,但没感到有空气从面部和面罩之间泄露,表示佩戴密合性良好;若面部与面罩之间有泄露,则需重新调节头带与面罩,排除漏气现象。

(2)用手掌盖住滤毒盒座的连接口,缓缓吸气,若感到呼吸有困难,则表示佩戴面具密闭性良好。若感觉能吸入空气,则需重新调整面罩位置及调节头带松紧度,消除漏气现象。

3.防护时间

防毒面具的防范关键就是它所接的过滤件,不同行业的工作,他们的工作环境及防范的毒气不尽相同。例如,喷漆行业主要防范甲醛、甲苯类,消防工作主要防范 CO,下水道一般防范的是硫化氢或是氨气,其防护时间依据具体的环境而定。包括毒气的浓度、工作环境的温度和湿度、作业空间(室内还是室外)的范围等,这些都是无法预料、无法确定的客观因素,它们的变化都决定了过滤件的使用时间。对于使用者来说,佩戴防毒面具工作后如果感觉呼吸阻力变大,或是能够闻到有毒的气体,这时候过滤件已吸附饱和,不能再过滤毒气了,应换上新的过滤件,继续工作。

【小知识】

"避核"四法宝

一般情况下,核泄漏对人员的影响主要表现在核辐射,也叫作放射性物质辐射。放射性物质以波或微粒形式发射出的一种能量就叫核辐射能。核爆炸和核事故都有核辐射能。核爆炸或核电站事故泄漏的放射性物质能大范围地对人员造成伤亡。要最大程度减轻辐射伤害,有四个法宝。

1. 时间:缩短待在放射源附近的时间,可以减少受到的辐射伤害。

2. 距离:离放射源越远,受到的辐射越少。

3. 庇护所:和距离一样,与放射源之间隔开越厚重严密的物质越好。

4. 碘化钾:建议在接触核辐射前30分钟服用,因为碘化钾会充满甲状腺,保护甲状腺免受辐射碘的危害。如果摄入及时,可以防止99%由放射性碘引起的甲状腺癌。如果有条件的话,自备一些碘化钾在您的应急箱内、家中或工作场所。

【案例分析】

南京汤山特大投毒案

2002 年 9 月 14 日,南京市江宁区汤山镇发生严重食物中毒事件。作厂中学和东湖丽岛工地附近部分学生和民工因食用了油条、烧饼、麻团等食物后陆续发生呕吐、吐血等中毒症状,造成 42 人死亡、300 多人中毒。

1.事件起因

陈某 A 与陈某 B 在江苏省南京市江宁区汤山镇各自开店经营面食早点生意,两店相邻。陈某 A 眼见陈某 B 经营的面食店生意兴隆,而自己经营的小店却生意清淡,于是心生妒忌,加之此前双方曾因打牌、发短信等琐事发生过矛盾,遂产生在陈某 B 店内投毒的恶念。2002 年 9

月 13 日 23 时许,陈某 A 潜入陈某 B 的面食店外操作间,将"毒鼠强"投放在白糖、油酥等食品原料内,并加以搅拌。次日晨,陈某 B 面食店使用掺有"毒鼠强"鼠药成分的食品原料制成烧饼、麻团等早点出售,导致 300 余人食用后中毒,其中 42 人死亡。

2. 事件处理

从发生中毒事件开始,当地派出所立刻对和盛豆业连锁店进行了控制,店门被卫生部门封掉;并对整个汤山镇的水源——安基山水库也进行了严格警戒,还控制了油店、粮店……为了安全起见,还停掉了整个镇上的自来水。下午 2 点钟,所有的外地车辆一律被禁止进入汤山,而除了急救车和特批的车,汤山的车也是一辆不许外出。南京市卫生监督部门和公安部门从中毒者所进食物中查出了"毒鼠强"成分。

3. 事件反思

1)打击非法产销

"毒鼠强"虽然是国家严令控制的剧毒化学药品中的一种,但是此案犯罪分子在农贸市场上只花了 8 元钱,就轻而易举地获得了这种比氰化钾毒 100 倍、1 毫克就可毒倒人的剧毒鼠药。

2)完善管理体制

必须完善鼠药管理体制,对剧毒鼠药建立起一套与麻醉品、易燃易爆品管理相类似的强力监管制度,采取剧毒鼠药生产、经营许可制度,防止鼠药管理失控,成为犯罪分子的作案工具。

【复习思考题】

一、填空题

1. 目前,公认的可用于生物恐怖主义袭击的主要制剂有 6 种:_____、鼠疫杆菌、_____病毒、_____病毒、兔热病杆菌及_____毒素。

2. 化学恐怖袭击发生时常伴有异常的气味,如:_____ 、_____ 、_____ 等。

二、问答题

1. 如何判断遇到了化学恐怖袭击事件?

2. 遭遇核与辐射恐怖袭击事件应如何应对?

【延伸阅读】

传销及其危害

传销(direct selling)最早诞生于美国,是由美国人威廉派克于 1964 年在美国加州创立的"假日魔法公司"五级三阶制(五个级别三个晋升阶段),即假日女郎、组长、主任、经理、总裁,认购 35 美金的产品,随后被美国政府取缔打击。1965 年 3 月日本人内村健一创立"天下一家会",一度发展人员近 200 万,五级三阶制,发展 4 个下线,投资 2080 元即可获得 102.4 万元,随后也被日本政府取缔打击。1978 年日本诈骗集团 Best Line 公司宣告破产,由 Best Line 逃到台湾的川喜昭雄和裁田顿明于同年 6 月在台湾创立"台家公司"后被打击取缔,1980 年末期进入我国大陆。20 世纪 80 年代末,日本一家磁性保健床垫(Japan Life)公司偷渡到大陆,标志着传销正式进入中国大陆。

反传销界将传销分为六大类,分别是北派传销、网络销售、南派传销、网络传销、金融传销、非法直销等。

1. 北派传销

主要以投资 2 800 元、2 900 元、3 000 元、3 200 元、3 260 元、3 900 元一单为主。五级三阶制(五个级别三个晋升阶段),睡地铺吃大锅饭,条件非常恶劣,集体上大课,受害人群主要以大学生、退伍军人、打工者为主。异地邀约和操作,三五成群,刚开始限制人身自由,扣财物,威胁恐吓,洗脑交钱后就不再限制自由。若进入这些组织,头几天电话关机,3 天以后打电话要钱,不愿意透露详细地址,言行举止反常等情况,就可以确定是进了传销。北派传销参与者近百万人。

2. 网络销售

主要以投资 3 800 元、4 700 元、5 700 元一单为主。五级三阶制(五个级别三个晋升阶段),睡大通铺吃大锅饭,条件非常恶劣,受害人群98%都是大学生,很多网络销售传销组织要求只要大专以上学历。限制人身自由,暴力,带绑架敲诈性质。主要分布在广东省,广州、东莞、深圳都是重灾区,其他省份没有网络销售。主要打着太阳神等公司旗号招摇撞骗,一般几个月出一次门。若有亲朋好友去了广东,电话关机,像失踪了一样,或者有打电话回家骗钱和威胁电话。建议以失踪或者绑架敲诈的名义报警。网络销售传销人主要是网上招聘或者同学朋友异地邀约来发展,参与人数近 10 万。

3. 南派传销

主要以投资 3 800 元一单为主。五级三阶制(五个级别三个晋升阶段),住房 4～6 人合租,不限制自由。很少上大课,以三高人群为主,高学历、高背景、高收入人群。除了西藏、东北三省、内蒙古等地没有外,其余城市均出现过。参与人数约百万人。

4. 网络传销

主要表现有三。

第一,与消费者的日常消费紧密结合。传统传销虽然也有消费品作为道具,但传销的发起和组织者一般都以该道具有某种特殊用途和功能作为幌子,所涉及的商品品种很单一。所以吸引他人加入传销的着眼点不在商品上,而是在发展下线。而网络传销并不过多宣称产品具有什么特殊功能和作用,也不限于某种特定的商品。这样就会很快突破一般民众对传销的戒心,快速聚拢人气,达到传销的目的。

第二,具有更大的隐蔽性。网络传销在正常网上消费基础上嵌入传销因素,并且不需要吸收人员,像传统的传销那样自己去发展下线,使很多人容易掉进陷阱,带有极大的隐蔽性。

第三,传销商业网站通过各种手段,如比较、创建新名词、对传统传销大加痛斥等方式,从而与传统传销划清界限,以此来蒙蔽广大消费者,摧毁消费者的心理防线,从而加入传销队伍。另外还有多次返利、循环退款的诱惑以及商家的利润来自于点击量、加盟费、广告费等欺骗性宣传。投资或者变相投资金额少到几十元,多到几万元。比如:世界通、E 玛国际、通亿商城、财富壹佰、我的未来网,等等。网络传销区域具有全国性,参与人数超过 4 000 万人。

5. 金融传销

金融传销往往夹杂着涉众型非法集资,包括目前流行的 PE、私募股权投资,也包括类似的红包互赠等小额金融投资游戏。2011 年以来，全国多个地方曝出了各式各样的金融传销案例：广西来宾以"国家整合民间资金做投资"为名义的传销骗局，吸引了来自全国各地不明真相的民众；江苏南通"E 玛国际"传销组织以销售"E 玛国际"电子股权为名，采取双轨制传销模式发展下线，吸收传销资金 1.06 亿元；天津天凯新盛股权投资基金有限公司以传销手段结合时新的 PE（私募股权投资基金）概念，从来自全国 20 多个省份近 9 000 人手中非法集资 10 余亿元。金融传销，涉案金额巨大，参与群体都是社会上层次比较高的人，非法聚资数额庞大。典型的金融传销如太平洋官方直购等等，目前中国参与人数数十万。

6. 非法直销

截止到目前获批的直销企业有 28 家，详情登陆商务部直销行业管理系统查看，直销管理条例上明确规定，8 000 万的注册资金，2 000 万的保证金，三年无违规记录，才给予颁发营业执照。但现在很多无营业执照公司，以及一些正规直销公司管理不严格，下属很多直销团队与传销团队有瓜葛。"挂羊头卖狗肉"的现象很普遍，主要表现形式有：传销团队与直销团队利益分成。传销公司打着直销旗号进行传销之实。违规直销公司变相要求加入者购买大量的产品囤货等等。比如华莱黑茶、香港亮碧思都属于典型的传销公司，目前非法直销参与人数近百万，涉案金额巨大。

判断是否为传销可参考《中华人民共和国刑法》（修正案）第二百二十四条"组织领导传销罪"：组织、领导以推销商品、提供服务等经营活动为名，要求参加者以缴纳费用或者购买商品、服务等方式获得加入资格，并按照一定顺序组成层级，直接或者间接以发展人员的数量作为计酬或者返利依据，引诱、胁迫参加者继续发展他人参加，骗取财物，扰乱经济社会秩序的传销活动的，处五年以下有期徒刑或者拘役，并处罚金；情节严重的，处五年以上有期徒刑，并处罚金。

传销给个人财力、人力、精力、身体健康、心灵、美誉、家庭、亲情、友情、爱情、感情、家族、灵魂都造成极大的伤害。远离传销，从我做起。

第13章　急救常识

近年来,煤矿、火灾、危险化学品、交通等导致人员伤亡的各类事故,国内外均时有发生,红十字会与红新月国际联合会将每年9月的第二个周六定为"世界急救日",以此呼吁世界各国重视普及急救知识,掌握急救技能技巧,现场挽救生命和降低伤害。初期心肺复苏和基本现场急救,经过简单培训,一般人都可做到,对挽救生命、降低致残率有着极为重要的现实意义。

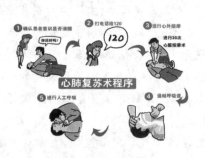

心肺复苏与创伤急救应遵循以下原则。

(1)安全原则:作为第一反应人或救护员抵达现场后,首先必须评估现场情况,确保自身、伤病员以及在场人士的安全。

(2)无危害原则:确保救护人员的行为对于患者来说是有益无害的,不会加重患者的损伤或病情。

(3)寻求帮助原则:寻求现场的旁观者,协助处理伤病员或拨打急救电话。

(4)生命支持原则:通过止血包扎、辅助畅通呼吸道、人工呼吸以及胸外心脏按压的救护行为来进行。

(5)争取时间原则:现场救护必须争分夺秒,积极抢救。

第1节　心肺复苏

触电、溺水、中毒、创伤等很多原因可以引起心跳、呼吸骤停,在其将停、刚停或处在临床死亡阶段(俗称假死状态)而不是生物学阶段(即真死状态)的4~8分钟内建立基础生命维持,保证人体重要脏器的基本血氧供应,直到建立高级生命维持或自身心跳、呼吸恢复为止的具体操作,即为心肺复苏。有效的心肺复苏可以及时向心、脑及全身重要器官供氧,延长机体耐受临床死亡时间,使脑细胞因有氧持续供应而不致坏死。见图13-1-1。

图13-1-1

一、心肺复苏简介

对一般人而言,心搏骤停的严重后果是以秒来计算的。5~10秒,意识丧失,突然倒地;30秒,可出现全身抽搐;60秒,瞳孔散大,自主呼吸逐渐停止;3分钟,开始出现脑水肿;4分钟,开始出现脑细胞死亡;8分钟,出现"脑死亡"的"植物状态",脑细胞发生了不可逆转的损害。

正常人心肌的耐缺氧时间是 30 分钟,实施 CPR 成功率与开始抢救的时间密切相关,如表 13-1-1 所示。

表 13-1-1　CPR 成功率与开始抢救时间关系表

时间	成功率
1 分钟以内	>90%
4 分钟内	60%
6 分钟内	40%
8 分钟内	20%,侥幸存活者可能已"脑死亡"
>10 分钟	<2%

心肺复苏就是心跳、呼吸骤停和意识丧失等意外情况发生时,给予迅速而有效的人工呼吸与心脏按压,从而使呼吸循环重建并积极保护大脑,最终使大脑智力恢复的方法,该方法几乎适用于任何原因(不管是心源性的、窒息所致、创伤等),如:溺水、电击、创伤、脑卒中、气道异物、烟熏、药物过量、心肌梗死、室颤、室速等引起的上述症状。

二、实施心肺复苏(CPR)

CPR 是 Cardio-Pulmonary Resuscitation 的缩写,已成为心肺复苏的简称。国际规范化复苏术分为三个阶段:基础生命支持(在现场)、进一步生命支持(在救护车上或病房)、持续生命支持(在 ICU 或康复中心),包含 5 个生存链:早期识别与呼叫、早期 CPR、早期除颤、有效的高级生命支持(ALS)、完整的心脏骤停后处理。见图 13-1-2。

图 13-1-2

但是,除非专业急救人员,事发现场没有任何器械和设备,普通施救者能做的和必须尽快做的是现场基础生命支持,包括胸外按压、开放气道、人工通气、除颤四个步骤,其他两个阶段由专业人员完成。在没有获得除颤仪的情况下,仅做胸外按压的 CPR。见图 13-1-3。

图 13-1-3

1. 现场评估和安全确认

急救者在确认现场安全的情况下轻拍患者的肩膀,并大声呼喊询问,检查患者是否有呼吸。见图 13-1-4。

2. 启动 EMS 并获取 AED

如发现患者无反应、无呼吸或无正常呼吸(只有喘息),施救者应立即拨打 120 电话启动紧急医疗服务(EMS)系统,积极寻找除颤仪(AED)。当可以立即取得 AED 时,应尽快投入使

图 13-1-4

用。当不能立即取得 AED 时,应立即开始心肺复苏,并同时让人获取 AED,视情况尽快尝试进行除颤。心脏停跳时间越短,大脑缺氧性损伤越轻,恢复的机会越大。有外伤者,尤其脊柱或颈部伤者,转身时需高度注意,避免损伤脊髓。

在救助淹溺或窒息性心脏骤停患者时,急救者应先进行 5 个周期(大约 2 分钟)的 CPR,然后拨打 120 电话启动 EMS。

3. 脉搏检查

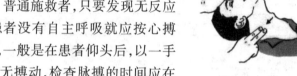

图 13-1-5

普通施救者,只要发现无反应的患者没有自主呼吸就应按心搏骤停处理。对于医务人员或专业人士,一般是在患者仰头后,以一手食指和中指触摸患者颈动脉以感觉有无搏动,检查脉搏的时间应在 10 秒钟内完成,如 10 秒钟内没有明确触摸到脉搏,不要犹豫,马上开始 CPR。见图 13-1-5。

4. 胸外按压 C(circulation)

对无意识、无呼吸或无正常呼吸者,马上开始进行胸外按压。连续不断地按压,可以产生 60～80 mmHg 的收缩压,保证重要脏器的供血。

首先找准按压的位置:一只手触到靠近施救者一侧患者的胸廓下缘,手指向中线滑动找到肋骨与胸骨连接处,手掌贴在紧靠手指的胸骨的下半部,双手掌重叠,保证手掌全力压向胸骨,注意不要按压剑突,手指不要用力,向上翘起离开胸壁。对于一般的中青年人员,也可用简单方法找准按压位置:胸部正中与双乳头的连线处。见图 13-1-6。

图 13-1-6

在心肺复苏过程中,施救者应该以适当的速率和深度进行有效按压,同时尽可能减少胸部按压中断的次数和持续时间。

进行 CPR 按压时,施救者肘关节伸直、双手叠加、手指锁住并交叉抬起,上肢呈一直线,双肩正对双手,利用上身重量垂直下压 30 次,成人(包括≥8 岁的儿童)的按压频率为 100～120 次/分钟,胸骨下陷至少 5 cm,但不超过 6 cm。

为保证每次按压后使胸廓充分回弹,施救者在按压间隙,双手应离开患者胸壁。见图 13-1-7。

5. 开放气道 A(airway)

患者常因舌根后移而堵塞气道,保持呼吸顺畅的目的就是开放并清理气道,解除舌后坠,为人工呼吸做准备。若疑有气道异物,先做海姆立克急救,再行开放气道。

保持呼吸顺畅的方法有多种,要根据患者情况实施。

(1)仰头提颏法:急救人员一只手的小鱼际(手掌外侧缘)置于伤员前额,另一只手的中、食指置于其下颏将下颌骨上提,使下颌角与耳垂连线与地面垂直。对非专业急救人员来说,无

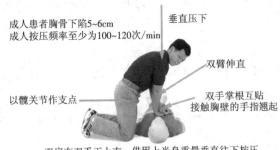

成人患者胸骨下陷5~6cm
成人按压频率至少为100~120次/min

垂直压下

双臂伸直

双手掌根互贴
接触胸壁的手指翘起

以髋关节作支点

双肩在双手正上方,借用上半身重量垂直往下按压

图 13-1-7

论患者有无外伤,都可使用这种方法。注意抬颏时不宜用力过大,以免压迫气道。见图 13-1-8。

(2)托颈法:急救人员一只手的手心放在患者前额上并向下加压,另一只手的手心向上放在患者颈下将其颈部上抬。这种方法禁用于头、颈部有外伤的患者。见图 13-1-9。

仰头提颏法

下颌、耳廓连线与地面垂直

图 13-1-8

图 13-1-9

(3)推举下颌法:急救人员位于患者头部前方,将双手放在患者两侧下颌处,用双手中指、食指及无名指将患者下颌前拉,同时用双手拇指推开患者口唇。这种方法常用于疑有颈部损伤患者,是专业人员必须掌握的方法。见图 13-1-10。

6. 人工呼吸 B(breathing)

空气经呼吸道进入肺脏进行气体交换,摄取氧气,排出二氧化碳,这个过程称为呼吸。肺是气体交换的器官,呼吸道是气体进出的通道,由鼻、咽、喉、气管及其分支组成。见图 13-1-11。

图 13-1-10

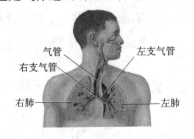

气管
左支气管
右支气管
右肺
左肺

图 13-1-11

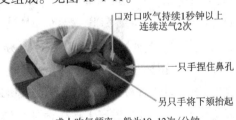

口对口吹气持续1秒钟以上
连续送气2次

一只手捏住鼻孔

另只手将下颏抬起

成人吹气频率一般为10~12次/分钟
气量一般为500~600mL

图 13-1-12

人工呼吸的目的是通过外界的力量,人为地将空气吹入到伤员的呼吸道内。

施救者口唇紧密覆盖被救者口唇,一只手捏住鼻孔,另一只手将下颏抬起,吹气完毕后放开口鼻。

成人吹气频率一般为 10 ~ 12 次/min,连续送气两次。气量因人而异,一般为 500 ~ 600 mL,气量不宜过大,不超过 1 200 mL。见图 13-1-12。

每次吹气持续 1 秒钟以上,使胸廓隆起。吹气过程要注意观察伤者气道是否通畅,胸廓是否明显隆起。

注意事项:要严格按吹气和按压的比例操作,吹气和按压的次数过多和过少均会影响复苏的成败。胸外心脏按压的位置必须准确,不准确容易损伤其他脏器。按压的力度要适宜,力度过大或过猛容易使胸骨骨折,引起气胸血胸;力度过轻,胸腔压力小,不足以推动血液循环。正确的 CPR 步骤和指征按表 13-1-2 进行。

表 13-1-2　CPR 步骤和指征表

步骤		指征
判断意识	10 秒钟	呼喊、轻拍无反应且没有呼吸或不能正常呼吸
检查脉搏		颈动脉
胸外按压 30 次	部位	胸部正中乳头连线水平(胸骨下 1/3 处)
	方式	双手掌根重叠
	深度	5 ~ 6 cm
	频率	100 ~ 120 次/分钟
开放气道		头部后仰呈 90° 角
人工呼吸 2 次	方式	口对口、口对鼻
	量	500 ~ 600 mL(胸廓隆起)
	频率	10 ~ 12 次/分钟
挤压与吹气比例		30∶2
继续 CPR 循环次数		5

三、有效指征和终止抢救标准

非专业急救者应持续 CPR 直至被 EMS 人员接替,或患者开始有活动,不应为了检查循环或检查反应有无恢复而随意中止 CPR。医务人员、专业急救人员或极特殊情况下,遵循下述心肺复苏的有效指标和终止抢救标准。

成人 CPR,以心脏按压与人工呼吸按 30∶2 的比例,按照标准的步骤,达到要求的指征进行心肺复苏 5 个循环之后,进行 1 次生命体征的判断:静听是否有呼吸音,同时触摸是否有颈动脉博动。若颈动脉连续搏动、心脏恢复跳动、瞳孔由原来的散大自动缩小恢复正常时,说明患者被救活。见图 13-1-13。

1.有效指征

（1）观察颈动脉搏动,有效时每次按压后就可触到一次搏动。若停止按压后搏动停止,表明应继续进行按压。如停止按压后搏动继续存在,说明患者自主心搏已恢复,可以停止胸外心脏按压。

（2）若无自主呼吸,人工呼吸应继续进行,或自主呼吸很微弱时仍应坚持人工呼吸。

（3）复苏有效时,可见患者有眼球活动,口唇、甲床转红,甚至脚可动;观察瞳孔时,可由大变小,并有对光反射。见图13-1-14。

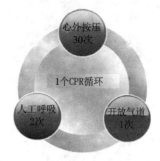

2分钟共做五组后复检

图 13-1-13

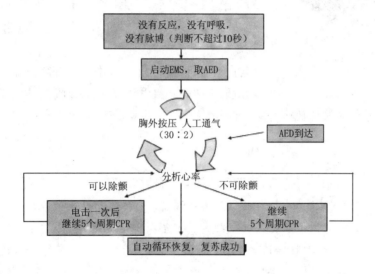

图 13-1-14

2.终止抢救标准

现场 CPR 应坚持不间断地进行,不可轻易做出停止复苏的决定,如符合下列条件者,现场抢救人员方可考虑终止复苏。

（1）患者呼吸和循环已有效恢复。

（2）有 EMS 人员接手承担复苏或其他人员接替抢救。

（3）无心搏和自主呼吸,CPR 在常温下持续 30 分钟以上,EMS 人员到场确定患者已死亡。

极其特殊的情况下,如当现场的危险威胁到抢救人员安全(如雪崩、山洪爆发),心肺复苏持续 30 分钟以上仍无心搏及自主呼吸,深度昏迷、瞳孔固定、角膜反射消失等脑死亡症状,或将其头向两侧转动,眼球位置不变,且无进一步救治和送治条件,可考虑终止复苏。但有对溺水者进行 1 小时以上 CPR 成功的报道,也有 2 小时不间断地心肺复苏挽救生命的案例。

四、实用技能:电击除颤仪 AED 的使用

电击除颤的目的是使室颤、无脉室速等恶性心律失常转为窦性心率,一般在 5 个 CPR 循环后检查心率的基础上,必要时进行除颤。除颤仪见图 13-1-15。

图 13-1-15

早期除颤在心跳呼吸骤停者复苏中占有很重要的地位，这是因为大部分(80%~90%)成人突然非创伤心跳骤停的最初心律失常为室颤，除颤是对室颤最有效的治疗。随着时间的推移，除颤成功的概率迅速下降，每过 1 分钟下降 7%~8%，室颤常在数分钟内转变为心脏停搏，抢救成功率大为降低。

取来除颤器，开启除颤器和连接电极片。将患者胸前衣物解开并移走异物，电极板均匀涂上导电糊，或包裹 4~5 层纱布后在盐水中浸湿，不可以涂酒精。自动除颤仪上有两个电极，一个置于患者右锁骨内侧正下方心底部，另一电极放在左乳头的左下方心尖部，两个电极的距离至少在 10 cm 以上，根据 AED 的语音提示操作。见图 13-1-16。

图 13-1-16

如有多个急救者，在连接除颤器时他人应继续心肺复苏操作。

全自动 AED 可以自动电击。打开除颤器，选择非同步设置，默认能量 200 J，将电极压于患者胸前壁上，使胸壁与电极板紧密接触，双手同时按压放电开关，进行电击。

【小知识】

天津红十字爱心急救角

除颤仪是一种便携式、易于操作的医疗急救设备，用于患者心跳骤停后的早期除颤，可帮助患者恢复心脏跳动，大大提高抢救的成功率。但是在事发突然的情况下，人们往往苦于找不到除颤仪而耽误救援。针对这一情况，2015 年 7 月 2 日，天津"红十字爱心急救角"在地铁天津站站厅设立，配有常用急救用品，用于患者心跳骤停急救的除颤仪也首次亮相天津公共场所。见图 13-1-17。

为进一步增强天津公共场所突发事件应急处置能力，2016 年 1 月 11 日上午，天津市红十字会根据场所规模、人员情况、设置意愿等条件，将 78 台被称为"救命神器"的自动体外除颤仪分别置于：滨海国际机场、轻轨 9 号线等交通枢纽；奥体中心、人民体育馆等大型体育活动场所；银河广场、盘山风景区等购物旅游景点及其他人群密集的地区和单位。至此，天津"红十字爱心急救角"具备了止血、骨折固定、除颤、

图 13-1-17

搬运等多种功能，为各公共场所提供了能在突发事件进行应急处置的工具，确保各场所能在第一时间进行有效处置，大大提高了应急效率，是有效挽救生命的切实的保障措施。

【案例分析】

同样心跳骤停却有不同命运

1.事故经过

2015 年 6 月 3 日东江时报报道,近日,就读惠州某中学的刘同学参加体育 1 000 m 中考考试,当他跑到 600 m 左右时,猝不及防地倒在地上,并出现心跳呼吸骤停的情况。

现场老师、同学立即拨打 120 电话。经 120 接线员的指导,在场老师及时给予刘同学心肺复苏,通过努力,刘同学恢复了心跳。后来该学生被送往市第一人民医院 ICU 进行进一步的高级生命复苏,经过积极抢救,5 天后清醒,恢复自主呼吸,脱离了呼吸机,一个年轻的生命得救了。

2.事故原因

学生的个体原因和参与运动情况等因素复合叠加,造成该同学当时出现了突发状况。

3.事故教训

学校老师和同学有一定的心肺复苏技能,同时得到了 120 的及时指导,没有束手无策或是盲目施救,而是沉着冷静、科学、合理地进行应急处置,争分夺秒,为生命赢得了宝贵的时间。

但同是近日发生在浙江的一名高中生身上,同样的情形则没那么幸运。同是在体育课上突发心跳骤停,由于现场人员未能给予及时的心肺复苏,送到医院时已回天无力,美好的青春年华戛然而止。

同样的突发遭遇,却有截然不同的结果。无数案例证明:心肺复苏术乃重生之术,学习并掌握该技术,可有效挽救一个人的生命。

【复习思考题】

一、判断题

1.有效的心肺复苏可以及时向心、脑及全身重要器官供氧,延长机体耐受临床死亡时间,使脑细胞因有氧持续供应而不致坏死。(　　)

2.我们能做的和必须尽快做的是现场持续生命支持,其他两个阶段由专业人员完成。(　　)

3.检查脉搏的时间应在 10 秒钟内完成,如 10 秒钟内没有明确触摸到脉搏,不要犹豫,马上开始 CPR。(　　)

4.每次按压后,双手放松使胸骨恢复到按压前的位置,放松时双手可以离开胸壁。(　　)

5.托颈法禁用于头、颈部有外伤的患者。(　　)

6.电击除颤可以使室颤、无脉室速等恶性心律失常转为窦性心率。(　　)

7.非专业急救者应持续 CPR 直至被 EMS 人员接替,或患者开始有活动,不应为了检查循环或检查反应有无恢复而随意中止 CPR。(　　)

8.除颤仪的电极板可以涂酒精使用。(　　)

二、填空题

1. 国际规范化复苏术分三个阶段：_____（在现场），_____（在救护车上或病房），_____（在 ICU 或康复中心）。

2. 心肺复苏包括_____、_____、_____、_____四个步骤。

3. 正常人心肌的耐缺氧时间是_____，实施 CPR 成功率与_____的时间密切相关。

4. 如发现患者无反应、无呼吸或无正常呼吸，急救者应立即_____启动 EMS 系统，积极_____，马上对患者_____。

5. 急救者利用上身重量垂直下压_____，成人（包括≥8 岁的儿童）的按压频率至少_____，胸骨下陷_____。

6. 成人吹气频率一般为_____，连续送气_____，每次吹气持续_____钟以上。

第 2 节　创伤急救

事故发生后的几分钟、十几分钟是抢救危重伤员最重要的时刻，医学上称之为"救命的黄金时刻"。尤其是在突发性、灾难性事故现场，面对创伤危害时，第一目击者对挽救伤者起着决定性的作用。但由于缺乏基本的现场急救技能眼睁睁地看着生命逝去而束手无策的事情常常发生，除扼腕叹息之外，重要的是要学习自救知识、了解互救方法，减轻伤者伤残和痛苦，维持其基本的生命体征，为进一步救治奠定基础。见图 13-2-1。

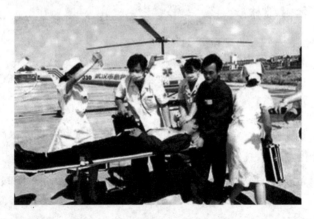

图 13-2-1

一、创伤急救简介

车祸、塌方、高处坠落、爆炸等意外事故，以及运动伤、暴力伤等，会造成现场人员诸如撕裂、挤压等伤害，表现出表皮受伤、皮下受伤、毛细血管出血以及软组织损伤、骨折、脱臼、脑震荡、内脏破裂、休克等现象，严重者可造成心、脑、肺和脊髓等重要脏器功能障碍，出血过多会导致休克甚至死亡。

紧急救护也叫创伤急救、现场救护，是在医护人员未赶到现场或伤员未送达医院前，利用现场条件，对伤者施行积极有效的救护，以达到挽救生命、稳定伤情、减少伤残、减轻痛苦的目的。

（一）创伤急救的原则

各种突发事件造成的创伤部位和程度各异,现场急救要根据不同伤情采取不同的救护措施。创伤就是各种致伤因素造成的人体组织损伤和功能障碍,轻者造成体表损伤,引起疼痛或出血,重者导致功能障碍、残疾,甚至死亡。

创伤急救的原则是树立整体意识,先救命再治病。首先要迅速判断伤者的头、胸、腹、脊柱有无致命伤,并对伤者进行有效的创伤评估,正确判断其伤情和生命体征情况,优先处理威胁生命的因素,如心跳呼吸停止、大出血等。心跳停止的患者要争取在 4 分钟内进行基本 CPR;可控制的出血、解除窒息保持呼吸道通畅应在 10 分钟内完成;抗休克在 30 分钟内有效干预;胸、腹、盆腔的内脏损伤出血,严重的颅脑伤应在 1 小时内进行确定性的救命手术。

（二）创伤急救的程序

无致命伤的人员,按照止血、包扎、固定、搬运的顺序进行紧急救护。所有操作尽可能佩带个人防护用品,迅速、平稳地进行,防止损伤加重。

（1）及时呼救,拨打急救电话。

（2）观察救护环境,选择就近、安全、平坦的救护场地。

（3）按正确的搬运方法使患者脱离现场和危险环境,置患者于适合体位。

（4）迅速判断伤情,首先判断神志、呼吸、心跳、脉搏是否正常,是否有大量出血,然后依次判断头、脊柱、胸部、腹部、骨盆、四肢活动情况、受伤部位、伤口大小、出血多少、是否有骨折。如同时有多人受伤,先进行基础检查,进行伤员分拣,分清轻伤、重伤、危重伤和濒死伤,如表 13-2-1 所示。

表 13-2-1　批量伤员分拣方法及伤情判断表

序号	名称	症　状	标记颜色
1	轻伤	所有轻伤	绿色
2	重伤	伤情并不立即危及生命,但又必须进行手术的伤员	黄色
3	危重伤	有生命危险需立即救治的伤员	红色
4	濒死伤	抢救费时而又困难、救治效果差、生存机会不大的危重伤员	黑色

（5）有呼吸、心跳停止时,先抢救生命即进行心肺复苏,如具备吸氧条件,应立即吸氧。

（6）有大血管损伤出血时,立即止血,包扎伤口,优先包扎头部、胸腹部伤口,然后包扎四肢伤口。

（7）伴有颈椎骨折、脱位时,先固定颈部,后固定四肢。

（8）安全、有监护地迅速转运。

二、创伤急救的实施

作为突发性事件,现场救护情况错综复杂,尤其是同时有多人受伤,存在多发伤、复合伤等严重创伤时,现场救护要避免慌乱,快速而有条不紊地进行。

（一）止血

血液是维持生命的重要物质。成人的血液约占自身体重的8%，大约每千克体重拥有60～80 mL血液，骨髓、淋巴是人体的造血工厂。

失血速度和数量是影响伤者健康和生命的重要因素。失血量小于全身血容量5%（200～400 mL）时，可自身代偿；突然失血大于20%（800～1 000 mL）以上时，有面白、肢凉、出冷汗、脉搏增快的轻度休克现象；一次失血大于40%（2 000 mL以上）时，出现躁动或淡漠、心慌呼吸快、脉搏摸不到、血压测不出症状，可导致死亡；若失血量超过全身血量的1/4，就有生命危险。

在各种突发创伤中，出血是其突出表现，常分为内出血和外出血。外出血有动脉出血、静脉出血和毛细血管出血等，如表13-2-2所示。

表13-2-2　常见的外出血形式表

序号	名称	外出血形式	备　注
1	动脉出血	流血频率与心脏和脉搏一致，一股股喷出，流血极多	一定要尽快送往医院。到达医院前，需采取有效措施止血
2	静脉出血	流血较多，没有固定频率，随出血者身体运动而流出，能够自愈	可用无菌纱布压迫止血
3	毛细血管出血	流血不多，因擦破体表的真皮层出血	出血少时、短时便能自愈；出血多时，可用无菌纱布止血

止血是创伤救护的基本任务，其目的就是控制出血，保存有效的血容量，防止休克，挽救生命。止血的方法有：指压法、加压包扎法、填塞止血法、止血带法和其他如钳夹类止血法等，如表13-2-3所示。

表13-2-3　常用止血方法表

序号	名称	适用情况	方　法
1	指压法指压动脉法	出血不止时，先在出血血管处或稍近端用手指加压止血，出血点无法按压或效果不佳时，用指压动脉法	用手指压迫伤口近心端的动脉，阻断动脉血运
2	加压包扎法	小动脉出血、小静脉出血、毛细血管出血等	伤口覆盖无菌敷料后，用厚纱布、棉垫置于无菌敷料上面，再用绷带、三角巾等紧紧包扎
3	填塞止血法	用于伤口较深或伴有大的动、静脉损伤出血严重时，躯干部出血不能使用此种方法止血	用无菌的棉垫、纱布等，紧紧填塞在伤口内，再用绷带或者三角巾等进行加压包扎
4	止血带法	适用于其他包扎不能奏效的四肢大血管出血，位置在上臂上部1/3或大腿中上部	止血带松紧以能达到控制出血为度

1.指压法

伤口出血不止时，可先在出血的血管处或稍近端用手指加压止血，出血点无法按压或效果不佳时，用指压动脉止血法止血。指压动脉止血法见"实用技能"。

2.加压包扎法

伤口覆盖无菌敷料后，用厚纱布、棉垫置于无菌敷料上面，再用绷带、三角巾等紧紧包扎。

伤口应尽量清洁,包扎要牢固。适用于小动脉出血、小静脉出血、毛细血管出血。见图 13-2-2。

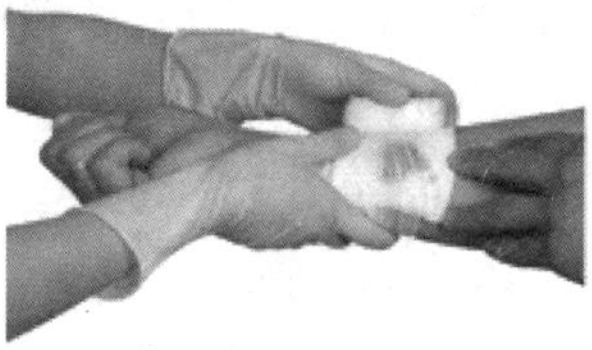

3. 填塞止血法

用无菌的棉垫、纱布等,紧紧填塞在伤口内,再用绷带或者三角巾等进行加压包扎,松紧以刚好达到止血目的为宜。用于伤口较深或伴有大的动、静脉损伤出血严重时,躯干部出血不能使用此种方法止血。见图 13-2-3。

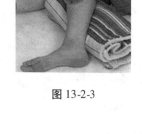

图 13-2-2

4. 止血带法

止血带是一种橡皮管,适用于其他包扎不能奏效的四肢大血管出血,位置在上臂上部 1/3 或大腿中上部。使用止血带时,事先将患肢抬高数分钟,局部垫上毛巾或其他软组织物,以防组织擦伤。止血带松紧以能达到控制出血为度,过松达不到止血目的,过紧易致使组织缺血、坏死。

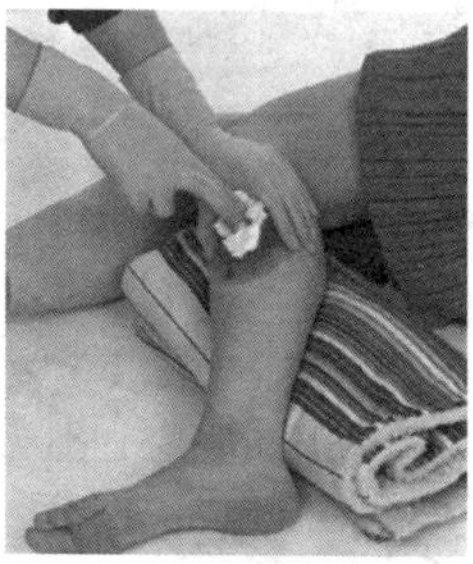

如果没有止血带,也可用宽布条、毛巾、绷带等代替,但要严防勒伤组织。见图 13-2-4。

图 13-2-3

在止血带上标明开始使用止血带的时间,大约每隔 45 分钟放松一次,根据局部出血情况每次几分钟。禁止用电线、铁丝、绳子等替代止血带。

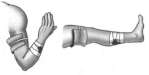

(二)包扎

良好的包扎有助于减少感染和搬运中再污染,还能起到压迫止血、预防休克、减轻疼痛以及保护内脏、血管、神经、肌腱等重要组织的作用。

图 13-2-4

为了充分暴露伤口,要在包扎前脱掉衣服、鞋子,先脱未受伤的一侧,若伤员伤情严重不能脱衣服,可沿衣缝把伤员衣服剪开。一旦伤情危重,暴露伤口困难时,也可根据伤口的部位,在衣服外面加压包扎。包扎材料应保持无菌,伤口要加盖敷料、全部包覆,防止再次污染。松紧度要适当,包扎过松则敷料易松脱或移动,如有过紧的体征,立即松开绷带,重新包扎。打结处应在肢体的外侧或前面,避免在伤口或坐卧受压的地方。

1. 绷带包扎法

用绷带包扎的目的是固定盖在伤口上的纱布、固定骨折或挫伤,并有压迫止血、保护患处的作用。包扎均由远心端开始,先环形包扎两周,将其始端固定。再向近心端包扎。指(趾)端尽量外露,以便观察肢体末梢血液循环情况。基本包扎法包括环行包扎法、螺旋包扎法、反折螺旋包扎法、8 字包扎法、人字包扎法、回返包扎法等。

(1)环行包扎法。打开绷带卷,将绷带在包扎部位上重复缠绕数周,每一周完全覆盖上一周,用于绷带包扎开始与结束时固定带端及包扎颈、腕、胸、腹等粗细相等的部位的小伤口。见图 13-2-5。

(2)螺旋包扎法。将绷带斜形向上 30° 环形缠绕,每一周覆盖上一周的 2/3,露出 1/3。此法多用于肢体粗细差别不大的部位,如用于四肢、胸背部及腰部。见图 13-2-6。

图 13-2-5

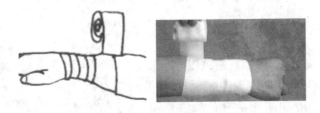

图 13-2-6

（3）反折螺旋包扎法。先按螺旋状缠绕，待到渐粗的地方就每圈把绷带反折一下，盖住前圈的 1/3 ~ 2/3，由下而上缠绕，多用于肢体粗细不等处。见图 13-2-7。

图 13-2-7

（4）8 字包扎法。用于手掌部位伤口包扎。先于腕部环绕，经手腕掌侧、拇指桡侧，至手背虎口处，斜绕向拇指端，再经手背至腕，绕经拇指桡侧至拇指。如此反复直至覆盖完全，最后在腕部打结。也用于脚掌部位伤口包扎。见图 13-2-8

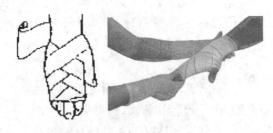

图 13-2-8

（5）人字包扎法。将关节做 90°弯曲，绷带放在关节中央，先绕一圈固定敷料，再由内向外做人字形缠绕，每一圈遮盖前一圈的 2/3，缠完 3 个"人"字，最后缠绕一圈做固定。适用于肘部、膝部、足跟部等关节处伤口的止血包扎。见图 13-2-9。

（6）回返包扎法。将绷带向上反折成 90°（与环形包扎垂直），先覆盖残端中央，再交替覆盖左右两边，每周覆盖上一周的 1/3 ~ 1/2 宽，直到该端全部包裹后，再以左手固定住反折部

图 13-2-9

分,将绷带反折回来(与环形包扎一致)。用于顶端部位,如头部、指(趾)端及断肢残端的包扎。见图 13-2-10。

图 13-2-10

2. 三角巾包扎法

三角巾包扎法可用于身体多数部位,包扎面积大。三角巾制作简单,使用方便,不仅是较好的包扎材料,还可作为固定夹板、敷料和代替止血带使用,用于肩部、胸部、臀部等处的包扎。

1)头部包扎法

(1)将三角巾底边的中点放在眉间上部,顶角经头顶垂向枕后,再将底边经左右耳上向后拉紧,在枕部交叉并压住垂下的枕角,再交叉绕耳上到额部拉紧打结。最后将顶角向上反掖在底边内用安全针或胶布固定。

(2)将三角巾底边的正中点放在前额,两底角绕到脑后,交叉后经耳绕到额部拉紧打结,最后将顶角嵌入底边,向上反折后打结固定。见图 13-2-11。

图 13-2-11

2)眼部包扎法

(1)单眼包扎法:将三角巾折成四指宽的带状巾,以 2/3 向下斜放在伤眼上,将下侧较长的一端经枕后绕到额前压住上侧较短的一端后,长端继续沿着额部向后绕至健侧颞部,短端反折环绕枕部至健侧颞部与长端打结。见图 13-2-12。

(2)双眼包扎法:将三角巾折成四指宽的带状巾,将中部盖在一侧伤眼上,下端从耳下绕到枕后,再经对侧耳上至眉间上方压住上端,继续绕过头部到对侧耳前,将上端反折斜向下,盖住另一伤眼,再绕耳下与另一端在对侧耳上或枕后打结,也可用带状巾作交叉法包扎。双眼包扎法还可用三角巾折叠成四指宽的带状巾横向绕头两周,于一侧打结。见图13-2-13。

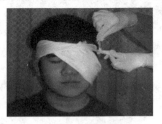

图 13-2-12

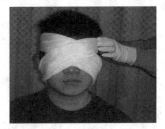

图 13-2-13

3)三角巾悬带

(1)臂悬带(大手挂)。将一条三角巾放于患侧胸部,底边和躯干平行,顶角对着伤臂的肘部,伤臂肘部弯成80°放在三角巾中部。三角巾上端越过健侧肩部从后颈部绕到患侧,下端绕过伤臂反折向上,两端在锁骨上窝处打结,再将顶角折回旋转固定。用另一条三角巾宽带将悬挂好的上肢包裹在胸前打结固定,结下及腋下应放软垫缓冲。此法适用于非复杂性肋骨骨折、上臂及前臂外伤及骨折。见图13-2-14。

(2)肩悬带(小手挂)。将受伤一侧的前臂斜放在胸前,肘部弯曲约45°手指贴着锁骨。三角巾展开,一侧边角覆盖在伤肢上,顶角从肘上折向肘后。再将下边折上托住伤肢,两端在健侧锁骨上窝处打结。用另一条三角巾宽带将悬挂好的上肢包裹在胸前打结固定,结下及腋下应放软垫缓冲。此法适用于锁骨骨折、手掌及手指的外伤及骨折、复杂性肋骨骨折、胸部凹陷伤。见图13-2-15。

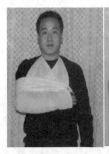

图 13-2-14

图 13-2-15

4)其他包扎

三角巾包扎法还可用于肩部、胸部、腰部及其他部位包扎。见图13-2-16。

3.特殊伤口包扎

(1)腹部内脏脱出包扎。当腹部受到撞击、刺伤时,腹腔内的器官如结肠、小肠脱出体外,这时不要将其压塞回腹腔内,而要采用特殊的方法进行包扎。伤员取仰卧位或半卧位,先用生理盐水浸泡后的大块纱布覆盖在脱出的内脏上,用绷带或三角巾围成保护圈,放在脱出的内脏周围,再用合适大小的器皿罩在外面,然后用三角巾包扎固定。

图 13-2-16

（2）异物刺入体内包扎。异物刺入体内后，切忌拔出异物。因为这些异物可能刺中重要器官或血管，如果把异物拔出，会造成出血不止和新的损伤。正确的包扎方法应先将两块棉垫或替代品安放在异物显露部分的周围，尽可能使其不摇动，然后用棉垫包扎固定，使刺入体内的异物不会脱落。还可制作环行垫，用于包扎有异物的伤口，避免压住伤口中的异物。

（三）固定

骨折是指骨骼受外力打击，发生完全或不完全断裂的现象，分为开放性骨折和闭合性骨折。固定的目的是制动、止痛、减少出血、保护伤口、防止感染、避免再次损伤、便于运送。

骨折的专有体征表现是畸形、异常活动、骨擦音或骨擦感，观察到三种体征之一，即可判断为骨折。但未见此三种体征者，也不能完全排除骨折的可能，如嵌插骨折、裂缝骨折等。

发现伤员骨折或可疑骨折，应就地取材对骨折处进行固定，如合适的木板、竹竿、树枝、纸板和衣物等，以减少轻伤员疼痛，防止骨折端移位刺伤邻近组织及血管神经，防治创伤性休克。肢体如有畸形，按畸形位置固定。开放性骨折禁止冲洗和上药，暴露在外的骨折断端，不要将其送回伤口内。对危险的头颈部骨折和脊椎骨折，应就地固定，不要随便移动。

固定方法有悬带固定、夹板固定和健肢固定。悬带用途很多，主要用于锁骨骨折固定；夹板主要用于上臂（肱骨）、前臂（尺、桡）、大腿（股骨）、小腿（胫腓）等骨折固定；大腿、肱骨髁上等骨折可用另一侧健肢固定。

1）尺、桡骨（前臂）骨折固定法

用两块木板，加垫，分别置于前臂的外侧、内侧，用三角巾或绷带在骨折上、下端捆绑固定。屈肘位，用三角巾悬吊伤肢于胸前，露出指端以检查末梢血液循环。也可用书本、杂志等垫于前臂下方，超过肘关节和腕关节，用布带捆绑固定。见图 13-2-17。

图 13-2-17

2）肱骨（上臂）骨折固定法

用一块木板放于上臂外侧，从肘部到肩部，放衬垫，用绷带或三角巾固定上下两端，屈肘位悬吊前臂，指端露出以便检查血液循环。见图 13-2-18。

3）股骨（大腿）骨折固定法

（1）躯干固定。用长夹板从足跟至腋下，短夹板从足跟至大腿根部，分别置于患腿的外、内侧，关节处及空隙部位均放置衬垫，用 5～7 条三角巾或布带先将骨折部位的上下两端固定，然后分别固定腋下、腰部、

图 13-2-18

膝、跖等处。足部用"8"字法固定,使足部与小腿呈直角。见图13-2-19。

图13-2-19

(2)健肢固定。用三角巾、腰带、布带等五条宽带将双下肢固定在一起,两膝、两踝及两腿间隙之间垫好衬垫,以"8"字法固定足踝,露出趾端以检查末梢血液循环。见图13-2-20。

4)胫腓骨(小腿)骨折固定法

夹板长度超过膝关节,上端固定至大腿,下端固定至跖关节及足底。用5～7条三角巾或布带先将骨折部位的上下两端固定,然后分别固定大腿、膝、踝等处。足部用"8"字法固定,使足部与小腿呈直角。见图13-2-21。

图13-2-20

图13-2-21

5)骨盆骨折固定

使伤病员呈仰卧位,两膝下放置软垫,膝部屈曲以减轻骨盆骨折的疼痛。用宽布带从臀后向前绕骨盆扎紧,在下腹部打结固定。在两膝之间加放衬垫,用宽布带捆扎固定。见图13-2-22。

图13-2-22

(四)搬运

搬运是指将伤员从受伤的现场搬运到担架上的操作,它是急救措施中重要的一环,搬运时必须做到不增加伤员痛若、不造成再损伤及并发症。正确的搬运体位非常重要,尤其对于危重伤病员,可大大提高急救的成功率。

1.搬运体位

(1)仰卧位。可以避免颈部及脊椎的过度弯曲,防止发生椎体错位,对腹壁缺损的开放伤伤员,采取仰卧屈曲下肢体位,可防止腹腔器官脱出。

(2)半卧位。对于普通胸部损伤的伤员在除外合并胸椎、腰椎损伤及休克时,可以采用这种体位,以减轻疼痛并利于呼吸。

(3)侧卧位。在排除颈部损伤后,对有意识障碍的伤员可采用侧卧位。防止伤员呕吐时食物吸入气管。伤员侧卧时,可在其颈部垫一枕头,保持中立位。

2.搬运方法

徒手搬运用于距离较近、伤情较轻、无骨折伤员的搬运,有多人在场的情况下,有单人徒手搬运和双人徒手搬运,如表 13-2-4 和表 13-2-5 所示。

表 12-2-4   单人徒手搬运法

方 法	适用情况
扶行法(两人三足)	清醒而能够步行的伤者
背负法	清醒及可站立但不能行走且体重较轻的伤者
手抱法	体重较轻的伤者
爬行法、毯拖法、拖运法	急救员无足够能力将伤者搬抬

表 12-2-5   双人徒手搬运法

方 法	适用情况
双人扶腋法	清醒、上肢没有受伤的伤病者
前后扶持法	没有骨折的清醒伤病者
双手座	清醒但软弱无力的伤病者
四手座	清醒及能合作的伤病者

主要搬运方法如下。

(1)拖行法。现场环境危险,必须将伤员转移到安全区域,且不能使用其他方法时,采用此法,包括拖肩、拖衣、拖毯等。见图 13-2-23。

图 13-2-23

(2)扶行法。适用于伤势轻微并能行走的伤员。

(3)抱持法。适用于儿童或体重较轻的伤员。

(4)爬行法。适用于在狭小空间或火灾烟雾现场的伤员搬运。见图 13-2-24。

(5)平托式。适用于骨盆骨折和脊柱骨折的伤员。

(6)背负法。适用于清醒、伤势轻、体重较轻的伤员,昏迷、骨折或有胸腹部严重创伤的伤员禁用。

图 13-2-24

3.运送注意事项

运送伤员时需携带必要的急救药品、器材,如发现伤情变化,要立即停下进行必要的急救。平巷运送伤员时要让伤员头部在后,以便后边的护送人员随时观察伤情变化,尽量维持伤员于

图 13-2-25

水平状态。斜巷、上山、下山运送伤员应让伤员头向上,脚朝下,抬担架者步调要一致,并做到轻、快、稳,提高急救的成功率。见图 13-2-25。

三、实用技能:指压动脉止血法

用手指压迫伤口近心端的动脉,阻断动脉血运,能有效地达到快速止血的目的。上臂出血可压迫肱动脉,头部出血可压迫颞浅动脉,手指出血可压迫指动脉,下肢出血可压迫股动脉。也可用清洁的敷料盖在出血部位,直接压迫止血。

一般在伤口的近心端,找到跳动的中等或较大的动脉血管,用手指紧紧压在骨的浅面。按压点正确,才能使血管闭塞、血流中断,快速有效止血,适用于头面、四肢动脉出血。见图 13-2-26。

(1)手指出血时,可用拇指及食指压迫手指根部的两侧。见图 13-2-27。

(2)手、前臂、肘及上臂下段出血时,用拇指压迫上臂内侧下 1/3 处肱动脉。见图 13-2-28。

(3)手掌、手背部位出血时,在腕关节稍上方掌侧面桡侧和尺侧,分别找到桡、尺动脉的搏动处,用双手拇指分别在搏动处压迫止血。见图 13-2-29。

(4)额面部出血。面部出血时,在 F 颌角稍

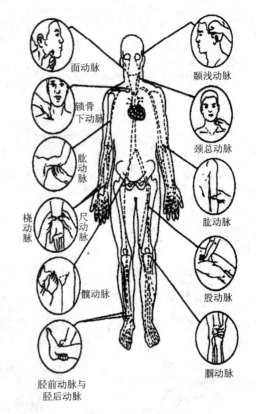

图 13-2-26

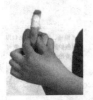

图 13-2-27

图 13-2-28

图 13-2-29

前处压迫颌外动脉;额部出血时,在耳前压迫颞浅动脉。见图 13-2-30。

(5)足部出血时,足背带一、二跖骨间摸到足背搏动,在内踝至足跟间可摸到胫后动脉搏动,用拇指压迫止血。见图 13-2-31。

(6)大腿、小腿出血,在大腿根部内侧触到股动脉搏动,用拇指压迫,为增强压力,可用两手拇指重叠压迫。见图 13-2-32。

指压动脉止血仅是一种临时的急救方法,不适用于长时间止血,搬运时也不便使用。由于

图 13-2-31

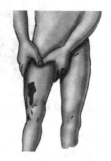

图 13-2-30

图 13-2-32

很多动脉与神经相邻,压迫时应注意神经的损伤,动脉被压闭后,远端供血中断,可能出现肢体损伤或坏死。身体的很多地方有多支动脉侧枝供血,指压动脉止血法不能达到完全止血,应配合其他方法使用,如止血带止血法等。

【小知识】

外科结和方结

打结是紧急救护最基本的操作之一,止血带、绷带、三角巾使用时均能用到,贯穿于止血、包扎、固定、搬运的全过程。正确熟练地打结,与救护效果有直接的关系。常用的是单结、方结和外科结,应用最广、使用最多的是方结。

1. 单结

为各种结的基本结,只绕一圈,简便,但可靠性差,易松脱。偶在皮下非主要出血点结扎时使用。见图 13-2-33。

2. 方结

方结是常用的,也是最基本的结,适用于各种结扎止血和三角巾包扎、固定。由两个相反方向的单结重叠构成,结扎后线圈内张力越大,结扎线越紧,不易自行变松或自行滑脱。但如果方法不当,结的方向及两手力不均匀,均可导致结的滑脱。见图 13-2-34、图 13-2-35。

图 13-2-33

图 13-2-34

3. 外科结

外科结打结比较费时,第一结将线圈绕两次,第二结为一方向相反的单结。其特点是不易滑脱和松动、比较牢固可靠,用于结扎大血管。见图 13-2-36。

图 13-2-35

图 13-2-36

【案例分析】

湖南永州特大交通事故紧急救护

2012 年 10 月 18 日,湖南省永州市永连公路双牌茶林路段发生了一起惨烈的交通事故,一辆载有 48 人(多数乘客为学生)的大巴车翻下 30 多米深的山崖,由于现场人员及时对伤者实施了紧急救护,使其中的 44 人成功地保住了生命。

1. 事故经过

事发当日下午 17 时 10 分左右,湖南省道县师范租用永州市某公司大型客车运送 1 名教师及 46 名学生赴永州市三中参加自学考试,包括司机共 48 人。车辆行至 S216 线 39 km 处遇下坡转弯路段,突然冲出路面,翻入坡下约 30 m 处。目睹事故发生的群众急忙赶来,用柴刀砍开荆棘,迅速开出一条救援通道,并积极进入现场救护。图 13-2-37 为事发现场照片。

图 13-2-37

2. 事故原因

事故车司机并非这辆车的专职司机,属于临时调用,对车辆状况不熟悉,临危操作措施不当,而且事故车未按规定定时检查,车况不良。

3. 事故教训

由于发生事故的永连公路属于山区公路,下坡、连续弯道等危险路段多,经常发生交通事故,周围很多人员都掌握基本的紧急救护知识。

事发后,附近村民、过路司机、当地交警、消防官兵、乡镇干部等人员立即参与紧急救护,有针对性地进行止血、包扎、固

图 13-2-38

定,并按受伤程度分批将伤员运往医院。由于各部门密切配合、科学施救,成功挽救了其中 44 人的宝贵生命。

图 13-2-38 是源自网络的现场救援图片。

【复习思考题】

一、判断题

1. 创伤就是各种致伤因素造成的人体组织损伤和功能障碍,轻者造成体表损伤,引起疼痛或出血,重者导致功能障碍、残疾,甚至死亡。（　　）

2. 现场急救要根据不同伤情采取不同的救护措施,先救命再治病,优先处理威胁生命的因素。（　　）

3. 失血速度和数量不是影响伤者健康和生命的重要因素。（　　）

4. 静脉出血流血较多,有固定频率,随出血者身体运动而流出,能够自愈。（　　）

5. 包扎由远心端开始,再向近心端包扎,指(趾)端尽量外露,以便观察肢体末梢血液循环情况。（　　）

6. 三角巾臂悬带适用于非复杂性肋骨骨折、上臂及前臂外伤及骨折。（　　）

7. 骨折的专有体征表现是畸形、异常活动、骨擦音或骨擦感,观察到所有三种体征,即可判断为骨折。（　　）

8. 开放性骨折禁止冲洗和上药,暴露在外的骨折断端,不要将其送回伤口内。（　　）

9. 现场环境危险,必须将伤员转移到安全区域,且不能使用其他方法时采用拖行法。（　　）

二、填空题

1. 创伤急救是利用现场条件,对伤者施行积极有效的救护,达到_____以及_____、_____、_____的目的。

2. 无致命伤的人员,按照_____、_____、_____、_____的顺序进行紧急救护。

3. 有大血管损伤出血时立即止血,包扎伤口,优先包扎_____伤口,然后包扎_____伤口。

4. 用手指压迫伤口_____的动脉,能有效地达到快速止血的目的。

5. 加压包扎止血适用于_____、_____、_____。

6. 止血带止血适用于四肢_____出血,位置在_____和_____。

7. 绷带基本包扎法包括环绕法、_____、_____、_____、回返包扎法等。

8. 骨折的固定方法有_____、_____和_____。

9. 搬运是指将伤员从受伤的灾害现场搬运到担架上的操作,搬运体位有_____、_____和_____。

【延伸阅读】

海姆立克急救法

海姆立克急救法也叫海姆里克腹部冲击法(Heimlich Maneuver),是美国医生海姆里克先生发明的,他被《世界名人录》称为是"世界上拯救生命最多的人"。可将呼吸道异物排除,主要用于呼吸道完全堵塞或严重堵塞患者的急救。

急救者以前腿弓、后腿登的姿势站稳,让患者身体略前倾。将双臂分别从患者两腋下前伸并环抱患者,左手握拳,右手从前方握住左手手腕,使左拳虎口贴在患者胸部下方、肚脐上方的上腹部中央,然后突然用力收紧双臂,用左拳虎口向患者上腹部内上方猛烈施压,迫使其上腹部下陷。这样由于腹部下陷,腹腔内容上移,迫使膈肌上升而挤压肺及支气管,这样每次冲击可以为气道提供一定的气量,从而将异物从气管内冲出。施压完毕后立即放松手臂,然后再重复操作,直到异物被排出。见图13-2-39。

发生急性呼吸道异物阻塞时如果身边无人,患者也可以自己实施腹部冲击,手法相同,或将上腹部压向任何坚硬、突出的物体上,并且反复实施。见图13-2-40。

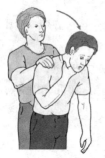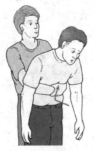

图13-2-39

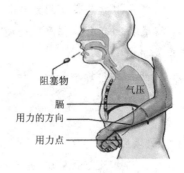

图13-2-40

对于极度肥胖及怀孕后期发生呼吸道异物堵塞的患者,应当采用胸部冲击法,姿势不变,只是将左手的虎口贴在患者胸骨下端,注意不要偏离胸骨,以免造成肋骨骨折。

对于意识不清的患者,急救者可以先使患者成为仰卧位,然后骑跨在患者大腿上或在患者两边,双手两掌重叠置于患者肚脐上方,用掌根向前、下方突然施压,反复进行。

如果患者已经发生心搏停止,此时应按照心肺复苏的常规步骤为患者实施心肺复苏,直到医务人员到来。

海姆立克急救法虽然有一定的效果,但也可能带来一定的危害,尤其对老年人,因其胸腹部组织的弹性及顺应性差,故容易导致损伤的发生,如腹部或胸腔内脏的破裂、撕裂及出血,肋骨骨折等,故发生呼吸道堵塞时,应首先采用其他方法排除异物,在其他方法无效且患者情况紧急时才能使用该法。

参 考 文 献

【上篇】

[1] 罗小秋. 职场安全与健康[M]. 北京:高等教育出版社,2009.

[2] 其乐木格. 化工安全技术[M]. 北京:化学工业出版社,2010.

[3] 陆荣华. 电器安全手册[M]. 北京:中国电力出版社,2006.

[4] 郎永强. 静电安全防护要诀[M]. 北京:机械工业出版社,2011.

[5] 朱宝轩. 化工安全技术基础[M]. 北京:化学工业出版社,2008.

[6] 蒋永明. 安全基础知识[M]. 北京:化学工业出版社,1986.

[7] 马世辉. 压力容器安全技术[M]. 北京:化学工业出版社,2009.

[8] 郝澄. 气瓶充装与安全[M]. 北京:化学工业出版社,2007.

[9] 袁化临. 起重与机械安全[M]. 北京:首都经济贸易大学出版社,2000.

[10] 赵正宏. 安全生产五要素的理论与实践[M]. 北京:中国农业科技出版社,2005.

[11] 赵正宏. 应急救援基础知识[M]. 北京:中国石化出版社,2005.

[12] 全国注册安全工程师执业资格考试命题研究组. 安全生产事故案例分析[M]. 郑州:黄河水利出版社,2015.

[13] 柴建设. 事故应急救援预案[J]. 辽宁工程技术大学学报,2003,22(4):559-560.

[14] 钱平. 我国职业卫生的现状、问题与对策[D]. 华东师范大学,2007.

[15] 童捷. 我国职业危害现状及其原因分析[C]. 第二十届海峡两岸及香港、澳门地区职业安全健康学术研讨会论文集,2013.

[16] 李发祥. 河北省职业危害调查分析及对策研究[D]. 中国地质大学,2010.

[17] 陈升平,荣桂贤,等. 私营企业职业卫生管理中存在的问题及对策初探[J]. 中国医学理论与实践,2006,16(12):1474-1475.

[18] 邱国良. 乡镇企业的职业卫生法制管理存在的问题及对策[J]. 职业与健康,2007,23(2):142-143.

[19] 赵小玲. 企业职业健康监护档案的建立与运行[J]. 职业卫生与应急救援,2009,27(4).

[20] 郭林峰. 职业健康监护工作中存在的问题与思考[J]. 中国医药指南,2013,35.

[21] 张兰,等. 职业病危害现状及职业健康监护的发展[J]. 职业与健康,2011,27(16).

[22] 王春平. 企业职业健康监护案例及主要内容[J]. 安全,2015,36(10):33-36.

[23] 中华人民共和国安全生产法.2014年8月31日第十二届全国人民代表大会常务委员会第十次会议修订通过.

[24] 中华人民共和国消防法.2008年10月28日第十一届全国人民代表大会常务委员会第五次会议修订通过.

[25] 中华人民共和国特种设备安全法.2013年6月29日第十二届全国人民代表大会常务委员会第三次会议通过.

[26] 中华人民共和国职业病防治法.2011年12月31日第十一届全国人民代表大会常务委员会第二十四次会议修订通过.

［27］　危险化学品安全管理条例.2013 年修订.

［28］　工业企业设计卫生标准［S］.GBZ1—2002.

［29］　防止静电事故通用导则［S］.GB 12158—2006.

［30］　中国安全生产网.

［31］　重 庆 市 安 全 生 产 监 督 管 理 局 网 站.http://www. cqsafety. gov. cn/html/2008 – 04 – 11/5b198c66192bb76f01192c9871380004. html

［32］　中国百科网.http://www. chinabaike. com/t/9791/2015/1002/3404081. html

【下篇】

［1］　诸德志.火灾预防与火场逃生［M］.南京.东南大学出版社,2013.

［2］　方大千.安全用电实用技术［M］.北京:人民邮电出版社,2008.

［3］　王正国.灾难和事故的创伤救治［M］.北京:人民卫生出版社,2005.

［4］　王正国.交通伤的临床救治手册［M］.重庆:重庆大学出版社,1999.

［5］　陈维庭.急救手册［M］.上海:上海科技教育出版社,1999.

［6］　王守荣.气候变化对中国经济社会可持续发展的影响与应对［M］.北京:科学出版社,2011.

［7］　黄荣辉.大气科学概论［M］.北京:气象出版社,2005.

［8］　辛崇胜.大学生安全知识［M］.北京:机械工业出版社,2013.

［9］　《公民防范恐怖袭击手册》编写组.公民防范恐怖袭击手册［M］.北京:中国人民公安大学出版社,2014.

［10］　罗晨江,等.高校校园安全现状及创新安全教育研究文献综述［J］.金田,2013.

［11］　刘鹏,等.校园安全现状分析与对策［J］.学校党建与思想教育,2009(10):51 – 52.

［12］　田晓玲.浅谈影响高校治安环境的原因和对策［J］.科技致富向导,2009(14).

［13］　杨毅,师宜源.高校校园周边安全隐患的类型、特点与治理［J］.当代教育科学,2014(7):58 – 59.

［14］　赵越.高校大学生网络信息安全教育探索与实践［J］.电脑知识与技术, 2014(10):5735 – 5736.

［15］　黄慧君.大学生网络安全教育问题探析［J］.时代教育:教育教学刊,2012(21):84 – 84.

［16］　王静.大学生网络信息安全教育探析［J］.网络安全技术与应用,2014(1):167 – 168.

［17］　魏新敏.超长心肺复苏成功 1 例治疗体会［J］.中国急救医学,2005(9).

［18］　乃远福.创伤与失血性休克的院前急救［J］.齐齐哈尔医学院学报,2005(9).

［19］　沈洪.心搏骤停的最有效治疗——早期电除颤［J］.中华急诊医学杂志,2003(12).

［20］　中华人民共和国突发事件应对法.2007 年 8 月 30 日第十届全国人民代表大会常务委员会第二十九次会议通过.

［21］　中华人民共和国反恐怖主义法.2015 年 12 月 27 日第十二届全国人民代表大会常务委员会第十八次会议通过.

［22］　网络运行和信息安全保密管理办法.国家安全监管总局 2010 年 8 月 4 日颁布.

［23］　中国反传销总部. http://www. fcxzb. com/qzzq/975. html

［24］　蝌蚪五线谱.全民反恐指南.http://news. kedo. gov. cn/feature/idea/606474. shtml

［25］　中国网.“三位一体”反网络恐怖主义.http://www. china. com. cn/chinese